高职高专工作过程·立体化创新规划教材——计算机系列

U0133815

AutoCAD 2010 实用教程

沈 旭 宋正和 主 编

高 伟 吴义成 王松林 副主编

清华大学出版社

北 京

内 容 简 介

本书突破了 AutoCAD 书籍以往的编写模式，通过有代表性的工作实例，由浅入深、系统全面地介绍了最新计算机绘图设计软件——AutoCAD 2010 的具体使用方法和操作技巧。全书共分 9 章，内容包括绘图基础、基本图形的绘制与编辑、文字与尺寸标注、装配图绘制、三维实体的绘制与编辑、图形输出与打印等。

本书主要特点是以"工作场景导入"→"知识讲解"→"回到工作场景"→"工作实训营"为主线编写，每一章节都提供了对工作场景实例完整详细的设计绘制过程，每个操作步骤均有图例展示。大多实例本身就是机械设计课程中的典型零部件，具有很强的代表性，从而既能保证读者可以掌握计算机辅助设计相关绘图的知识点，也能增强其实际运用和操作能力。

本书结构清晰、易教易学、实例丰富、可操作性强，可作为高职高专院校的指导教材或各类培训班的培训教材，也非常适合从事计算机绘图技术研究与应用的人员以及自学人员参考阅读。

图书在版编目(CIP)数据

AutoCAD 2010 实用教程/沈旭，宋正和主编；高伟，吴义成，王松林副主编. --北京：清华大学出版社，2011.1
(高职高专工作过程·立体化创新规划教材——计算机系列)
ISBN 978-7-302-24409-7

Ⅰ. ①A… Ⅱ. ①沈… ②宋… ③高… ④吴… ⑤王… Ⅲ. ①计算机辅助设计—应用软件，AutoCAD 2010—高等学校：技术学校—教材 Ⅳ. ①TP391.72

中国版本图书馆 CIP 数据核字(2010)第 243067 号

责任编辑：章忆文　郑期彤
装帧设计：山鹰工作室
责任校对：王　晖
责任印制：王秀菊

出版发行：清华大学出版社　　　　　　　　地　　址：北京清华大学学研大厦 A 座
　　　　　http://www.tup.com.cn　　　　　邮　　编：100084
　　　社　　总　　机：010-62770175　　　邮　　购：010-62786544
　　　投稿与读者服务：010-62776969,c-service@tup.tsinghua.edu.cn
　　　质　量　反　馈：010-62772015,zhiliang@tup.tsinghua.edu.cn
印　装　者：北京国马印刷厂
经　　销：全国新华书店
开　　本：185×260　印　张：19.25　字　数：462 千字
版　　次：2011 年 1 月第 1 版　　　印　　次：2011 年 1 月第 1 次印刷
印　　数：1～3000
定　　价：32.00 元

产品编号：035917-01

丛 书 序

　　高等职业教育强调"以服务为宗旨，以就业为导向，走产学结合发展道路"。服务社会、促进就业和提高社会对毕业生的满意度，是衡量高等职业教育是否成功的重要指标。坚持"以服务为宗旨，以就业为导向，走产学结合发展道路"体现了高等职业教育的本质，是其适应社会发展的必然选择。为了提高高职院校的教学质量，培养符合社会需求的高素质人才，我们计划打破传统的高职教材以学科体系为中心，讲述大量理论知识，再配以实例的编写模式，设计一套突出应用性、实践性的丛书。一方面，强调课程内容的应用性。以解决实际问题为中心，而不是以学科体系为中心；基础理论知识以应用为目的，以"必需、够用"为度。另一方面，强调课程的实践性。在教学过程中增加实践性环节的比重。

　　2009 年 5 月，我们组织全国高等职业院校的专家、教授组成了"高职高专工作过程·立体化创新规划教材"编审委员会，全面研讨人才培养方案，并结合当前高职教育的实际情况，历时近两年精心打造了这套"高职高专工作过程·立体化创新规划教材"丛书。我们希望通过对这一套全新的、突出职业素质需求的高质量教材的出版和使用，促进技能型人才培养的发展。

　　本套丛书以"工作过程为导向"，强调以培养学生的职业行为能力为宗旨，以现实的职业要求为主线，选择与职业相关的教学内容组织开展教学活动和过程，使学生在学习和实践中掌握职业技能、专业知识及工作方法，从而构建属于自己的经验和知识体系，以解决工作中的实际问题。

本丛书首推书目

- 计算机应用基础
- 办公自动化技术应用教程
- 计算机组装与维修技术
- C++语言程序设计与应用教程
- C 语言程序设计
- Java 2 程序设计与应用教程
- Visual Basic 程序设计与应用开发
- Visual C# 2008 程序设计与应用教程
- 网页设计与制作
- 计算机网络安全技术
- 计算机网络规划与设计
- 局域网组建、管理与维护实用教程
- 基于.NET 3.5 的网站项目开发实践
- Windows Server 2008 网络操作系统
- 基于项目教学的 ASP.NET(C#)程序开发设计
- SQL Server 2008 数据库技术实用教程
- 数据库应用技术实训指导教程(SQL Server 版)

- 单片机原理及应用技术
- 基于 ARM 的嵌入式系统接口技术
- 数据结构实用教程
- AutoCAD 2010 实用教程
- C# WEB 数据库编程

丛书特点

(1) 以项目为依托，注重能力训练。以"工作场景导入"→"知识讲解"→"回到工作场景"→"工作实训营"为主线编写，体现了以能力为本位的教育模式。

(2) 内容具有较强的针对性和实用性。丛书以贴近职业岗位要求、注重职业素质培养为基础，以"解决工作场景"为中心展开内容，书中每一章节都涵盖了完成工作所需的知识和具体操作过程。基础理论知识以应用为目的，以"必需、够用"为度，因而具有很强的针对性与实用性，可提高学生的实际操作能力。

(3) 易于学习、提高能力。通过具体案例引出问题，在掌握知识后立刻回到工作场景解决实际问题，使学生很快上手，提高实际操作能力；每章末的"工作实训营"板块都安排了有代表意义的实训练习，针对问题给出明确的解决步骤，并给出了解决问题的技术要点，且对工作实践中常见问题进行分析，使学生进一步提高操作能力。

(4) 示例丰富、由浅入深。书中配备了大量经过精心挑选的例题，既能帮助读者理解知识，又具有启发性。针对较难理解的问题，例子都是从简单到复杂，内容逐步深入。

读者定位

本系列教材主要面向高等职业技术院校和应用型本科院校，同时也非常适合计算机培训班和编程开发人员培训、自学使用。

关于作者

丛书编委会特聘执教多年且有较高学术造诣和实践经验的名师参与各册之编写。他们长期从事有关的教学和开发研究工作，积累了丰富的经验，对相应课程有较深的体会与独特的见解，本丛书凝聚了他们多年的教学经验和心血。

互动交流

本丛书保持了清华大学出版社一贯严谨、科学的图书风格，但由于我国计算机应用技术教育正在蓬勃发展，要编写出满足新形势下教学需求的教材，还需要我们不断的努力实践。因此，我们非常欢迎全国更多的高校老师积极加入到"高职高专工作过程·立体化创新规划教材——计算机系列"编审委员会中来，推荐并参与编写有特色、有创新的教材。同时，我们真诚希望使用本丛书的教师、学生和读者朋友提出宝贵意见和建议，使之更臻成熟。联系信箱：Book21Press@126.com。

丛书编委会

前　言

AutoCAD 是由美国 Autodesk 公司推出的集二维绘图、三维绘图、关联数据库管理及互联网通信为一体的计算机辅助设计软件，具有易于掌握、方便快捷、体系结构开放、辅助绘图功能强大等优点，广泛应用于机械、建筑、土木、航天、石油化工、造船、冶金、纺织及轻工等多个领域，深受广大工程技术人员的青睐。AutoCAD 作为一款优秀的图形设计软件，应用程度已远远超过其他同类软件，在高等工科院校学生的制图技能训练中，使用 CAD 软件进行绘图已被列为必备的技能。

Autodesk 公司于 2009 年 3 月推出的 AutoCAD 2010 版本引入了全新功能，包括自由形式的设计工具及参数化绘图，同时加强了 PDF 格式的支持。本书以 AutoCAD 2010 版本为演示平台，通过具有代表性的工作实例，由浅入深、全面系统地介绍了该版本的具体使用方法和操作技巧。

本书最大的特点是，以"工作场景导入"→"知识讲解"→"回到工作场景"→"工作实训营"为主线，采用"任务驱动、项目导向"的模式编写。每一章节都提供了对工作场景实例完整详细的设计绘制过程，每个操作步骤均有图例展示。大多实例本身就是机械设计课程中的典型零部件，具有很强的代表性，从而既能保证读者可以掌握计算机辅助设计相关绘图的知识点，也能增强其实际运用和操作能力。同时，"工作实训营"板块中针对工作实践中常见的问题给出明确的解决方法，可以进一步提高学生的实际应用能力。

全书共分 9 章，主要内容如下。

第 1 章介绍 AutoCAD 2010 的主要功能和新增功能、应用领域和发展历史、基本操作界面和命令操作等，目的在于让学生熟悉 AutoCAD 2010 基本操作界面，掌握 AutoCAD 2010 一些基本命令的操作，为绘制图形打好基础。

第 2 章以绘制"挂轮架零件图"为工作场景导入，通过该项目的绘制，主要学习特性选项板的使用、图层操作、绘图环境设置以及辅助设计功能，使学生掌握对象特性的设置和使用方法，学会如何设置绘图环境，了解辅助设计功能。

第 3 章以绘制"轿车简易模型"为工作场景导入，通过对该项目的绘制，主要学习基本二维图形、样条曲线与修订云线的绘制方法以及图案填充命令的使用。目标是使学生掌握绘制点、线、矩形与正多边形、圆与圆弧、椭圆与椭圆弧、多线与多段线等基本二维图形的方法。

第 4 章以绘制"接线闸零件图"为工作场景导入，通过绘制过程达到使学生掌握二维图形的各种编辑命令，包括复制、镜像、删除、移动、拉伸、合并和圆角等命令的方法，以及如何合并和分解图形，使用圆角和倒角等图形编辑方法。

第 5 章以对"接线闸零件图"进行文字、尺寸标注为主要任务，介绍了文字、尺寸相应的样式类型和样式设置方法，以及标注的添加和编辑方法。通过该项目的实现，主要学习如何进行文字及尺寸样式的设置，掌握各种尺寸类型的标注方式和编辑方法。

第 6 章以绘制"齿轮油泵装配图"为工作场景导入，在零件图的绘制基础上，增加了图块、外部参照和设计中心的使用方法以及装配图的绘制方法。目的是使学生掌握图块创建与编辑、外部参照管理器的使用方法，了解 AutoCAD 2010 设计中心的功能，熟悉绘制装配图的方法和步骤。

第 7 章以绘制"虎钳三维模型"为工作场景导入，介绍了三维坐标系、三维对象和三维对象实体的各种绘制和编辑方法，使学生具备绘制三维实体、进行布尔运算、编辑实体面和三维对象的操作能力。

第 8 章以渲染"新型减速箱的三维模型"为工作场景导入，目的是使学生熟悉设置视点、视图的方法，掌握视觉样式的使用和管理以及如何进行渲染的一些基本操作方法。

第 9 章以打印"虎钳的三维模型"为工作场景导入，主要介绍图形输入与输出、打印与布局、浮动视口的使用方法以及打印输出，要求学生掌握导入和输出图形，以及进行打印预览和打印设置的方法。

本书中的实例效果图形文件可以从 www.wenyuan.com.cn 下载。

本书结构清晰、易教易学、实例丰富、可操作性强，可作为高职高专院校的指导教材或各类培训班的培训教程，也非常适合从事计算机绘图技术研究与应用的人员以及自学人员参考阅读。

本书由沈旭(南京交通职业技术学院)、宋正和(泰州职业技术学院)任主编，高伟(芜湖信息技术职业学院)、吴义成(马鞍山职业技术学院)、王松林(安徽商贸职业技术学院)任副主编。沈旭负责编写了第 1～4 章和第 9 章，宋正和编写了第 5～6 章，高伟、吴义成、王松林共同编写了第 7～8 章。在编写过程中，段端志、张石磊、陈洁英、姚昌顺、许勇、杨明、杨萍、赵传审、李海、赵明、张伍荣、范荣钢、杨靖文等同志给予了很大的帮助，特此感谢。由于作者水平有限，书中难免存在不足，恳请广大读者批评指正。

编 者

目　　录

第1章　AutoCAD 2010 的初步认识.........1

1.1　AutoCAD 概述.........2
  1.1.1　AutoCAD 的应用领域.........2
  1.1.2　AutoCAD 的发展历史.........3
  1.1.3　AutoCAD 的主要功能.........3
1.2　AutoCAD 2010 的基本操作界面.........4
1.3　AutoCAD 2010 中基本命令的操作.........8
  1.3.1　命令的输入与终止.........8
  1.3.2　命令的撤销与重做.........9
1.4　AutoCAD 2010 的新增功能.........10
本章小结.........11
习题.........12

第2章　AutoCAD 2010 绘图基础.........13

2.1　工作场景导入.........14
2.2　AutoCAD 2010 对象特性.........15
  2.2.1　打开【特性】选项板.........15
  2.2.2　设置线型.........16
  2.2.3　设置线宽.........18
  2.2.4　设置颜色.........18
2.3　使用图层.........19
  2.3.1　图层特性管理器.........19
  2.3.2　创建新图层.........20
  2.3.3　控制图层状态.........20
  2.3.4　切换图层.........21
  2.3.5　使用图层过滤器.........21
  2.3.6　使用【新组过滤器】
      过滤图层.........22
  2.3.7　图层状态管理器.........22
2.4　设置绘图环境.........23
  2.4.1　设置图形界限.........23
  2.4.2　设置绘图单位.........23
2.5　AutoCAD 的辅助设计功能.........25
  2.5.1　坐标系与坐标.........25

2.5.2　捕捉与栅格.........28
2.5.3　正交模式.........30
2.5.4　对象捕捉.........30
2.5.5　对象追踪.........31
2.5.6　动态输入.........32
2.5.7　线宽.........32
2.6　回到工作场景.........33
2.7　工作实训营.........43
  2.7.1　训练实例.........43
  2.7.2　常见问题解析.........46
本章小结.........46
习题.........46

第3章　绘制基本图形.........49

3.1　工作场景导入.........50
3.2　点.........50
  3.2.1　设置点的样式.........50
  3.2.2　绘制点.........50
  3.2.3　绘制等分点.........51
  3.2.4　绘制测量点.........52
3.3　直线、射线、构造线.........52
  3.3.1　绘制直线.........52
  3.3.2　绘制射线.........53
  3.3.3　绘制构造线.........53
3.4　矩形与正多边形.........55
  3.4.1　绘制矩形.........55
  3.4.2　绘制正多边形.........56
3.5　圆、圆弧与圆环.........58
  3.5.1　绘制圆.........58
  3.5.2　绘制圆弧.........59
  3.5.3　绘制圆环.........60
3.6　椭圆与椭圆弧.........61
  3.6.1　绘制椭圆.........61
  3.6.2　绘制椭圆弧.........62
3.7　多线与多段线.........63

3.7.1 绘制多线 63
3.7.2 绘制多段线 63
3.8 样条曲线与修订云线 65
3.8.1 绘制样条曲线 65
3.8.2 绘制修订云线 66
3.9 图案填充 67
3.9.1 创建图案填充 67
3.9.2 创建渐变填充 69
3.9.3 编辑图案填充 70
3.10 回到工作场景 71
3.11 工作实训营 74
3.11.1 训练实例 74
3.11.2 常见问题解析 76
本章小结 76
习题 76

第 4 章 编辑图形 79
4.1 工作场景导入 80
4.2 复制、镜像、偏移和阵列 80
4.2.1 复制图形 80
4.2.2 镜像图形 81
4.2.3 偏移图形 82
4.2.4 阵列图形 83
4.3 删除、移动、旋转和缩放 84
4.3.1 删除图形 84
4.3.2 移动图形 84
4.3.3 旋转图形 85
4.3.4 缩放图形 86
4.4 拉伸、修剪、延伸和打断 87
4.4.1 拉伸图形 87
4.4.2 修剪图形 87
4.4.3 延伸图形 88
4.4.4 打断图形 89
4.5 合并和分解 89
4.5.1 合并图形 89
4.5.2 分解图形 90
4.6 圆角和倒角 91
4.6.1 圆角图形 91
4.6.2 倒角图形 91

4.7 回到工作场景 92
4.8 工作实训营 99
4.8.1 训练实例 99
4.8.2 常见问题解析 106
本章小结 106
习题 107

第 5 章 文字、尺寸标注与表格 109
5.1 工作场景导入 110
5.2 文字标注 110
5.2.1 设置文字样式 110
5.2.2 输入文字的方式 112
5.2.3 编辑文字 114
5.2.4 文字控制符 116
5.3 尺寸样式 117
5.3.1 创建尺寸样式 117
5.3.2 设置尺寸样式 119
5.4 标注尺寸 124
5.4.1 线性标注 124
5.4.2 对齐标注 126
5.4.3 直径标注 126
5.4.4 半径标注 127
5.4.5 圆心标记和中心线标注 127
5.4.6 角度标注 128
5.4.7 利用 LEADER 命令进行
引线标注 130
5.4.8 利用 QLEADER 命令进行
引线标注 130
5.5 标注形位公差 132
5.5.1 形位公差的组成 132
5.5.2 形位公差的标注 132
5.6 回到工作场景 134
5.7 工作实训营 142
5.7.1 训练实例 142
5.7.2 常见问题解析 145
本章小结 146
习题 146

第 6 章 装配图绘制 149
6.1 工作场景导入 150

6.2 图块 150
　　6.2.1 创建与编辑图块 150
　　6.2.2 编辑与管理块属性 155
6.3 使用外部参照 158
　　6.3.1 附着外部参照 159
　　6.3.2 插入 DWG 参照及 DWF、
　　　　　DGN、PDF 参考底图 160
　　6.3.3 管理外部参照 160
　　6.3.4 参照管理器 161
6.4 设计中心 161
　　6.4.1 AutoCAD 设计中心的功能 162
　　6.4.2 AutoCAD 设计中心的使用 162
6.5 装配图绘制 163
　　6.5.1 装配图的内容 163
　　6.5.2 装配图的尺寸标注 164
　　6.5.3 技术要求的注写 165
　　6.5.4 画装配图的方法和步骤 165
6.6 回到工作场景 166
6.7 工作实训营 173
　　6.7.1 训练实例 173
　　6.7.2 常见问题解析 180
本章小结 181
习题 181

第 7 章　三维实体的绘制与编辑 183
7.1 工作场景引入 184
7.2 三维坐标系 184
　　7.2.1 三维绘图的基本术语 185
　　7.2.2 三维坐标系设置 185
　　7.2.3 三维坐标形式 186
7.3 三维绘制 188
　　7.3.1 绘制三维点 188
　　7.3.2 绘制三维多段线 188
　　7.3.3 绘制三维面 188
7.4 利用二维图形创建三维、
　　类三维实体模型 189
　　7.4.1 拉伸实体 189
　　7.4.2 扫掠 190
　　7.4.3 旋转实体 191

7.4.4 放样 192
7.5 绘制三维实体 193
　　7.5.1 绘制长方体 193
　　7.5.2 绘制球体 194
　　7.5.3 绘制圆柱体 195
　　7.5.4 绘制圆锥体 195
　　7.5.5 绘制圆环体 196
7.6 布尔运算 197
　　7.6.1 并集 197
　　7.6.2 交集 197
　　7.6.3 差集 198
7.7 编辑实体面 198
　　7.7.1 拉伸面 198
　　7.7.2 移动面 199
　　7.7.3 偏移面 200
　　7.7.4 删除面 200
　　7.7.5 复制面 201
7.8 编辑三维对象 202
　　7.8.1 三维移动 202
　　7.8.2 三维镜像 202
　　7.8.3 三维旋转 203
　　7.8.4 三维阵列 204
7.9 回到工作场景 205
7.10 工作实训营 215
　　7.10.1 训练实例 215
　　7.10.2 常见问题解析 219
本章小结 219
习题 219

第 8 章　观察与渲染三维图形 223
8.1 工作场景导入 224
8.2 视点 224
　　8.2.1 用 VPOINT 命令设置视点 225
　　8.2.2 用 DDVPOINT 命令
　　　　　设置视点 227
　　8.2.3 设置正交和轴测视图 227
　　8.2.4 设置 UCS 的平面视图 228
8.3 视图 229
　　8.3.1 三维视图 229

8.3.2　动态观察 230

8.3.3　漫游与飞行 233

8.3.4　相机 235

8.4　视觉样式 239

8.4.1　视觉样式的类型 239

8.4.2　视觉样式管理器 240

8.5　渲染对象 242

8.5.1　设置光源 242

8.5.2　材质 246

8.5.3　贴图 247

8.5.4　渲染环境 248

8.5.5　渲染 249

8.6　回到工作场景 250

8.7　工作实训营 257

8.7.1　训练实例 257

8.7.2　常见问题解析 262

本章小结 262

习题 262

第9章　图形输出与打印 265

9.1　工作场景导入 266

9.2　图形的输入和输出 266

9.2.1　导入图形 267

9.2.2　插入 OLE 对象 267

9.2.3　输出图形 268

9.3　打印与布局 269

9.3.1　模型空间与图纸空间 269

9.3.2　创建布局和页面设置 270

9.4　使用浮动视口 274

9.4.1　删除、新建和调整
　　　 浮动视口 274

9.4.2　相对图纸空间比例
　　　 缩放视图 276

9.4.3　在浮动视口中旋转视图 276

9.5　打印样式表 277

9.5.1　打印样式表的类型 277

9.5.2　创建打印样式表 279

9.6　打印输出 281

9.6.1　打印预览 282

9.6.2　打印设置 282

9.7　回到工作场景 284

9.8　工作实训营 290

9.8.1　训练实例 290

9.8.2　常见问题解析 293

本章小结 293

习题 294

参考文献 296

第1章

AutoCAD 2010 的初步认识

- AutoCAD 2010 的主要功能。
- AutoCAD 2010 的基本操作界面。
- AutoCAD 2010 中基本命令的操作。

- 熟悉 AutoCAD 2010 的基本操作界面。
- 掌握 AutoCAD 2010 中一些基本命令的操作。

1.1 AutoCAD 概述

计算机辅助设计(Computer Aided Design，简称 CAD)萌芽于 20 世纪中期，它是利用计算机强有力的计算功能和高效率的图形处理能力，辅助知识劳动者进行工程和产品的设计与分析，以达到理想的目的或取得创新成果的一种技术。它是综合了计算机科学与工程设计方法的最新发展而形成的一门新兴学科。

1.1.1 AutoCAD 的应用领域

AutoCAD 是由美国 Autodesk 公司推出的集二维绘图、三维绘图、关联数据库管理及互联网通信为一体的计算机辅助设计软件，具有易于掌握、方便快捷、体系结构开放、辅助绘图功能强大等优点，能够绘制二维图形与三维图形、标注尺寸、渲染图形以及打印输出图纸，目前已广泛应用于国民经济的各个方面，其主要的应用领域有以下几个。

1. 机械制造业中的应用

AutoCAD 技术已在机床、汽车、船舶、航空航天飞行器等机械制造业中广泛应用，在机械制造业中应用 AutoCAD 技术可以绘制精密零件、模具、设备等。

2. 工程设计中的应用

AutoCAD 技术在工程领域中的应用有以下几个方面。

(1) 建筑设计，包括方案设计、三维造型、建筑渲染图设计、平面布景、建筑构造设计、小区规划、室内装饰设计等。

(2) 市政管线设计，如自来水、污水排放、煤气、电力、暖气、通信等各类市政管道线路设计。

(3) 交通工程设计、城市交通设计，如公路、桥梁、铁路、航空、机场、港口、码头、城市道路、高架、轻轨、地铁等。

(4) 水利工程设计，如水渠、大坝、河海工程等。

(5) 其他工程设计和管理，如装饰设计、环境艺术设计、房地产开发及物业管理、工程概预算、旅游景点设计与布置、智能大厦设计等。

3. 电子工业中的应用

AutoCAD 技术最早曾用于电路原理图和布线图的设计工作。目前，AutoCAD 技术已扩展到印刷电路板的设计(布线及元器件布局)，推动了微电子技术和计算机技术的发展。

4. 其他应用

除了在上述领域中的应用外，在轻工化工、纺织、家电、服装、制鞋、园林设计、医疗和医药乃至体育方面都会用到 AutoCAD 技术。

1.1.2　AutoCAD 的发展历史

美国 Autodesk 公司于 1982 年 12 月开发了 AutoCAD 的第一个版本——AutoCAD 1.0，容量为一张 360KB 的软盘，无菜单，命令需要背，其执行方式类似 DOS 命令。1983 年 4 月，该公司又推出了 1.2 版的 AutoCAD 软件，该版本具备尺寸标注功能。此后，Autodesk 公司几乎每年都会推出 AutoCAD 的升级版本。

1992 年，Autodesk 公司推出了 AutoCAD 12.0 版。它适用于 Windows 操作系统，采用了图形用户接口(GUI)和对话框功能，提供了访问标准数据库管理系统的 ASE 模块，并且改善了绘图的速度，还提供了完善的 AutoLisp 语言进行二次开发。1996 年 6 月，Autodesk 公司推出了 AutoCAD 13.0 版。该版本删除了 AutoCAD 12.0 版中的 57 个命令，又另外新增了 70 个命令，使新版本的命令达到了 288 个。1997 年 6 月，Autodesk 公司推出 AutoCAD R14 版。该版本全面支持 Windows 95/NT，不再支持 DOS 平台，同时它的操作界面和风格更加接近 Windows 的风格，并实现了与 Internet 网络连接。在 AutoCAD R14 版本之后，Autodesk 公司开始推出 AutoCAD 的简体中文版，以拓展中国市场。

1999 年 3 月，Autodesk 公司推出了 AutoCAD 2000 版。接下来的几年间，一直到 2008 年 3 月 AutoCAD 2009 版的推出，AutoCAD 软件的性能不断地得到改进，DWG 文件功能不断地得到提高，与其他软件的交互性不断地得到加强。

2009 年 6 月，Autodesk 公司推出了 AutoCAD 2010 版。该版本新增了参数化绘图、网格对象、自由形态设计工具、三维打印等功能，并增强了动态图块等功能。

2010 年 5 月，Autodesk 公司又推出了 AutoCAD 2011 版。该版本新增了建立与编辑程序曲面和 NURBS 曲面等曲面造型功能，新增了修改面、删除面与修复间隙等网面造型功能以及倒圆角等实体造型功能，增强了回转、挤出、断面混成和扫略等功能，并且在 API 方面也有所增强。

本书以 AutoCAD 2010 为蓝本，主要介绍 AutoCAD 2010 的功能与应用。

1.1.3　AutoCAD 的主要功能

AutoCAD 自 1982 年问世以来，经过了多次版本升级，从而使产品设计功能更趋完善。也正因为 AutoCAD 具有强大的辅助绘图功能，因此，它已成为工程设计领域中应用最为广泛的计算机辅助绘图与设计软件之一。

1. 绘制与编辑图形

AutoCAD 的【绘图】主菜单、【修改】主菜单、功能区和工具栏中包含有丰富的二维和三维绘图和修改工具，使用这些工具可以绘制出基本的二维和三维图形。

通过拉伸、设置标高和厚度等操作可以将一些二维图形轻松地转换为三维图形。使用【绘图】|【建模】命令中的子命令，在 AutoCAD 2010 中还可以进入三维建模空间，用户可以很方便地绘制多段体、圆柱体、长方体、球体等基本三维实体以及三维网格、旋转网格等曲面模型。

在工程设计中，工程师常常通过绘制轴测图来描述物体的结构特征。但所绘轴测图只提供立体效果，不是真正的三维图形。这种轴测图只是以二维图形技术来模拟三维对象，无法生成视图，而将 AutoCAD 切换到轴测模式下，便可方便地绘制出轴测图，此时直线将绘制成 30°、90°和 150°等角度，圆将绘制成椭圆形。

2. 图形尺寸注释

尺寸标注是向图形中添加测量注释的过程，是整个绘图过程中不可缺少的一步。AutoCAD 的【标注】主菜单、功能区和工具栏中包含了一套完整的尺寸标注和编辑命令，使用它们可以在图形的各个方向上创建各种类型的标注，也可以方便、快速地以一定格式创建符合行业或项目标准的标注。

3. 渲染三维图形

在 AutoCAD 中，可以运用雾化、光源和材质，将实体渲染为具有真实感的图像。新推出的 AutoCAD 2011 更能产生照片级真实感渲染效果，创建丰富多彩的出色图像。

4. 输出与打印图形

AutoCAD 不仅允许将所绘图形以不同样式通过绘图仪或打印机输出，还能够将不同格式的图形导入 AutoCAD 或将 AutoCAD 图形以其他格式输出。新推出的 AutoCAD 2011 能提供点云支持，将三维激光扫描图导入 AutoCAD，还提供了 PDF 导入/导出功能和三维打印功能。

5. 二次开发功能

在 AutoCAD 中，用户可以根据需要定制各种菜单和工具栏。AutoCAD 允许用户利用内嵌语言 Autolisp、Visual Lisp、VBA、ADS、ARX 等进行二次开发。

此外，新推出的 AutoCAD 2011 新增了建立和编辑 NURBS 曲面的功能，此类型的曲面具有控制顶点(CV)，控制顶点以雕刻实体模型的相同方式"雕刻"物件。

 ## 1.2　AutoCAD 2010 的基本操作界面

本节以用户习惯使用的 AutoCAD 传统工作空间为例进行介绍。图 1-1 对 AutoCAD 2010 的【AutoCAD 经典】工作空间进行了详细的注释。

1. 标题栏

标题栏位于 AutoCAD 2010 绘图窗口的最上面，标题栏中显示了系统当前正在运行的应用程序名及图形文件名等信息，如果是 AutoCAD 默认的图形文件，其名称为 "DrawingN.dwg"(N 是数字)。当用户第一次启动 AutoCAD 2010 时，在标题栏中会显示 AutoCAD 2010 在启动时创建并打开的图形文件的名字 Drawing1.dwg，如图 1-1 所示。

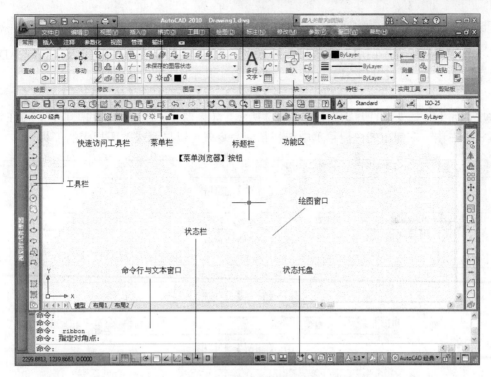

图 1-1　经典空间界面注释

2. 【菜单浏览器】按钮

【菜单浏览器】按钮位于绘图窗口的左上角。单击该按钮，将弹出 AutoCAD 菜单，该菜单包含了【新建】、【打开】、【保存】、【另存为】、【输出】、【打印】、【发布】、【发送】、【图形使用工具】、【关闭】等命令，用户选择命令后即可执行相应操作。

通过菜单浏览器还可以查看最近使用的文档、当前打开的文档和最近执行的动作。

3. 快速访问工具栏

在默认状态中，快速访问工具栏中包含【新建】、【打开】、【保存】、【放弃】、【重做】和【打印】6 个最常用的工具，方便用户使用。如果想在快速访问工具栏中添加或删除其他常用工具，可以单击快速访问工具栏后面的下拉按钮，在弹出的快捷菜单中选择需要的常用工具，也可以单击【更多命令】选项，在弹出的【自定义用户界面】对话框中进行设置即可。

单击快速访问工具栏后面的下拉按钮，在弹出的快捷菜单中选择【显示菜单栏】命令，就可以在工作空间中显示菜单栏。

4. 菜单栏

在 AutoCAD 2010 中，菜单栏位于标题栏的下方，其包含【文件】、【编辑】、【视图】、【插入】、【格式】、【工具】、【绘图】、【标注】、【修改】、【参数】、【窗口】、【帮助】12 个主菜单，这些主菜单几乎包含了 AutoCAD 2010 的所有绘图命令。同其他 Windows 程序一样，AutoCAD 2010 的菜单也是下拉式的，并在主菜单中包含子菜单。

5. 工具栏

工具栏是应用程序调用命令的另一种方式，它是一组图标型工具的集合。AutoCAD 共提供了二十多个已命名的工具栏，在工具栏中单击某个图标即可启动相应的命令。

默认情况下，【标准】、【图层】、【特性】、【样式】、【绘图】、【修改】、【绘图次序】等工具栏处于打开状态，如图 1-2 所示。如果要显示当前隐藏的工具栏，可在任意工具栏上右击，在弹出的快捷菜单中选择相应命令就可以显示或关闭相应的工具栏。

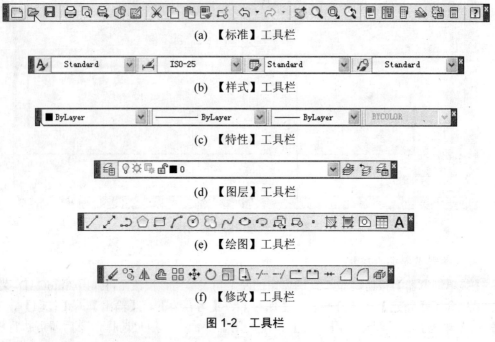

(a)【标准】工具栏

(b)【样式】工具栏

(c)【特性】工具栏

(d)【图层】工具栏

(e)【绘图】工具栏

(f)【修改】工具栏

图 1-2　工具栏

6.【功能区】选项板

【功能区】选项板位于绘图窗口的上方，用于显示与基于任务的工作空间关联的按钮和控件。使用【功能区】选项板时无需显示多个工具栏，它通过单一紧凑的界面使应用程序变得简洁有序，同时使可用的工作区域最大化。功能区可以以水平或垂直方式显示，也可以显示为浮动选项板。默认状态下，【功能区】选项板包含【常用】、【插入】、【注释】、【参数化】、【视图】、【管理】和【输出】7 个选项卡。每个选项卡包含若干个面板，每个面板又集成了相关的操作工具，方便了用户的使用，如图 1-1 所示。

如果某个面板中没有足够的空间显示所有的操作工具，可以单击面板右下角的三角按钮 ，控制功能的展开和收缩。

打开或关闭【功能区】选项板的方法有以下几种。

● 命令行：执行 RIBBON（或 RIBBONCLOSE）命令。
● 菜单栏：在菜单栏中选择【工具】|【选项板】|【功能区】命令。

7. 绘图窗口

绘图窗口是用户使用 AutoCAD 2010 绘制图形的区域，所有的绘图结果都反映在这个窗口中。可以根据需要关闭其他窗口元素，例如工具栏、选项板等，以增大绘图空间。

在绘图窗口中除了显示当前的绘图结果外，还显示了当前使用的坐标系类型以及坐标原点、X 轴、Y 轴、Z 轴的方向等。

绘图窗口的下方有【模型】、【布局 1】和【布局 2】选项卡，单击其标签可以在模型空间或图纸空间之间来回切换。

8. 命令行与文本窗口

命令窗口是 AutoCAD 显示用户从键盘输入的命令和 AutoCAD 提示信息的区域。在 AutoCAD 2010 中，默认情况下，命令窗口位于绘图窗口的底部，可以拖放为浮动窗口。

对当前命令窗口中输入的内容，可以使用文本编辑的方法进行编辑。AutoCAD 文本窗口是记录 AutoCAD 命令的窗口，它可以显示当前 AutoCAD 进程中命令的输入和执行过程，记录对文档进行的所有操作，如图 1-3 所示。

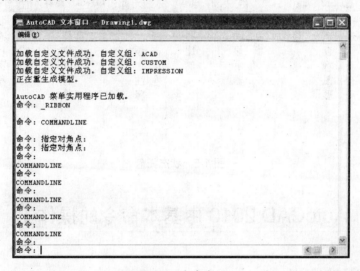

图 1-3　文本窗口

在 AutoCAD 2010 中，除了按 F2 键之外，还有以下两种方法可以打开 AutoCAD 文本窗口。

- 命令行：执行 TEXTSCR 命令。
- 菜单栏：在菜单栏中选择【视图】|【显示】|【文本窗口】命令。

9. 状态栏

状态栏在屏幕的底部，如图 1-4 所示，用来显示 AutoCAD 当前的状态。在绘图窗口中移动光标时，状态栏的左端将动态地显示当前坐标的 X、Y、Z 值。状态栏中包括【捕捉模式】、【栅格显示】、【正交模式】、【极轴追踪】、【对象捕捉】、【对象捕捉追踪】、【允许/禁止动态 UCS】、【动态输入】、【显示/隐藏线宽】和【快捷特性】10 个功能开关按钮。

10. 状态托盘

AutoCAD 2010 的状态托盘中包括一些常见的显示工具和注释工具，如图 1-5 所示(该图只显示部分按钮)，通过这些按钮可以控制图形或绘图区的状态。

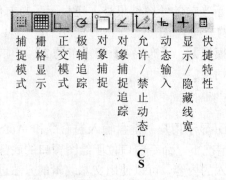

图1-4 状态栏

图1-5 状态托盘

1.3 AutoCAD 2010 中基本命令的操作

1.3.1 命令的输入与终止

1. 命令的输入

在 AutoCAD 系统中，所有功能都是通过命令执行实现的，熟练地使用 AutoCAD 命令有助于提高绘图的效率和精度。AutoCAD 提供了多种命令输入方式，各种命令输入方式介绍如下。

(1) 在命令窗口输入命令名。

命令字符可不区分大小写。执行命令时，在命令行提示中经常会出现命令选项。以画直线为例，在命令行输入绘制直线命令"LINE"后，AutoCAD 中的命令行会提示如下。

指定第一点：(在绘图区指定一点或输入一个点的坐标)
指定下一点或［放弃(U)］：

命令行中不带括号的提示为默认选项，如上面提示中的"指定下一点"，就可以在绘图区指定一点或直接输入直线段的起点坐标。如果要选择其他选项，则应该首先输入该选项的标识字符，然后按系统提示输入数据即可。在命令选项的后面有时还带有尖括号"< >"，尖括号内的数值为默认数值。

(2) 在命令行输入命令缩写字。

如 A（Arc）、B（Bmake）、C（Circle）、CO（Copy）、E（Erase）、L（Line）、LA（Layer）、M（Move）、P（Pan）、R（Redraw）、Z（Zoom）等。

(3) 通过下拉菜单/工具栏选择命令。

选择下拉菜单中相应的命令或单击工具栏中的对应按钮，此时在状态栏中会显示相应的命令及命令提示，与键盘输入命令不同之处是此时在命令前有一下划线。

(4) 在命令行打开快捷菜单。

如果在前面刚使用过要输入的命令，可以在命令行单击右键打开快捷菜单，在【近期使用的命令】子菜单中选择需要的命令。【近期使用的命令】子菜单中储存最近使用的 6 个命令，如果经常重复使用某 6 个命令以内的命令，这种方法就比较快速简洁。

(5) 在绘图区右击。

如果用户要重复使用上次使用过的命令，可以直接在绘图区右击，AutoCAD 会立即重复执行上次使用过的命令，这种方法适用于重复执行某个命令。

2. 命令的终止

AutoCAD 提供了多种命令终止方式，各种命令终止方式介绍如下。

(1) 切换下拉菜单/工具栏中的命令。

在命令执行过程中，用户可以选择下拉菜单中另一命令或单击工具栏中的另一按钮，这时将自动终止正在执行的命令。

(2) 按 Esc 键。

在命令执行过程中可以随时按 Esc 键终止命令的执行。

(3) 按 Enter 键。

在命令执行过程中可以按一次或两次 Enter 键终止命令的执行。

(4) 按 Ctrl+Z 组合键。

在命令执行过程中可以随时按 Ctrl+Z 组合键返回上一步操作，可以一直返回到用户上一次保存后的操作。

1.3.2 命令的撤销与重做

在 AutoCAD 中，用户可以方便地撤销前面执行的一条或多条命令。此外，撤销前面执行的命令后，还可以通过重做来恢复。

1. 命令的撤销

在命令执行的任何时刻都可以取消命令的执行。命令的撤销有以下几种方法。

● 命令行：执行 UNDO 命令。
● 菜单栏：在菜单栏中选择【编辑】|【放弃】命令。
● 快捷键：按 Esc 键。

2. 命令的重做

已被撤销的命令要恢复重做，可以恢复撤销的最后一个命令，方法如下。

- 命令行：执行 REDO 命令。
- 菜单栏：在菜单栏中选择【编辑】|【重做】命令。
- 快捷键：按 Ctrl+Y 组合键。

AutoCAD 2010 可以一次执行多重放弃和重做操作。单击【标准】工具栏中的【放弃】按钮↶或【重做】按钮↷后面的 ˙ 按钮，可以选择要放弃或重做的操作，如图 1-6 所示。

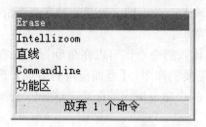

图 1-6　放弃命令

也可以在命令行输入 UNDO 或 REDO 命令，然后再输入要放弃或重做的命令的数目，可一次撤销或重做多个命令。例如要撤销最后的 5 个命令，可进行如下操作。

在命令行输入 UNDO 命令并回车，AutoCAD 2010 会提示如下。

输入要放弃的操作数目或 [自动(A)/控制(C)/开始(BE)/结束(E)/标记(M)/后退(B)] <1>:5

由于命令的执行是依次进行的，所以当返回到以前的某一操作时，其间的所有操作都将被取消。

1.4　AutoCAD 2010 的新增功能

相对于以前的版本，AutoCAD 2010 的产品设计功能得到进一步完善和强化，提高了产品设计的易用性。具体而言，新增功能如下。

1. 参数化绘图

通过参数化图形，用户可以为二维几何图形添加几何约束和尺寸约束。几何约束有水平、竖直、平行、垂直、相切、圆滑、同点、同线、同心、对称等方式的约束；尺寸约束可以锁定对象，而且可以通过修改标注尺寸来直接调整所约束的对象。

2. 三维功能

AutoCAD 2010 增加了网格对象功能，其他的三维实体或曲面可以转化为网格对象，网格也可以转换为三维实体或曲面。而且网格可以通过直接创建来生成。网格的优点就是其形状可由用户随心所欲地改变，如圆滑边角、平滑、凹陷处理、形状拖变、表面细部分割等。

3. 动态图块

几何约束和尺寸约束都可以添加到动态图块中去。另外，动态块编辑器中还增强了动态参数管理和块属性表格。在块编辑器中，还可以通过预览窗口直接测试块属性的效果而不需要退出块外部。在块编辑器和测试块窗口之间来回快速切换可以使用户更加轻松地尝试和测试更改。

4. 应用程序菜单

应用程序菜单位于 AutoCAD 界面的左上角。通过改善的应用程序菜单，用户能更方便地访问公用工具。在应用程序菜单上面有一搜索工具，用户可以通过该工具查询快速访问工具、应用程序菜单以及当前加载的功能区，以定位命令、功能区面板名称和其他功能区控件。应用程序菜单上面的按钮使用户能够轻松访问最近使用或正在打开的文档，在最近文档列表中有一新的选项，文档除了可按大小、类型和规则列表排序外，还可按照日期排序。

5. 功能区

AutoCAD 2010 的功能区已经升级，提供了更为灵活、简便地访问工具的方法，并与 Autodesk 的应用程序保持了良好的一致性。用户可将功能区面板拖动到功能区外，将其作为可停靠式面板显示。可停靠式面板甚至在用户选择了其他的选项卡后还会一直显示，除非用户选择了【将面板返回功能区】选项后它才会消失。

在 AutoCAD 2010 中，增强的功能区功能可让用户自定义上下文关联的功能选项卡状态，它可基于图形窗口中选定的对象类型或激活的命令来控制显示的功能区选项卡和面板。

6. 快速访问工具栏

位于 AutoCAD 界面左上角的便是功能强大的快速访问工具栏。常用的【新建】、【打开】、【保存】、【撤销】、【重做】和【打印】命令全部都在这里。通过单击下拉按钮，用户能选择【更多命令】选项快速将常用命令加入定制工具栏。这里还有用于重新在屏幕中显示菜单栏和在功能区下方显示快速访问工具栏的选项。

7. 图形输出

通过【输出】面板，用户可以快速访问用于输出模型空间的工具，或将布局输出为 DWF、DWFx 或 PDF 文件的工具。输出时，可以使用【页面设置替代和输出】选项控制输出文件的外观和类型。AutoCAD 2010 还可以用 PDF 文件作为底图，它的使用与其他格式文件的底图相同，如果 PDF 文件中的几何图形是矢量的，则还可以直接被捕捉到。

 ## 本章小结

本章主要介绍了 AutoCAD 的应用领域、发展历史和主要功能，AutoCAD 2010 的新增功能、基本操作界面和基本命令的操作等相关内容，读者应重点掌握 AutoCAD 2010 的主要功能、基本操作界面和一些基本命令的操作，熟悉菜单栏、工具栏、标题栏、各种窗口和功能区等内容，为今后学习 AutoCAD 2010 打下良好的基础。

习题

一、选择题

1. 完成图形的编辑工作，或者需要保存阶段性的成果，都可以选择【文件】|【保存】命令，或者直接按快捷键_____。

    A. Ctrl+N   B. Ctrl+S

    C. Ctrl+V   D. Ctrl+D

2. 下列_____不是 AutoCAD 2009 提供的工作空间。

    A. 二维草图与注释   B. 三维建模

    C. AutoCAD 经典   D. 二维建模

3. 下面不是正常退出 AutoCAD 的方法的是_____。

    A. 直接关机   B. QUIT 命令

    C. EXIT 命令   D. 屏幕右上角的关闭按钮

4. AutoCAD 提供了多种命令终止方式，下面不能终止命令的方式是_____。

    A. 按 Esc 键   B. 按 Enter 键

    C. 按 Ctrl+Z 组合键   D. 按 Ctrl+C 组合键

5. 下列不是 AutoCAD 的主要应用领域的是_____。

    A. 机械制造   B. 水利工程

    C. 建筑设计   D. 金融

二、简答题

AutoCAD 2010 的新增功能有哪些？

三、上机操作题

1. 在 AutoCAD 2010 的快速访问工具栏中添加【渲染】按钮，并删除【保存】按钮。

2. AutoCAD 2010 提供了一些示例图形文件(位于 AutoCAD 2010 安装目录下的 Sample 子目录中)，打开并浏览这些文件，试着将其中某些文件保存到其他目录中。

第 2 章

AutoCAD 2010 绘图基础

 本章要点

- 对象特性的设置和使用方法。
- 图层的创建、控制、使用等内容。
- 绘图环境中图形界限和绘图单位的设置。
- AutoCAD 的各种辅助设计功能。

技能目标

- 掌握对象特性的设置和使用方法。
- 掌握图层操作方法。
- 掌握如何设置绘图环境。
- 掌握辅助设计功能。

2.1 工作场景导入

【工作场景】

某机械厂 A 要生产一批挂轮架，需要设计挂轮架的零件图。公司 B 是一家 AutoCAD 设计公司，与机械厂 A 签订了此项业务。公司 B 需要按图 2-1 所示的要求设计挂轮架的零件图。

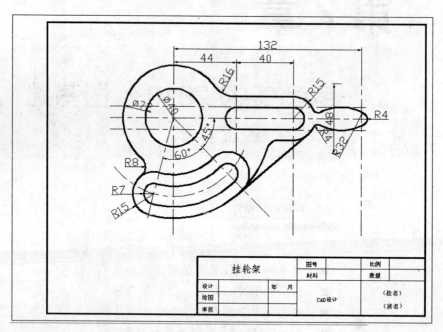

图 2-1　挂轮架

【引导问题】

(1) AutoCAD 2010 的对象特性包括哪些？如何设置对象特性？

(2) 如何创建新图层、控制图层状态？如何使用图层管理器和图层状态管理器？如何过滤图层？

(3) 绘图环境包括哪些？如何设置图形界限和绘图单位？

(4) AutoCAD 的辅助设计功能有哪些？如何打开和设置这些辅助设计功能？

⚠ 注意: 此场景用于讲解本章知识的实际操作方法与应用，在讲解过程中会借助一些将在后面几章详细介绍的绘图命令及功能(借助这些命令及功能创建场景中的零件图)。

2.2　AutoCAD 2010 对象特性

AutoCAD 2010 的对象特性包括基本特性和几何特性，基本特性适用于大多数对象，包括对象的颜色、线型、线宽、打印样式及图层等，几何特性包括对象的尺寸和位置。例如，圆的特性包括半径和面积，直线的特性包括长度和角度。AutoCAD 使用【特性】选项板来指定对象的特性，极大地提高了图形表达能力和可读性。

2.2.1　打开【特性】选项板

在 AutoCAD 2010 中，打开【特性】选项板的方式有以下几种。

- 命令行：执行 PROPERTIES 命令。
- 菜单栏：在菜单栏中，选择【修改】|【特性】命令，或者选择【工具】|【选项板】|【特性】命令。
- 功能区：切换到【常用】选项卡，在【特性】面板中单击特性按钮。
- 工具栏：在【标准】工具栏中，单击【特性】按钮。

执行操作后，AutoCAD 2010 中会显示如图 2-2 所示的【特性】选项板。【特性】选项板默认处于浮动状态，其中列出了选定对象或一组对象的特性的当前设置，用户可以修改任何可以通过指定新值进行修改的特性。选中多个对象时，【特性】选项板只显示选择集中所有对象的共有特性。如果未选中对象，【特性】选项板只显示当前图层的常规特性、附着到图层的打印样式表的名称、视图特性以及有关 UCS 的信息。

图 2-2　【特性】选项板

下面介绍使用【特性】选项板修改对象特性的步骤。

(1) 在菜单栏中，选择【修改】|【特性】命令，打开如图 2-2 所示的【特性】选项板。

(2) 在【特性】选项板中，单击每个类别右侧的箭头可以展开或折叠列表。

(3) 选择要修改的值，然后对该值进行修改。

(4) 如果要放弃修改，可以在【特性】选项板的空白区域右击，并从弹出的快捷菜单中选择【放弃】命令。

(5) 设置完毕后，单击【关闭】按钮，完成操作。

> 提示：在【特性】选项板的标题栏上右击，将弹出一个快捷菜单。可通过该快捷菜单确定是否隐藏选项板、是否在选项板内显示特性的说明部分，以及是否将选项板锁定在主窗口中。

2.2.2 设置线型

线型是点、横线和空格等按一定规律重复出现而形成的图案，复杂线型还可以包含各种符号。通过设置线型，可以从视觉上很轻松地区分不同的绘图元素，便于查看和修改图形。

"acad.lin"文件和"acadiso.lin"文件中提供了标准线型库。用户可以直接使用已有的线型，也可以对它们进行修改或创建自己的自定义线型。在设计过程中可根据需要，使用不同的线型来区分不同类型的图形对象，以符合行业的标准。

1. 选择线型

在绘制图形时，需要使用不同的线型来区分图形元素，从而达到层次清晰，重点突出。下面介绍使用【特性】选项板选择线型的具体步骤。

(1) 在菜单栏中，选择【修改】|【特性】命令，打开【特性】选项板。

(2) 选取要修改线型的对象，单击【特性】选项板中【线型】下拉列表框右侧的小三角按钮 ▾。

(3) 在展开的【线型】下拉列表框中选择对应的线型，即可更换原对象线型。

此外，还可以选择【格式】|【线型】命令，打开【线型管理器】对话框，如图 2-3 所示。在【线型】列表框中选择一种线型后，单击【确定】按钮即可使用该线型替换原对象线型。

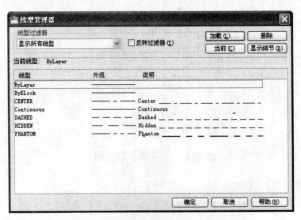

图 2-3 【线型管理器】对话框

2. 加载线型

默认情况下，【线型】列表框中只有 3 种线型，如果要使用其他线型，必须将其添加到该列表框中，然后再从列表框中选择所需线型。

下面介绍使用【加载或重载线型】对话框加载线型的具体步骤。

(1) 在菜单栏中选择【格式】|【线型】命令，打开【线型管理器】对话框。

(2) 在【线型管理器】对话框中单击【加载】按钮，打开【加载或重载线型】对话框，如图 2-4 所示。

(3) 从当前线型库中选择需要加载的线型。如果未列出所需的线型，单击【文件】按钮，弹出【选择线型文件】对话框，在该对话框中选择一个包含所需线型的 LIN 文件，单击【确定】按钮，【加载或重载线型】对话框的【可用线型】列表框中将显示存储在选定 LIN 文件中的线型定义。

(4) 选择一种线型后单击【确定】按钮，即可加载新线型。

图 2-4　【加载或重载线型】对话框

3. 设置线型比例

在绘制图形的过程中，经常遇到细点划线或虚线间距太小或太大的情况，以至于有时看不见点划线的形状或与实线区分不开。为了解决这个问题，可以通过设置图形中的线型比例来改变线型的外观。

下面介绍使用【线型管理器】对话框设置线型比例的具体步骤。

(1) 在菜单栏中选择【格式】|【线型】命令，打开【线型管理器】对话框。

(2) 选择【线型】列表框中的某一线型后，单击【显示细节】按钮，在该对话框下方显示的【详细信息】选项组中可设置线型的【全局比例因子】和【当前对象缩放比例】文本框，如图 2-5 所示。

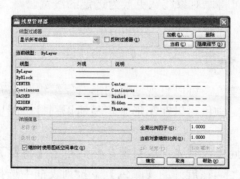

图 2-5　【线型管理器】对话框

(3) 在【全局比例因子】文本框中设置图形中所有线型的比例，在【当前对象缩放比例】文本框中设置当前选中线型的比例。

(4) 单击【确定】按钮，完成线型比例的设置。

2.2.3 设置线宽

不同的宽度线可用于表现不同大小或类型的对象。通过控制图形显示和打印中的线宽，可以进一步区分图形中的对象。另外，使用线宽不同的粗线和细线可以清楚地表现出部件的截面、边线、尺寸线和标记等。

下面介绍使用【线宽设置】对话框设置线宽的具体步骤。

(1) 在菜单栏中选择【格式】|【线宽】命令，打开【线宽设置】对话框，如图 2-6 所示。

图 2-6 【线宽设置】对话框

(2) 从【线宽】列表框中选择合适的线宽。

(3) 在【列出单位】选项组中设置线宽的单位，可以选择毫米或英寸。

(4) 选中【显示线宽】复选框，将显示线的宽度，也可以通过单击状态栏中的【显示/隐藏线宽】按钮来显示/隐藏线宽。

(5) 在【默认】下拉列表框中选择默认线宽值。

(6) 在【调整显示比例】选项组中拖动显示比例滑块，以设置线宽的显示比例大小。

(7) 单击【确定】按钮，完成线宽的设置。

此外，也可以使用【特性】选项板来设置线宽。首先选取要修改线宽的对象，然后单击【特性】选项板中【线宽】下拉列表框右侧的小三角按钮，展开【线宽】下拉列表框，从中选择所需的线宽，即可将原对象线宽更换为选定的线宽。

2.2.4 设置颜色

通过指定图形对象的颜色，可以直观地将图形对象编组，这有助于区分图形中相似的元素。特别是通过图层指定颜色可以在图形中轻易地识别每个图层，为绘制和查看图形带来极大的方便。

要修改对象的颜色，同样需首先选取对象，然后单击【特性】选项板中【颜色】下拉列表框右侧的小三角按钮，在展开的【颜色】下拉列表框中选择对应的颜色，即可将原对象显示颜色更换为选定的颜色。如果需要指定不同的颜色，可选择【颜色】下拉列表框中的【选择颜色】列表项，打开【选择颜色】对话框，在该对话框中可以通过 3 种类型的调色板选项卡来指定适合的颜色，其中的【索引颜色】选项卡和【配色系统】选项卡如

图 2-7 和图 2-8 所示。

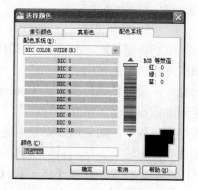

图 2-7　【索引颜色】选项卡　　　　　　图 2-8　【配色系统】选项卡

 ## 2.3　使用图层

图层是图形中使用的主要组织工具。使用图层来管理"图形对象"，不仅能使图形的各种信息清晰、有序，便于观察，而且也会给图形的编辑、修改和输出带来很大的方便。AutoCAD 提供了图层特性管理器，使用该工具，用户可以很方便地创建图层以及设置其基本属性。

2.3.1　图层特性管理器

在 AutoCAD 2010 中，打开【图层特性管理器】选项板的方式有以下几种。

- 命令行：执行 LAYER 命令。
- 菜单栏：在菜单栏中，选择【格式】|【图层】命令。
- 功能区：切换到【常用】选项卡，在【图层】面板中单击【图层特性管理器】按钮 。
- 工具栏：在【图层】工具栏中，单击【图层特性管理器】按钮。

执行上述操作后，AutoCAD 2010 会弹出如图 2-9 所示的【图层特性管理器】选项板。

图 2-9　【图层特性管理器】选项板

2.3.2　创建新图层

开始绘制新图形时，AutoCAD 2010 将自动创建一个名为"0"的特殊图层。默认情况下，图层 0 将被指定使用 7 号颜色(白色或黑色，由背景色决定，本书中将背景色设置为白色，因此，图层颜色就是黑色)、Continuous 线型、"默认"线宽及 normal 打印样式，用户不能删除或重命名图层 0。

在绘图过程中，如果用户要使用更多的图层来组织图形，就需要先创建新图层。

下面介绍创建新图层的具体步骤。

(1)　在菜单栏中，选择【格式】|【图层】命令，弹出【图层特性管理器】选项板。

(2)　在该选项板中单击【新建图层】按钮，可以创建一个名称为"图层 1"的新图层。

(3)　单击【说明】文本框，并输入说明文字，完成操作，结果如图 2-10 所示。

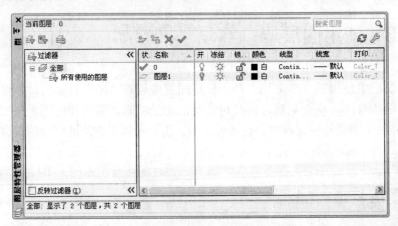

图 2-10　创建新图层

提示：① 默认情况下，新建图层与当前图层的状态、颜色、线型、线宽等设置相同。当创建了图层后，新图层的名称将显示在图层列表框中，如果要更改图层名称，可单击该图层名，然后输入一个新的图层名并按 Enter 键即可。

② 在【图层特性管理器】选项板中单击【在所有视口中都被冻结的新图层】按钮，可以创建在全部现有的和新建布局视口中冻结的新图层。然后可以解冻指定视口中的图层。这样，可以快捷地创建仅在单一视口中显示的新图层。

2.3.3　控制图层状态

使用图层绘制图形时，新对象的各种特性将默认为随层，由当前图层的默认设置决定。也可以单独设置对象的特性，新设置的特性将覆盖原来随层的特性。如图 2-11 所示，在【图层特性管理器】选项板中，每个图层都包含状态、名称、开、冻结/解冻、锁定/解锁、颜色、线型、线宽、打印样式和新视口冻结等特性。

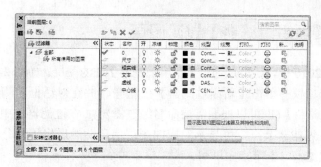

图 2-11　控制图层状态

图层设置包括图层状态和图层特性。图层状态包括图层是否打开、冻结、锁定、打印和在新视口中自动冻结。图层特性包括颜色、线型、线宽和打印样式。用户还可以选择要保存的图层状态和图层特性。例如，可以选择只保存图形中图层的【冻结/解冻】设置，忽略所有其他设置。恢复图层状态时，除了每个图层的冻结或解冻设置以外，其他设置仍保持当前设置。在 AutoCAD 2010 中，可以使用【图层状态管理器】对话框来管理所有图层的状态。

2.3.4　切换图层

在实际绘图中，如果绘制完某一图形元素后，发现该元素并没有绘制在预先设置的图层上，可选中该图形元素，并在【对象特征】工具栏的【图层控制】下拉列表框中选择预设层名，然后按下 Esc 键结束操作，来改变对象所在图层。

2.3.5　使用图层过滤器

在 AutoCAD 2010 中，图层过滤功能大大简化了在图层方面的操作。图形中包含大量图层时，在【图层特性管理器】选项板中单击【新建特性过滤器】按钮，可以使用打开的【图层过滤器特性】对话框来命名图层过滤器，如图 2-12 所示。

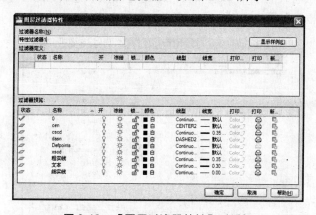

图 2-12　【图层过滤器特性】对话框

2.3.6 使用【新组过滤器】过滤图层

在 AutoCAD 2010 中，还可以通过【新组过滤器】过滤图层。如图 2-13 所示，可在【图层特性管理器】选项板中单击【新组过滤器】按钮，并在对话框左侧的过滤器树列表中添加一个【组过滤器 1】(也可以根据需要命名组过滤器)。在过滤器树中单击【所有使用的图层】节点或其他过滤器节点，可显示对应的图层信息，然后将需要分组过滤的图层拖动到新创建的【组过滤器 1】节点中即可。

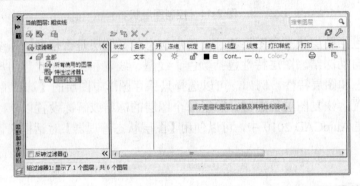

图 2-13 新组过滤器

2.3.7 图层状态管理器

在实际的绘图过程中，会新建很多图层，如标注层、图框层、文字层等。有时候，为了方便编辑或在不同的打印需求情况下，需要关闭或不打印暂时不用的图层。

在图层特性管理器中设置相应的特性是一个很简单的办法，但是如果图层很多，有几十个甚至上百个，在图层特性管理器里一项一项设置，这种重复操作就非常麻烦。这种情况下，用户就可以利用图层状态管理器来操作。

下面简单介绍使用【图层状态管理器】对话框进行图层状态管理的步骤。

(1) 打开【图层特性管理器】选项板，单击【图层状态管理器】按钮，弹出【图层状态管理器】对话框，如图 2-14 所示。

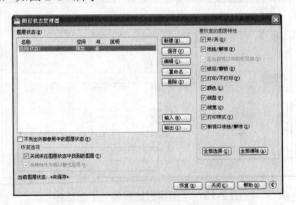

图 2-14 【图层状态管理器】对话框

(2)　单击【新建】按钮，弹出【要保存的新图层状态】对话框，如图 2-15 所示。在【新图层状态名】下拉列表框中输入"图层 2"，在【说明】文本框中输入"new layer"，完成后单击【确定】按钮。

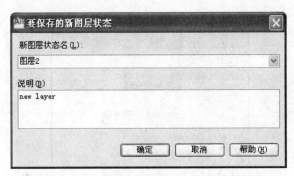

图 2-15　【要保存的新图层状态】对话框

2.4　设置绘图环境

在 AutoCAD 中，绘图环境的参数主要指的是绘图窗口的显示颜色、光标颜色和尺寸、绘图单位、图纸幅面、默认保存文件的路径以及打开和保存图形文件的格式等，设置绘图环境主要指的是提前设置或选定这一系列属性参数。一个好的绘图环境往往能使用户有效地提高工作效率。

2.4.1　设置图形界限

在绘图的过程中，为了避免所绘制的图形超出用户工作区域或图纸的边界，必须用绘图界线来标明边界。

启动图形界限命令有以下两种方式。

● 命令行：执行 LIMITS 命令。
● 菜单栏：选择菜单栏中的【格式】|【图形界限】命令。

启动 LIMITS 命令后，AutoCAD 2010 将给出"设置模型空间界限"的提示信息，此时要求输入左下角的坐标。如果直接按 Enter 键，则默认左下角位置的坐标为(0,0)。

⚠ 注意：AutoCAD 2010 的界限检查是针对输入点的。在界限检查打开之后，创建的图形对象仍有可能部分绘制在图形界限之外。例如在图形界限的内部指定圆心，如果半径比较大，部分圆弧有可能绘制在图形界限之外。

2.4.2　设置绘图单位

在 AutoCAD 2010 中，可以指定单位的显示格式。对绘图单位最基本的设置一般包括长度单位的设置和角度单位的设置。

下面介绍使用【图形单位】对话框设置绘图单位的具体步骤。

(1) 在菜单栏中选择【格式】|【单位】命令，AutoCAD 2010 将弹出【图形单位】对话框，如图 2-16 所示。

图 2-16　【图形单位】对话框

(2) 在【长度】选项组中，单击【类型】下拉列表框，从中选择单位类型，包括分数、工程、建筑、科学或小数标记法；单击【精度】下拉列表框，从中选择精度类型。

(3) 在【角度】选项组中，单击【类型】下拉列表框，从中选择单位类型，包括百分度、度/分/秒、弧度、勘测单位和十进制度数；单击【精度】下拉列表框，从中选择精度类型。【输出样例】选项组中将显示当前精度下的单位格式的样例。

(4) 在【角度】选项组中，选中【顺时针】复选框，设置正角度为顺时针方向。

(5) 单击【方向】按钮，打开如图 2-17 所示的【方向控制】对话框，在该对话框中选择基准角度，完成后单击【确定】按钮。

图 2-17　【方向控制】对话框

提示：角度方向将控制测量角度的起始点和测量方向。默认起始点角度为 0 度，朝向为正东。如果选中【其他】单选按钮，则可将任意角度确定为基准角度，重新设置后基准角度将改变。如图 2-18 所示，当文字的旋转角度都为 0 时结果将不一样。

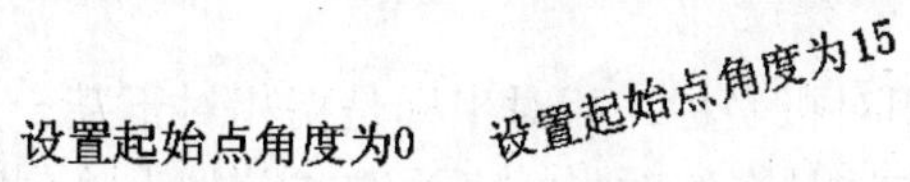

设置起始点角度为0　　设置起始点角度为15

图 2-18　设置起点角度效果对比

(6) 绘图单位设置完成后单击【确定】按钮，关闭【图形单位】对话框。

2.5　AutoCAD 的辅助设计功能

在 AutoCAD 中设计和绘制图形时，如果对图形尺寸比例要求不太严格，用户可用鼠标在图形区域直接绘制图形。但是，有的图形对尺寸要求比较严格，必须按给定的尺寸精确绘图。这时可以通过常用的指定点的坐标法来绘制图形，还可以使用系统提供的【捕捉】、【对象捕捉】、【对象追踪】等功能，在不输入坐标的情况下快速、精确地绘制图形。

2.5.1　坐标系与坐标

在绘图过程中要精确定位某个对象时，必须以某个坐标系作为参照，以便精确拾取点的位置。AutoCAD 2010 的坐标系可以提供精确绘制图形的方法，通过它可以按照非常高的精度标准准确地设计并绘制图形。

1. 认识世界坐标系与用户坐标系

坐标(x,y)是表示点的最基本方法。在 AutoCAD 中，坐标系分为世界坐标系(WCS)和用户坐标系(UCS)。两种坐标系下都可以通过坐标(x,y)来精确定位点。

默认情况下，在开始绘制新图形时，当前坐标系为世界坐标系，即 WCS，它包括 X 轴和 Y 轴(如果在三维空间工作，还有一个 Z 轴)。WCS 坐标轴的交汇处显示"口"形标记，但坐标原点并不在坐标系的交汇点，而是位于图形窗口的左下角，所有的位移都是相对于原点计算的，并且沿 X 轴正向及 Y 轴正向的位移规定为正方向。

在 AutoCAD 中，为了能够更好地辅助绘图，经常需要修改坐标系的原点和方向，这时世界坐标系将变为用户坐标系，即 UCS。UCS 的原点以及 X 轴、Y 轴、Z 轴方向都可以移动及旋转，甚至可以依赖于图形中某个特定的对象。尽管用户坐标系中 3 个轴之间仍然互相垂直，但是在方向及位置上却都更灵活。另外，UCS 没有"口"形标记。

2. 坐标的表示方法

在 AutoCAD 2010 中，点的坐标可以使用绝对直角坐标、绝对极坐标、相对直角坐标和相对极坐标 4 种方法表示，它们的特点如下。

(1) 绝对直角坐标：是从点(0,0)或(0,0,0)出发的位移，可以使用分数、小数或科学记数等形式表示点的 X、Y、Z 坐标值，坐标间用逗号隔开，例如点(8.3,5.8)、(3.0,5.2,8.8)等。

(2) 绝对极坐标：是从点(0,0)或(0,0,0)出发的位移，但给定的是距离和角度，其中距离和角度用"<"分开，且规定 X 轴正向为 0°，Y 轴正向为 90°，例如点(4.27<60)、

(34<30)等。

(3) 相对直角坐标和相对极坐标：相对坐标是指相对于某一点的 X 轴和 Y 轴位移，或距离和角度。它的表示方法是在绝对坐标表达方式前加上 "@"，如((@-13,8)、(@11<24)等。其中，相对极坐标中的角度是新点和上一点连线与 X 轴的夹角。

3. 控制坐标的显示

在绘图窗口中移动光标的十字指针时，状态栏上将动态地显示当前指针的坐标。坐标显示取决于所选择的模式和程序中运行的命令，共有 3 种方式。

- 模式 0，【关】：显示上一个拾取点的绝对坐标。此时，指针坐标将不能动态更新，只有在拾取一个新点时，显示才会更新。但是，从键盘输入一个新点坐标时，不会改变该显示方式。
- 模式 1，【绝对】：显示光标的绝对坐标，该值是动态更新的，默认情况下，显示方式是打开的。
- 模式 2，【相对】：显示一个相对极坐标。当选择该方式时，如果当前处在拾取点状态，系统将显示光标所在位置相对于上一个点的距离和角度。当离开拾取点状态时，系统将恢复到模式 1。

4. 创建坐标系

在 AutoCAD 中，选择【工具】|【新建 UCS】命令，利用它的子命令可以方便地创建 UCS，包括世界坐标系和与对象对齐的坐标系等。

5. 命名用户坐标系

下面介绍使用 UCS 对话框设置命名用户坐标系的具体步骤。

(1) 选择【工具】|【命名 UCS】命令，打开 UCS 对话框，如图 2-19 所示。

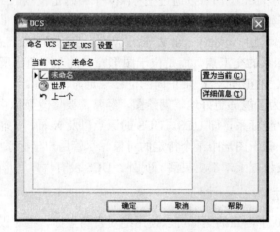

图 2-19　UCS 对话框

(2) 在该对话框中单击【命名 UCS】标签打开其选项卡，并在【当前 UCS】列表框中选中【世界】、【上一个】或某个 UCS 选项，然后单击【置为当前】按钮，可将其置为当前坐标系，这时在该 UCS 前面将显示标记。

(3) 单击【详细信息】按钮，弹出【UCS 详细信息】对话框，如图 2-20 所示，在该对话框中查看坐标系的详细信息。

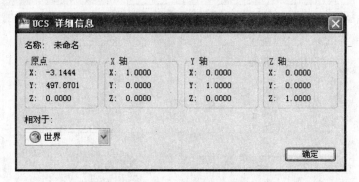

图 2-20 【UCS 详细信息】对话框

(4) 单击【确定】按钮关闭 UCS 对话框。

6. 正交用户坐标系

下面介绍使用 UCS 对话框设置正交用户坐标系的具体步骤。

(1) 选择【工具】|【命名 UCS】命令，打开 UCS 对话框。

(2) 在该对话框中单击【正交 UCS】标签打开其选项卡，如图 2-21 所示，从【当前 UCS】列表框中选择需要使用的正交坐标系，如俯视、仰视、前视、后视、左视、右视等，然后单击【置为当前】按钮，可将其置为当前坐标系。

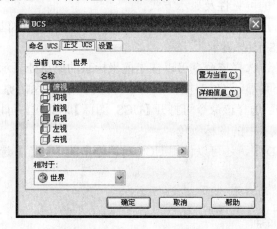

图 2-21 【正交 UCS】选项卡

(3) 单击【详细信息】按钮，弹出【UCS 详细信息】对话框，在该对话框中查看坐标系的详细信息。

(4) 单击【确定】按钮，关闭 UCS 对话框。

7. 设置当前视口中的 UCS

在绘制三维图形或一幅较大的图形时，为了能够从多个角度观察图形的不同侧面或不同部分，可以将当前绘图窗口切分为几个小窗口(即视口)。在这些视口中，为了便于对象编辑，还可以为它们分别定义不同的 UCS。当某个视口被设置为当前视口时，便可以使用该视口上一次处于当前状态时所设置的 UCS 进行绘图。图 2-22 所示为虎钳在各个视口下的模型。

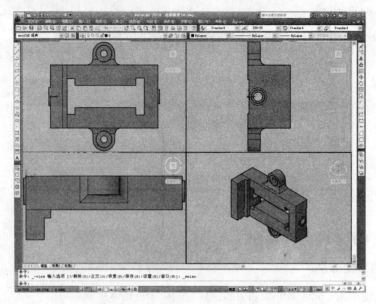

图 2-22　虎钳在各个视口下的模型

8. 设置 UCS 的其他选项

在 AutoCAD 2010 中，可以通过选择【视图】|【显示】|【UCS 图标】子菜单中的命令，来控制坐标系图标的可见性及显示方式。

(1)　【开】命令：选择该命令可以在当前视口中打开 UCS 图符显示；取消该命令则可在当前视口中关闭 UCS 图符显示。

(2)　【原点】命令：选择该命令可以在当前坐标系的原点处显示 UCS 图符；取消该命令则可以在视口的左下角显示 UCS 图符，而不考虑当前坐标系的原点。

(3)　【特性】命令：选择该命令可打开【UCS 图标】对话框，可以设置 UCS 图标样式、大小、颜色及布局选项卡中的图标颜色。

此外，在 AutoCAD 中，还可以使用 UCS 对话框中的【设置】选项卡，对 UCS 图标或 UCS 进行设置。

2.5.2　捕捉与栅格

在绘制图形时，尽管可以通过移动光标来指定点的位置，但却很难精确指定点的某一位置。在 AutoCAD 2010 中，使用捕捉和栅格功能，可以精确定位点，提高绘图效率。

1. 打开或关闭捕捉和栅格

捕捉功能用于设定鼠标光标移动的间距。栅格是一些标定位置的小点，起坐标纸的作用，可以提供直观的距离和位置参照。要打开或关闭捕捉和栅格功能，可以选择以下几种方法。

● 状态栏：在 AutoCAD 程序窗口的状态栏中，单击【捕捉模式】和【栅格显示】按钮。

- 快捷键：按 F7 键打开或关闭栅格，按 F9 键打开或关闭捕捉。
- 菜单栏：在菜单栏中选择【工具】|【草图设置】命令。

执行上述操作后，系统将打开【草图设置】对话框，然后切换到【捕捉和栅格】选项卡，如图 2-23 所示。

图 2-23　【捕捉和栅格】选项卡

2．设置捕捉和栅格参数

利用【草图设置】对话框中的【捕捉和栅格】选项卡，可以设置捕捉和栅格的相关参数，下面介绍使用【捕捉和栅格】选项卡设置捕捉和栅格相关参数的具体步骤。

(1) 在菜单栏中选择【工具】|【草图设置】命令，弹出【草图设置】对话框，然后切换到【捕捉和栅格】选项卡。

(2) 选中【启用捕捉】复选框，可以启用捕捉功能。

(3) 在【捕捉间距】选项组的【捕捉 X 轴间距】和【捕捉 Y 轴间距】文本框中分别输入 X 和 Y 坐标方向的捕捉间距。

> 提示：如果选中【X 轴间距和 Y 轴间距相等】复选框，则在【捕捉 X 轴间距】和【捕捉 Y 轴间距】文本框中设置的数值应该相等。

(4) 在【捕捉类型】选项组中选中相应的单选按钮，设置捕捉类型。

(5) 选中【启用栅格】复选框，启用栅格功能。

(6) 在【栅格间距】选项组的【栅格 X 轴间距】和【栅格 Y 轴间距】文本框中分别输入栅格 X 轴方向的间距和栅格 Y 轴方向的间距。然后在【每条主线之间的栅格数】微调框中设置主栅格线相对于次栅格线的频率。

(7) 在【栅格行为】选项组中，如果选中【自适应栅格】复选框，则在视图缩小时，限制栅格密度，在视图放大时，生成更多间距更小的栅格线；如果选中【显示超出界限的栅格】复选框，则会显示超出 LIMITS 命令指定的绘图边界的栅格；如果选中【遵循动态 UCS】复选框，则会更改栅格平面，以跟随动态 UCS 的 XY 平面。

(8) 设置完毕后，单击【确定】按钮，完成操作。

2.5.3　正交模式

AutoCAD 提供的正交模式也可以用来精确定位点，它将光标限制在水平或垂直方向上移动，以便于精确地创建和修改对象。使用 ORTHO 命令，可以打开正交模式，用于控制是否以正交方式绘图。在状态栏中单击【正交模式】按钮，或按 F8 键，也可以打开或关闭正交方式。在正交模式下，可以方便地绘出与当前 X 轴或 Y 轴平行的线段。

打开正交功能后，输入的第 1 点是任意的，但当移动光标准备指定第 2 点时，拖引线将沿着离光标最近的水平轴或垂直轴移动。

2.5.4　对象捕捉

在绘图的过程中，经常需要指定一些对象上已有的点，例如端点、圆心和两个对象的交点等。如果只凭观察来拾取，不可能非常准确地找到这些点。在 AutoCAD 中，可以通过【对象捕捉】工具栏和【工具】|【草图设置】对话框等方式调用对象捕捉功能，迅速、准确地捕捉到某些特殊点，从而精确地绘制图形。

1．【对象捕捉】工具栏

在绘图过程中，当要求指定点时，单击【对象捕捉】工具栏中相应的特征点按钮(如图 2-24 所示)，再把光标移到要捕捉对象上的特征点附近，即可捕捉到相应的对象特征点。

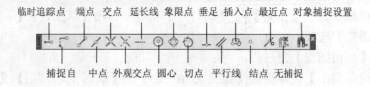

图 2-24　【对象捕捉】工具栏

2．使用自动捕捉功能

在绘图的过程中，使用对象捕捉的频率非常高。为此，AutoCAD 又提供了一种自动对象捕捉模式。自动捕捉就是当把光标放在一个对象上时，系统自动捕捉到对象上所有符合设置条件的几何特征点，并显示相应的标记。如果把光标放在捕捉点上多停留一会儿，系统还会显示捕捉的对象特征点的提示。这样，在选点之前，就可以预览和确认捕捉点。

要打开对象捕捉模式，可在【工具】|【草图设置】对话框的【对象捕捉】选项卡中，选中【启用对象捕捉】复选框，然后在【对象捕捉模式】选项组中选中相应的复选框。还可以直接选择状态栏中的【对象捕捉】功能开关按钮，来打开或关闭捕捉功能。

3．对象捕捉快捷菜单

当要求指定点时，可以按 Shift 键或者 Ctrl 键，在【对象捕捉】按钮上右击，打开【对象捕捉设置】快捷菜单，选择需要的特征点，再把光标移到要捕捉对象的特征点附近，即可捕捉到相应的对象特征点。

2.5.5   对象追踪

在 AutoCAD 中，使用自动追踪功能，用户可按指定角度绘制对象，或者绘制与其他对象有特定关系的对象。自动追踪功能分为极轴追踪和对象捕捉追踪两种，是非常有用的辅助绘图工具。

1. 极轴追踪与对象捕捉追踪

极轴追踪是按事先给定的角度增量来追踪特征点。对象捕捉追踪则是按与对象的某种特定关系来追踪，这种特定的关系确定了一个未知角度。也就是说，如果事先知道要追踪的方向(角度)，则使用极轴追踪；如果事先不知道具体的追踪方向(角度)，但知道与其他对象的某种关系(如相交)，则使用对象捕捉追踪。极轴追踪和对象捕捉追踪可以同时使用。

2. 设置极轴追踪

下面介绍使用【草图设置】对话框的【极轴追踪】选项卡设置极轴追踪的具体步骤。

(1) 在菜单栏中选择【工具】|【草图设置】命令，弹出【草图设置】对话框，然后切换到【极轴追踪】选项卡，如图 2-25 所示。

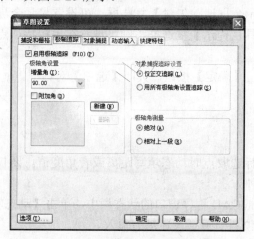

图 2-25   【极轴追踪】选项卡

(2) 选中【启用极轴追踪】复选框，启用极轴追踪功能。

(3) 在【极轴角设置】选项组中，从【增量角】下拉列表框中选择极轴角的大小。

(4) 在【对象捕捉追踪设置】选项组中，若选中【仅正交追踪】单选按钮，则可以在使用对象捕捉追踪时，只显示获取的对象捕捉点的水平或垂直对象捕捉追踪路径；如果选中【用所有极轴角设置追踪】单选按钮，则可以在使用对象捕捉追踪时，令光标从获取的对象捕捉点起沿着极轴设置角度进行追踪。

(5) 在【极轴角测量】选项组中，若选中【绝对】单选按钮，则基于当前 UCS 确定极轴追踪角；若选中【相对上一段】单选按钮，则基于最后绘制的线段确定极轴追踪角。

(6) 设置完毕后，单击【确定】按钮，完成操作。

3. 使用【临时追踪点】和【捕捉自】功能

在【对象捕捉】工具栏中，还有两个非常有用的对象捕捉工具，即【临时追踪点】和【捕捉自】工具。

(1) 【临时追踪点】：该工具可在一次操作中创建多条追踪线，并根据这些追踪线确定所要定位的点。

(2) 【捕捉自】：在使用相对坐标指定下一个应用点时，【捕捉自】工具可以提示输入基点，并将该点作为临时参照点，这与通过输入前缀"@"使用最后一个点作为参照点类似。它不是对象捕捉模式，但经常与对象捕捉一起使用。

4. 使用自动追踪功能绘图

使用自动追踪功能可以快速且精确地定位点，大大提高绘图效率。

下面介绍使用【选项】对话框的【草图】选项卡设置自动追踪功能的步骤。

(1) 在菜单栏中选择【工具】|【选项】命令，弹出【选项】对话框，然后切换至【草图】选项卡。

(2) 在【AutoTrack 设置】选项组中，选中【显示极轴追踪矢量】复选框，设置显示极轴追踪的矢量数据。

(3) 如果选中【显示全屏追踪矢量】复选框，可设置显示全屏追踪的矢量数据；如果选中【显示自动追踪工具栏提示】复选框，则可设置在追踪特征点时显示工具栏上的相应按钮的提示文字。

(4) 设置完成后单击【确定】按钮，关闭【选项】对话框。

2.5.6 动态输入

动态输入用于在鼠标选取点时动态填写距离或者角度值。要打开或关闭【动态输入】功能，可以选择以下几种方法。

● 状态栏：在 AutoCAD 程序窗口的状态栏中，单击【动态输入】按钮。
● 快捷键：按 F12 键打开或关闭动态输入。
● 菜单栏：在菜单栏中选择【工具】|【草图设置】命令。

执行上述操作后，打开【草图设置】对话框，然后切换到【动态输入】选项卡。在【动态输入】选项卡中选中或取消选中【启用指针输入】和【可能时启用标注输入】复选框。

2.5.7 线宽

线宽功能用于在图纸中显示所有线的实际宽度。在 AutoCAD 程序窗口的状态栏中单击【显示/隐藏线宽】按钮，可以打开或关闭线宽功能。图 2-26 是启用与关闭线宽功能的对比效果。

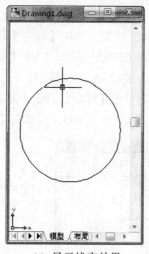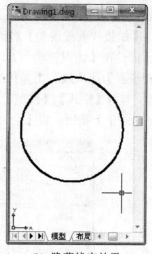

(a) 显示线宽效果　　　　(b) 隐藏线宽效果

图 2-26　启用与关闭【显示/隐藏线宽】功能的对比效果

 ## 2.6　回到工作场景

通过 2.2～2.5 节内容的学习，读者应该掌握了 AutoCAD 的坐标系、对象捕捉、对象追踪和图层等命令的运用，再借助其他一些命令和功能，就可以完成挂轮架的绘制。这些命令和功能将在后面的章节中学习，这里只是借助其创建图形。下面将回到 2.1 节中介绍的工作场景中，完成工作任务。

【工作过程 1】创建 AutoCAD 2010 新文件

启动 AutoCAD 2010，并且以"A4 零件图.dwt"(位于"素材/公共素材"目录中，可从 www.wenyuan.com.cn 下载，下同)为样板文件创建新文件"挂轮架.dwg"。

【工作过程 2】新建图层

在【图层】工具栏中，单击【图层特性管理器】按钮 ，系统会弹出【图层特性管理器】选项板。新建如图 2-27 所示的图层。

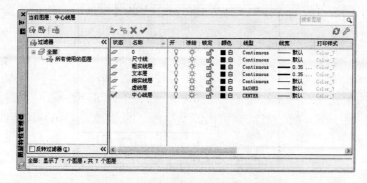

图 2-27　【图层特性管理器】选项板

在设置中心线层的线型时，需要载入线型。打开【线型管理器】对话框，单击【加载】按钮，系统弹出【加载或重载线型】对话框，选择全部线型，单击【确定】按钮即返回【线型管理器】对话框。在【线型管理器】对话框中选择 CEnter 线型。单击【确定】按钮即返回【图层特性管理器】选项板。用同样的办法设置虚线 DASHED 线型。

在菜单栏中，选择【格式】|【线型】命令，系统将弹出【线型管理器】对话框，如图 2-28 所示。单击【显示细节】按钮，将【全局比例因子】更改为 0.5000，再单击【确定】按钮。

图 2-28　【线型管理器】对话框

【工作过程 3】设置【图形单位】对话框

在菜单栏中选择【格式】|【单位】命令，打开【图形单位】对话框，如图 2-16 所示进行设置。

【工作过程 4】绘制中心线

设置【中心线层】为当前层，打开【正交】模式。单击【直线】按钮，利用直线命令绘制中心线，命令行中的提示和具体操作数据如下。结果如图 2-29 所示。

命令：_line 指定第一点：70,140
指定下一点或[放弃(U)]：250,140
指定下一点或[放弃(U)]：*取消*
命令：_line 指定第一点：115,180
指定下一点或[放弃(U)]：115,60
指定下一点或[放弃(U)]：*取消*

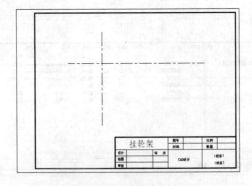

图 2-29　绘制中心线

【工作过程 5】 绘制斜中心线

打开【极轴追踪】模式和【对象捕捉】模式，设置极轴追踪增量角为 15°。利用直线命令绘制两条斜中心线。

拾取如图 2-30 所示的两条直线的交点，拖动鼠标，待系统显示出极轴 315°时，在适当的位置单击鼠标，绘制结果如图 2-31 所示。重复此操作，绘制出另一条斜中心线。

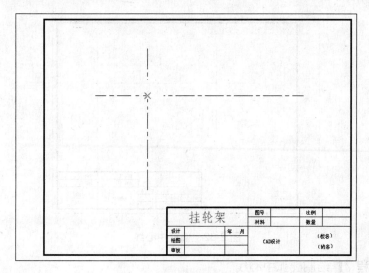

图 2-30　拾取交点

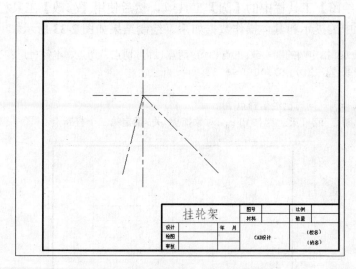

图 2-31　绘制斜中心线的结果图

【工作过程 6】 偏移中心线

单击【修改】工具栏的【偏移】按钮，绘制其他三条中心线。命令行中的提示和具体操作数据如下。

```
命令：_offset
当前设置：删除源=否　图层=源 OFFSETGAPTYPE=0
```

指定偏移距离或[通过(T)/删除(E)/图层(L)] <0.0000>: 44
选择要偏移的对象，或[退出(E)/放弃(U)] <退出>:(选择直线1)
指定要偏移那一侧上的点，或[退出(E)/多个(M)/放弃(U)] <退出>:(选择直线1右侧某点)
选择要偏移的对象，或[退出(E)/放弃(U)] <退出>: *取消*

接着，重复该命令，将直线2向右偏移40生成直线3，将直线3向右偏移48生成直线4。结果如图2-32所示。

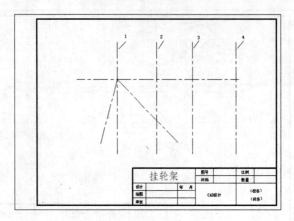

图 2-32　偏移中心线

【工作过程7】 绘制圆弧中心线

首先使用【绘图】工具栏中的【圆】工具 ⊙，然后使用【修改】工具栏中的【打断】工具 。命令行中的提示和具体操作数据如下。绘制结果如图2-33所示。

命令：_circle 指定圆的圆心或[三点(3P)/两点(2P)/切点、切点、半径(T)]:
指定圆的半径或[直径(D)]<0.0000>: 54
命令：break
选择对象:(选择圆，同时已经选择点1)
指定第二个打断点 或 [第一点(F)]: <对象捕捉 关>指定第二个打断点2

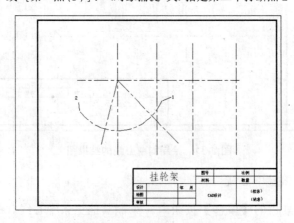

图 2-33　绘制圆弧中心线

【工作过程8】 设置【粗实线层】为当前层，绘制已经确定的圆、圆弧和直线

(1) 打开对象捕捉模式，使用【圆】工具 ⊙，绘制直径分别为40和72，半径分别为7、

15、7.5、4 的圆，如图 2-34 所示。

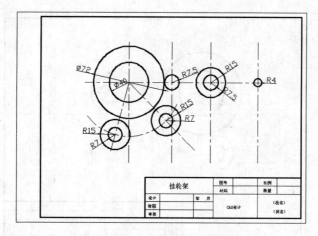

图 2-34　绘制已经确定的圆

(2) 使用【修改】工具栏中的【修剪】工具 对绘制的圆进行修剪。命令行中的提示和具体操作数据如下。

```
命令: _trim
当前设置:投影=UCS, 边=延伸
选择剪切边...
选择对象或〈全部选择〉:找到 1 个
选择对象:
选择要修剪的对象，或按住 Shift 键选择要延伸的对象，或[栏选(F)/窗交(C)/投影(P)/边(E)/
删除(R)/放弃(U)]:
选择要修剪的对象，或按住 Shift 键选择要延伸的对象，或[栏选(F)/窗交(C)/投影(P)/边(E)/
删除(R)/放弃(U)]:
选择要修剪的对象，或按住 Shift 键选择要延伸的对象，或[栏选(F)/窗交(C)/投影(P)/边(E)/
删除(R)/放弃(U)]: *取消*
```

重复以上命令，得到如图 2-35 所示的结果。

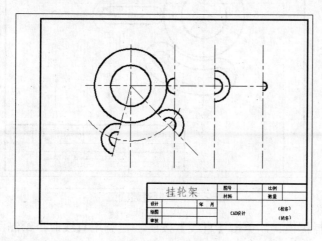

图 2-35　修剪圆

(3) 绘制直线，结果如图 2-36 所示。

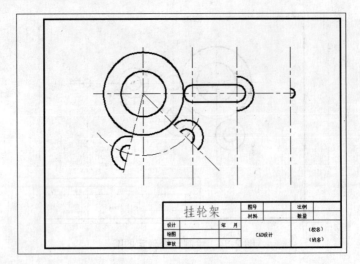

图 2-36 绘制直线

【工作过程 9】绘制过渡圆弧

(1) 在菜单栏中，选择【绘图】|【圆弧】|【三点】命令。AutoCAD 2010 提示如下。

命令：_arc 指定圆弧的起点或[圆心(C)]：c
指定圆弧的圆心：
指定圆弧的起点：
指定圆弧的端点或[角度(A)/弦长(L)]：

重复该命令绘制出 4 段圆弧，结果如图 2-37 所示。

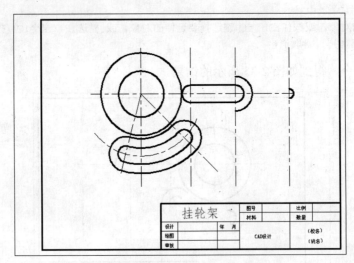

图 2-37 绘制过渡圆弧

(2) 打开对象捕捉模式，单击【直线】按钮 ，利用直线命令绘制两条直线，结果如图 2-38 所示。

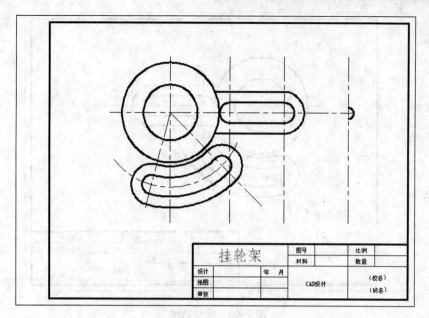

图 2-38　绘制两条直线

(3)　单击【修改】工具栏中的【修剪】工具按钮，绘制如图 2-39 所示的第 3 段圆弧。

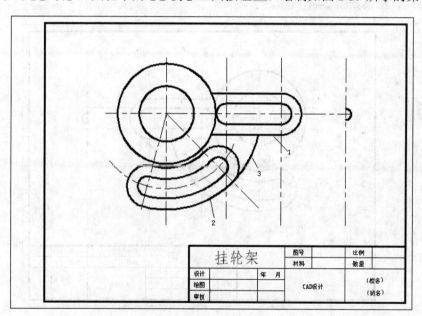

图 2-39　修剪结果

(4)　单击【直线】按钮，使用直线命令绘制切线。在【对象捕捉】工具栏中单击【捕捉切点】按钮，将光标移动至圆弧 1 附近单击，然后将光标移动至圆弧 3 附近单击，生成直线 2，结果如图 2-40 所示。

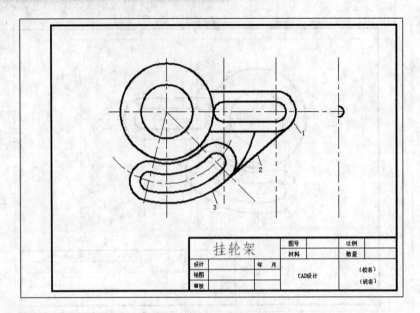

图 2-40　绘制切线

(5) 设置【中心线层】为当前层，单击【修改】工具栏中的【偏移】按钮，绘制两条辅助中心线，结果如图 2-41 所示。

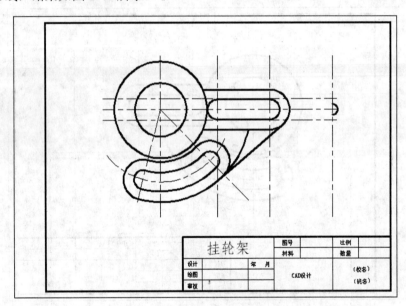

图 2-41　偏移结果

(6) 设置【粗实线层】为当前层，在菜单栏中，选择 【绘图】|【圆弧】|【相切、相切、半径】命令，绘制一条圆弧。

(7) 单击【修改】工具栏中的【镜像】按钮，对圆弧进行镜像。

(8) 将多余的线条修剪掉，结果如图 2-42 所示。

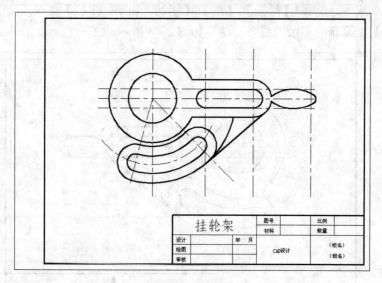

图 2-42　修剪结果

【工作过程 10】 创建过渡圆弧

(1) 单击【修改】工具栏中的【圆角】按钮 ⬜ ，系统提示如下。

```
命令: _fillet
当前设置: 模式 = 修剪, 半径 = 0.0000
选择第一个对象或[放弃(U)/多段线(P)/半径(R)/修剪(T)/多个(M)]: R
指定圆角半径 <0.0000>: 8
选择第一个对象或[放弃(U)/多段线(P)/半径(R)/修剪(T)/多个(M)]:
选择第二个对象, 或按住 Shift 键选择要应用角点的对象:
```

重复使用该命令, 生成 4 处圆角, 结果如图 2-43 所示。

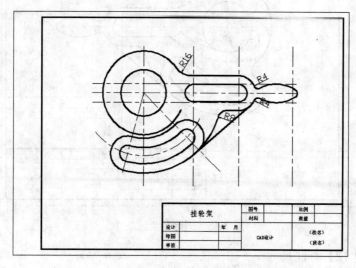

图 2-43　生成 4 处圆角

(2) 在菜单栏中，选择【绘图】|【圆】|【相切、相切、半径】命令，绘制过渡圆，然后使用【修剪】工具删除多余的线条，结果如图 2-44 所示。

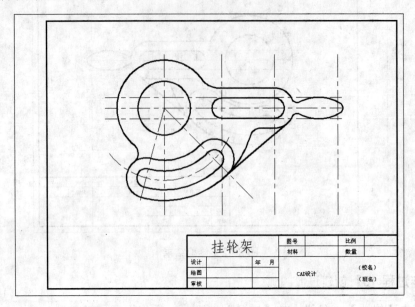

图 2-44 使用【相切、相切、半径】命令绘制

【工作过程 11】删除多余线条

删除结果如图 2-45 所示。

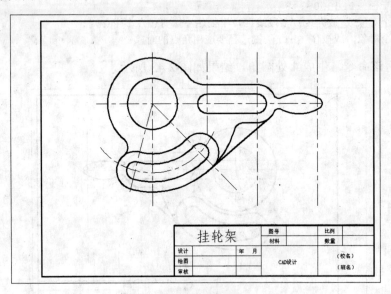

图 2-45 删除多余线条

【工作过程 12】标注尺寸

标注结果如图 2-46 所示。

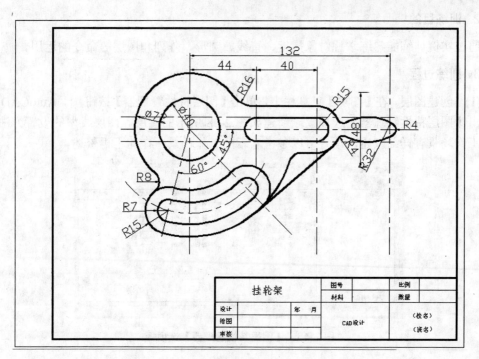

图 2-46　标注尺寸

 ## 2.7　工作实训营

2.7.1　训练实例

1. 训练内容

绘制如图 2-47 所示的法兰盘左视图。

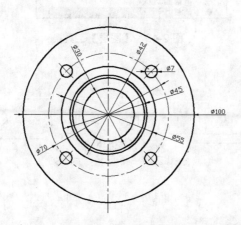

图 2-47　法兰盘左视图

2. 训练目的

通过实例训练能熟练掌握对象捕捉、直线、圆形、阵列和图层等命令的运用。

3. 训练过程

(1) 创建图层。在【图层】工具栏中，单击【图层特性管理器】按钮，AutoCAD 2010会弹出【图层特性管理器】选项板。新建如图 2-48 所示的图层。图层线型的设置方法在本章的工作场景有详细叙述，读者可以参考本章的工作场景，在此不再赘述。

图 2-48　【图层特性管理器】选项板

(2) 绘制四条中心线。在【图层】工具条中设置当前图层为【中心线层】，如图 2-49所示。接着打开【正交】模式。在【绘图】工具栏中单击【直线】按钮，并在适当的位置绘制中心线，如图 2-50 所示。打开【极轴追踪】功能，设置极轴追踪增量角为 45°，单击【对象捕捉】工具栏中的【捕捉交点】按钮，将光标移动至两条中心线的交点位置，待出现"交点"提示时单击并拖动鼠标，待系统显示出极轴 45° 时，在适当的位置单击鼠标。重复该操作绘制出其余三条斜中心线，如图 2-51 所示。

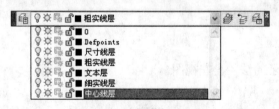

图 2-49　【图层】工具条

图 2-50　绘制中心线　　　　　图 2-51　绘制斜中心线

(3)　绘制圆。单击【绘图】工具栏中的【圆】按钮，捕捉如图 2-52 所示的中心线的交点为圆心，绘制半径为 15 的圆。

(4)　绘制圆。用同样的方法捕捉圆心，分别绘制半径为 21、22.5、27.5、35、50 的圆，然后将半径为 35 的圆移动至【中心线层】，结果如图 2-53 所示。

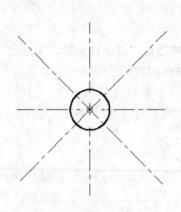

图 2-52　绘制圆

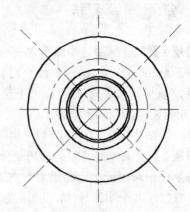

图 2-53　绘制其他圆

(5)　绘制圆。单击【绘图】工具栏中的【圆】按钮，捕捉斜中心线与半径为 35 的圆的交点，绘制半径为 3.5 的圆，结果如图 2-54 所示。

(6)　阵列圆。在【修改】工具栏中单击【阵列】按钮，系统弹出【阵列】对话框。选中【环形阵列】单选按钮，接着单击【选择对象】按钮，返回到绘图区，选择刚绘制的半径为 3.5 的圆，按 Enter 键返回到【阵列】对话框，再单击【拾取中心点】按钮，返回到绘图区选择圆心，接着返回到【阵列】对话框后将【项目总数】设置为 4，将【填充角度】设置为 360，最后单击【确定】按钮，最终绘制结果如图 2-55 所示。

图 2-54　绘制小圆

图 2-55　阵列圆结果

4. 技术要点

(1)　除了可以在【图层】工具条中将【中心线层】设置为当前图层外，还可以打开【图层特性管理器】选项板，在【图层特性管理器】选项板中将【中心线层】设置为当前图层。

(2)　在【图层特性管理器】选项板中设置中心线层的线型为 CENTER，接着将【中心线层】设置为当前线层，并在绘图区绘制出中心线，此时会发现中心线的点划线型并不明显，

因此可选择【格式】|【线型】命令，在系统弹出【线型管理器】对话框后，单击【显示细节】按钮，将【全局比例因子】更改为 0.5000，单击【确定】按钮。此时中心线的点划线型才明显。

2.7.2 常见问题解析

【问题1】尺寸标注后，图形中有时出现一些小的白点，却无法删除，为什么？

【答】AutoCAD 在标注尺寸时会自动生成"DEFPOINTS 层"，保存有关标注点的位置等信息，该层一般是冻结的。由于某种原因，这些点有时会显示出来。要删掉可先将"DEFPOINTS"层解冻后再删除。但要注意，如果删除了与尺寸标注还有关联的点，将同时删除对应的尺寸标注。

【问题2】对象捕捉追踪的技巧是什么？

【答】使用对象捕捉追踪沿着对齐路径进行追踪，对齐路径是基于对象捕捉点的。已获取的点将显示一个小加号(+)，一次最多可以获取七个追踪点，获取了点之后，当在绘图路径上移动光标时，相对于获取点的水平、垂直或极轴对齐路径将显示出来。例如，可以基于对象端点、中点或者对象的交点，沿着某个路径选择一点。

 本章小结

掌握【特性】选项板、图层的使用方法和绘图环境的设置，可以规范绘图，提高绘图效率。而利用捕捉、追踪、正交和动态输入等功能，可以更精确地绘制图形，提高绘图的速度和准确性。本章主要介绍了利用 AutoCAD 2010 绘制图形的一些基础知识，其中图层特性管理器、图层的创建与控制、图层过滤器、图层状态管理器等内容以及 AutoCAD 2010 的捕捉与栅格、正交、对象捕捉、对象追踪、动态输出等辅助设计功能是本章的重点，读者应特别注意。

 习题

一、选择题

1. 图层名不会被改名或被删除的是＿＿＿＿＿＿。
   A. STANDAND   B. 0
   C. UNNAMED   D. DEFAULT

2. 所有在 AutoCAD 中生成的直线或曲线对象具有相同的特性，这种说法是＿＿＿＿＿＿。
   A. 对   B. 错

3. 在对象追踪时，必须激活对象捕捉，这种说法是＿＿＿＿＿＿。

A. 对　　　　　　　　　　　　　B. 错

4. 物体捕捉的方式有＿＿＿＿＿＿＿＿。

    A. 命令行方式　　　　　　　　　B. 菜单栏方式

    C. 快捷菜单方式　　　　　　　　D. 工具栏方式

5. 设置正交模式的方法有＿＿＿＿＿＿＿＿。

    A. 命令行：ORTHO　　　　　　　B. 菜单栏：【工具】|【辅助绘图工具】

    C. 状态栏：正交模式按钮　　　　D. 快捷键：F8

二、简述题

1. 简述创建图层的基本过程和设置不同图层选项的方法。

2. 极轴追踪与对象捕捉有什么区别？

三、上机操作题

1. 利用图层命令绘制如图 2-56 所示的阶梯轴零件图。

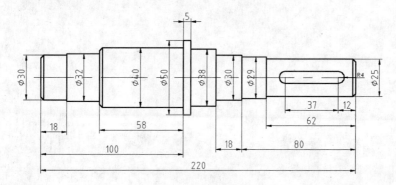

图 2-56　阶梯轴

2. 利用对象捕捉等辅助命令绘制如图 2-57 所示的吊钩零件图。

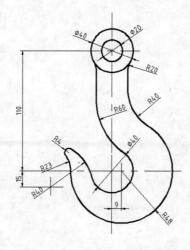

图 2-57　吊钩

第 3 章

绘制基本图形

 本章要点

- 基本二维图形的绘制方法。
- 样条曲线与修订云线的绘制方法。
- 图案填充命令的使用。

技能目标

- 掌握绘制点、线、矩形与正多边形、圆与圆弧、椭圆与椭圆弧、多线与多段线等基本二维图形的方法。
- 掌握绘制样条曲线和修订云线的方法。

3.1　工作场景导入

【工作场景】

同学 A 是一名 AutoCAD 软件的初学者,在一次上课中,老师布置了一个任务,要求该同学使用 AutoCAD 2010 绘制如图 3-1 所示的轿车简易模型。

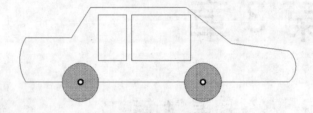

图 3-1　轿车简易模型

【引导问题】

(1)　如何设置点的样式?如何绘制点、等分点和测量点?

(2)　如何绘制直线、射线和构造线?如何绘制矩形与正多边形?

(3)　如何绘制圆、圆弧和圆环?如何绘制椭圆与椭圆弧?

(4)　什么是多线?什么是多段线?如何绘制多线与多段线?

(5)　什么是样条曲线?什么是修订云线?如何绘制样条曲线和修订云线?

(6)　如何创建图案填充和渐变填充?如何编辑图案填充?

3.2　点

点在 AutoCAD 2010 中有多种不同的表示方式,用户可以根据绘制图形的需要进行设置,也可以设置等分点和测量点。

3.2.1　设置点的样式

点在图形中的表示样式共有 20 种。可通过 DDPTYPE 命令或选择菜单栏中的【格式】|【点样式】命令,打开【点样式】对话框进行设置,如图 3-2 所示。

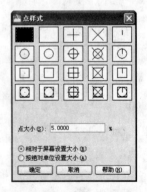

图 3-2　【点样式】对话框

3.2.2　绘制点

在 AutoCAD 中,执行绘制点命令的方法有以下几种。

● 命令行:POINT(快捷命令:PO)。

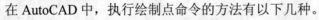

- 菜单栏：在菜单栏中选择【绘图】|【点】命令。
- 工具栏：在【绘图】工具栏中单击【点】按钮 。

执行上述操作之后，AutoCAD 会提示如下。

指定点：（指定点所在的位置）

3.2.3　绘制等分点

在 AutoCAD 中，执行绘制等分点命令的方法有以下几种。

- 命令行：DIVIDE(快捷命令：DIV)。
- 菜单栏：在菜单栏中选择【绘图】|【点】|【定数等分】命令。

例 3-1　使用【定数等分】命令绘制如图 3-3 所示的 11 等分曲线。

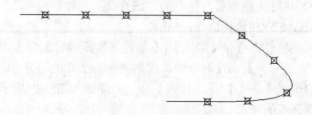

图 3-3　定数等分

(1) 在菜单栏中选择【格式】|【点样式】命令，在弹出的【点样式】对话框中设置点的样式，如图 3-4 所示。

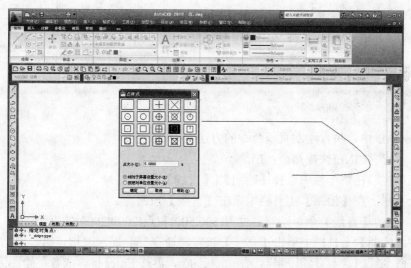

图 3-4　设置点样式

(2) 在菜单栏中选择【绘图】|【点】|【定数等分】命令，在绘图区选中要定数等分的对象，此时命令行会提示"输入线段数目或[块(B)]"，如图 3-5 所示。

(3) 在命令行中输入 11，然后按 Enter 键结束绘制等分点，结果如图 3-3 所示。

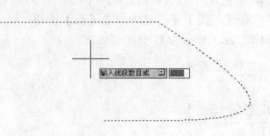

图 3-5　指定等分的数目

3.2.4　绘制测量点

在 AutoCAD 中，执行绘制测量点命令的方法有以下几种。

● 命令行：MEASURE(快捷命令：ME)。
● 菜单栏：在菜单栏中选择【绘图】|【点】|【定距等分】命令。

例 3-2　使用【定距等分】命令对一曲线绘制间距为 200 的等分点。

(1) 在菜单栏中选择【格式】|【点样式】命令，弹出如图 3-2 所示的【点样式】对话框，在该对话框中设置点的样式。

(2) 在菜单栏中选择【绘图】|【点】|【定距等分】命令。

(3) 在绘图区选中要定距等分的对象，此时命令行会提示"指定线段长度或[块(B)]"。

(4) 在命令行中输入 200，然后按 Enter 键结束绘制测量点。

3.3　直线、射线、构造线

3.3.1　绘制直线

在 AutoCAD 中，执行绘制直线命令的方法有以下几种。

● 命令行：LINE(快捷命令：L)。
● 菜单栏：在菜单栏中选择【绘图】|【直线】命令。
● 工具栏：在【绘图】工具栏中单击【直线】按钮。

例 3-3　使用【直线】命令绘制通过点(500,500)和点(2000,2000)的直线。

(1) 在【绘图】工具栏中单击【直线】按钮，命令行会提示"指定第一点"。

(2) 在命令行中输入直线段端点坐标(500,500)，再按 Enter 键，或者在绘图区用鼠标指定点，此时命令行会提示"指定下一点或[放弃(U)]"。

(3) 在命令行中输入直线段端点坐标(2000,2000)，再按 Enter 键，或者在绘图区用鼠标指定点，此时命令行会提示"指定下一点或[放弃(U)]"。

(4) 直接按 Enter 键结束绘制直线(如果继续在命令行中的"指定下一点或[闭合(C)/放弃(U)]"提示下输入直线段端点坐标，则可以绘制多条直线段)。

提示：① 若设置正交方式(单击状态栏中的【正交模式】按钮)，只能绘制水平线段或垂直线段。

② 若设置动态数据输入方式(单击状态栏中的【动态输入】按钮)，则可以动态输入坐标或长度值，效果与非动态数据输入方式类似。除了特别需要，以后不再强调，而只按非动态数据输入方式输入相关数据。

3.3.2　绘制射线

在 AutoCAD 中，执行绘制射线命令的方法有以下几种。

● 命令行：RAY。

● 菜单栏：在菜单栏中选择【绘图】|【射线】命令。

例 3-4 使用【射线】命令绘制通过点(1000,1000)和点(2000,2000)的射线。

(1) 在菜单栏中选择【绘图】|【射线】命令，命令行会提示"指定起点"。

(2) 在命令行中输入射线起点坐标(1000,1000)，再按 Enter 键，或者在绘图区用鼠标指定点，此时命令行会提示"指定通过点"。

(3) 在命令行中输入射线通过点坐标(2000,2000)，再按 Enter 键；或者在绘图区用鼠标指定点，此时命令行会提示"指定通过点"。

(4) 直接按 Enter 键结束绘制射线 (如果继续在命令行中的"指定通过点"提示下输入射线通过点坐标，则可以绘制多条射线)。

3.3.3　绘制构造线

在 AutoCAD 中，执行绘制构造线命令的方法有以下几种。

● 命令行：XLINE。

● 菜单栏：在菜单栏中选择【绘图】|【构造线】命令。

● 工具栏：在【绘图】工具栏中单击【构造线】按钮 。

例 3-5 使用【构造线】命令绘制如图 3-6 所示的间距为 250 的三条水平构造线。

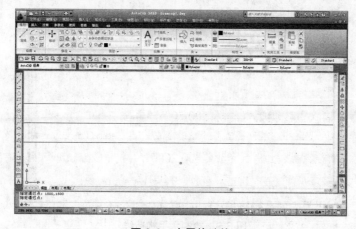

图 3-6　水平构造线

(1) 在菜单栏中选择【绘图】|【构造线】命令，命令行会提示"指定点或[水平(H)/垂直(V)/角度(A)/二等分(B)/偏移(O)]"，如图 3-7 所示。

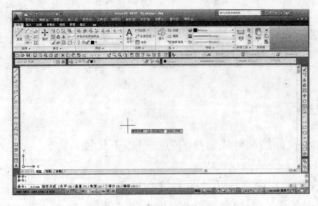

图 3-7　调用绘制构造线命令

(2) 在命令行中输入 H，此时命令行会提示"指定通过点"，如图 3-8 所示。

图 3-8　选择点绘制水平构造线

(3) 在命令行中输入通过点坐标(1000,1000)，再按 Enter 键，或者在绘图区用鼠标指定点，此时命令行会提示"指定通过点"，如图 3-9 所示。

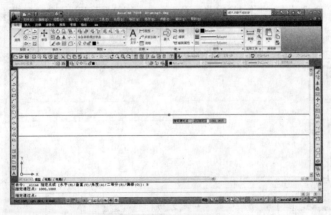

图 3-9　绘制水平构造线

（4）重复上述操作分别输入通过点坐标(1250,1250)和(1500,1500)，再按 Enter 键结束绘制构造线，结果如图 3-6 所示。

> **提示**：执行选项中有"指定点"、"水平"、"垂直"、"角度"、"二等分"和"偏移" 6 种绘制构造线的方式，如图 3-10 所示。

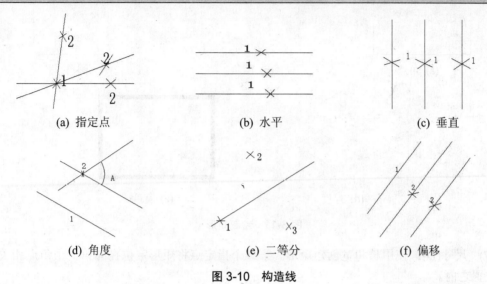

(a) 指定点　　　　　　(b) 水平　　　　　　(c) 垂直

(d) 角度　　　　　(e) 二等分　　　　(f) 偏移

图 3-10　构造线

3.4　矩形与正多边形

3.4.1　绘制矩形

在 AutoCAD 中，执行绘制矩形命令的方法有以下几种。

- 命令行：RECTANG(快捷命令 REC)。
- 菜单栏：在菜单栏中选择【绘图】|【矩形】命令。
- 工具栏：在【绘图】工具栏中单击【矩形】按钮口。

执行上述操作之后，AutoCAD 会提示如下。

```
指定第一个角点或[倒角(C)/标高(E)/圆角(F)/厚度(T)/宽度(W)]:(指定角点)
指定另一个角点或[面积(A)/尺寸(D)/旋转(R)]:
```

提示中各选项含义如下。

（1）第一个角点：通过指定两个角点确定矩形，如图 3-11(a)所示。

（2）倒角(C)：指定倒角距离，绘制带倒角的矩形，如图 3-11(b)所示。每一个角点的逆时针和顺时针方向的倒角可以相同，也可以不同，其中第一个倒角距离是指角点逆时针方向倒角距离，第二个倒角距离是指角点顺时针方向倒角距离。

（3）标高(E)：指定矩形标高(Z 坐标)，即把矩形放置在标高为 Z，且与 XOY 坐标面平行的平面上，并作为后续矩形的标高值。

(4) 圆角(F)：指定圆角半径，绘制带圆角的矩形，如图 3-11(c)所示。

(5) 厚度(T)：指定矩形的厚度，如图 3-11(d)所示。

(6) 宽度(W)：指定线宽，如图 3-11(e)所示。

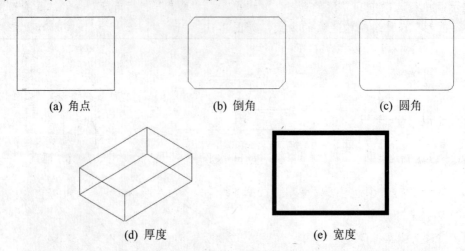

(a) 角点   (b) 倒角   (c) 圆角

(d) 厚度   (e) 宽度

图 3-11　绘制矩形

(7) 尺寸(D)：使用长和宽创建矩形。第二个指定点将矩形定位在与第一个角点相关的 4 个位置之内。

(8) 面积(A)：指定面积和长或宽创建矩形。选择该项，AutoCAD 会提示如下。

输入以当前单位计算的矩形面积<20.0000>：（输入面积值）
计算矩形标注时依据[长度(L)/宽度(W)]<长度>：（按 Enter 键或输入"W"）
输入矩形长度<4.0000>：（指定长度或宽度）

指定长度或宽度后，系统自动计算另一个维度后绘制出矩形，如图 3-12 所示。

(9) 旋转(R)：指定旋转绘制的矩形的角度。选择该项，AutoCAD 会提示如下。

指定旋转角度或[拾取点(P)]<135>：（指定角度）
指定另一个角点或[面积(A)/尺寸(D)/旋转(R)]：（指定另一个角点或选择其他选项）

指定旋转角度后，系统按指定角度创建矩形，如图 3-13 所示。

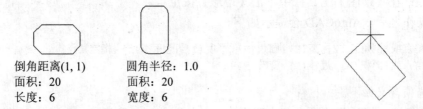

倒角距离(1, 1)   圆角半径：1.0
面积：20   面积：20
长度：6   宽度：6

图 3-12　按面积绘制矩形   图 3-13　按指定旋转角度创建矩形

3.4.2　绘制正多边形

在 AutoCAD 中，执行绘制正多边形命令的方法有以下几种。

- 命令行：POLYGON(快捷命令：POL)。
- 菜单栏：在菜单栏中选择【绘图】|【正多边形】命令。
- 工具栏：在【绘图】工具栏中单击【正多边形】按钮 ⬠。

例 3-6 使用【正多边形】命令绘制如图 3-14 所示的内接于半径为 350 的圆的正五边形。

图 3-14　正多边形

(1) 在【绘图】工具栏中单击【正多边形】按钮 ⬠，命令行会提示"输入边的数目<4>"，如图 3-15 所示。

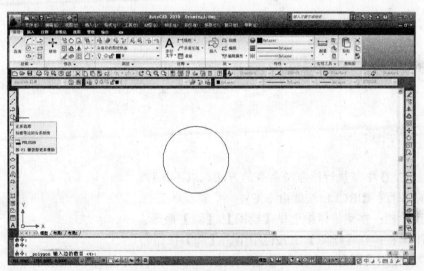

图 3-15　调用绘制正多边形命令

(2) 在命令行中输入 5 并回车，此时命令行会提示"指定正多边形的中心点或[边(E)]"，选中圆心，此时命令行会提示"输入选项[内接于圆(I)/外切于圆(C)]<I>"，如图 3-16 所示。

(3) 在命令行中输入 I 并回车，此时命令行中会提示"指定圆的半径"，如图 3-17 所示。

图 3-16　选择绘制方式

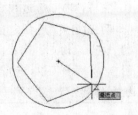

图 3-17　指定圆的半径

(4) 在命令行中输入 350 并回车，结束绘制正多边形，结果如图 3-14 所示。

> 提示：① 外切于圆(C)：选择该选项，可以绘制外切于圆的正多边形，如图 3-18(a)
> 所示。
> ② 边(E)：选择该选项，则只要指定多边形的一条边，系统就会按逆时针方向创
> 建正多边形，如图 3-18(b)所示。

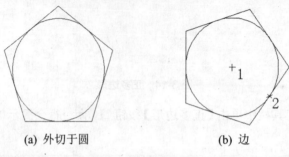

(a) 外切于圆　　　　　　　　　(b) 边

图 3-18　绘制正多边形

 ## 3.5　圆、圆弧与圆环

3.5.1　绘制圆

在 AutoCAD 中，执行绘制圆命令的方法有以下几种。

- 命令行：CIRCLE(快捷命令 C)。
- 菜单栏：在菜单栏中选择【绘图】|【圆】命令。
- 工具栏：在【绘图】工具栏中单击【圆】按钮。

例 3-7　使用【圆】命令绘制圆心坐标为(1000,1000)、半径为 500 的圆。

(1) 在【绘图】工具栏中单击【圆】按钮，此时命令行会提示"指定圆的圆心或[三点(3P)/两点(2P)/切点、切点、半径(T)]"。

(2) 在命令行中输入圆心坐标(1000,1000)，再按 Enter 键，或者在绘图区用鼠标指定点，此时命令行会提示"指定圆的半径或[直径(D)]"。

(3) 在命令行中输入圆的半径 500，按 Enter 键结束绘制圆。

> 提示：① 三点(3P)：通过指定圆周上的三点绘制圆。
> ② 两点(2P)：用指定直径的两端点方法绘制圆。
> ③ 切点、切点、半径(T)：按先指定两个相切对象，再给出半径的方法绘制圆。
> 图 3-19 给出了以"切点、切点、半径"方式绘制圆的各种情形(加粗的圆为最后
> 绘制的圆)。

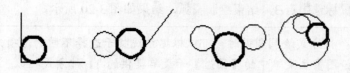

图 3-19 圆与另外两个对象相切的各种情形

3.5.2 绘制圆弧

在 AutoCAD 中，执行绘制圆弧命令的方法有以下几种。

- 命令行：ARC。
- 菜单栏：在菜单栏中选择【绘图】|【圆弧】命令。
- 工具栏：在【绘图】工具栏中单击【圆弧】按钮 。

例 3-8 使用【圆弧】命令绘制如图 3-20 所示的通过任意三点的圆弧。

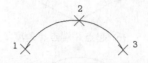

图 3-20 圆弧

(1) 在菜单栏中选择【绘图】|【圆弧】|【三点】命令，此时命令行会提示"指定圆弧的起点或[圆心(C)]"，如图 3-21 所示。

图 3-21 选择绘制圆弧方式

(2) 用鼠标选中点 1，此时命令行提示"指定圆弧的第二点或[圆心(C)/端点(E)]"，如图 3-22 所示。

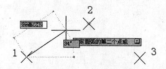

图 3-22 指定圆弧起点

(3) 接着用鼠标选中点 2，此时命令行会提示"指定圆弧的端点"，如图 3-23 所示。

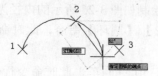

图 3-23 指定圆弧第二点

(4) 接着用鼠标选中点 3，结束绘制圆弧，结果如图 3-20 所示。

> **提示：** 用命令行方式绘制圆弧时，可以根据系统提示选择不同的选项，具体功能和利用【绘图】主菜单中的【圆弧】子菜单提供的 11 种方式相似。这 11 种方式绘制的圆弧如图 3-24 所示。

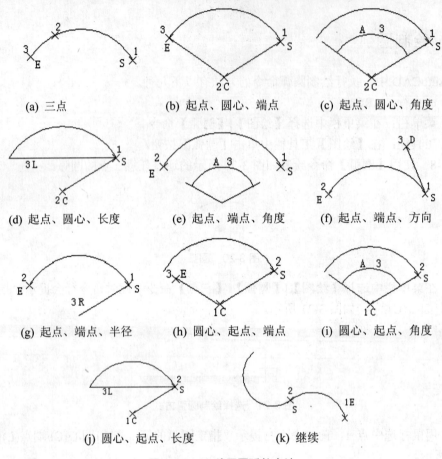

(a) 三点　　　　　(b) 起点、圆心、端点　　　　(c) 起点、圆心、角度

(d) 起点、圆心、长度　　(e) 起点、端点、角度　　(f) 起点、端点、方向

(g) 起点、端点、半径　　(h) 圆心、起点、端点　　(i) 圆心、起点、角度

(j) 圆心、起点、长度　　　　　(k) 继续

图 3-24　11 种画圆弧的方法

3.5.3　绘制圆环

在 AutoCAD 中，执行绘制圆环命令的方法有以下几种。

● 命令行：DONUT(快捷命令 DO)。

● 菜单栏：在菜单栏中选择【绘图】|【圆环】命令。

例 3-9　使用【圆环】命令绘制如图 3-25 所示的内径为 50、外径为 100 的圆环。

(1) 在菜单栏中选择【绘图】|【圆环】命令，此时命令行会提示"指定圆环的内径<默认值>"。

(2) 在命令行中输入内径值 50 并回车，此时命令行会提示"指定圆环的外径<默认值>"，在命令行中输入外径值 100 并回车。

(3) 此时命令行会提示"指定圆环的中心点或<退出>",在命令行中输入中心点坐标并回车,或者用鼠标在绘图区选取一点。

(4) 此时命令行会继续提示"指定圆环的中心点或<退出>",直接回车结束绘制圆环(如果重复步骤(3)可继续绘制多个圆环),绘制的圆环如图 3-25 所示。

图 3-25 绘制圆环

提示: 若指定内径为零,则画出实心填充圆,如图 3-26(a)所示。

使用命令 FILL 可以控制圆环是否填充,具体方法如下。

命令: FILL✓

输入模式[开(ON)/关(OFF)]<开>: (如图 3-26(b)所示,选择"开"表示填充,选择"关"表示不填充)

 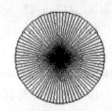 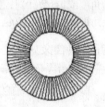

(a) 内径为零   (b) 使用 FILL 命令

图 3-26 绘制圆环

 ## 3.6 椭圆与椭圆弧

3.6.1 绘制椭圆

在 AutoCAD 中,执行绘制椭圆命令的方法有以下几种。

- 命令行: ELLIPSE(快捷命令 EL)。
- 菜单栏: 在菜单栏中选择【绘图】|【椭圆】命令。
- 工具栏: 在【绘图】工具栏中单击【椭圆】按钮 ⊙。

执行上述操作之后,AutoCAD 会提示如下。

指定椭圆的轴端点或[中心点(C)]: (指定轴端点 1, 如图 3-27(a)所示)
指定轴的另一个端点: (指定轴端点 2, 如图 3-27(a)所示)
指定另一条半轴长度或[旋转(R)]: (指定另一条半轴长度或者输入 R)

提示中各选项含义如下。

(1) 指定椭圆的轴端点：根据两个端点定义椭圆的第一条轴，第一条轴的角度确定了整个椭圆的角度。第一条轴既可定义椭圆的长轴，也可定义其短轴。

(2) 中心点(C)：通过指定的中心点创建椭圆。

(3) 旋转(R)：通过绕第一条轴旋转圆来创建椭圆。这相当于将一个圆绕椭圆轴翻转一个角度后的投影视图。

3.6.2 绘制椭圆弧

在 AutoCAD 中，执行绘制椭圆弧命令的方法有以下几种。

● 命令行：ELLIPSE(快捷命令 EL)。

● 菜单栏：在菜单栏中选择【绘图】|【圆弧】命令。

● 工具栏：在【绘图】工具栏中单击【椭圆弧】按钮 。

执行上述操作之后，AutoCAD 会提示如下。

```
指定椭圆弧的轴端点或(中心点(C))：(指定端点或输入 C)
指定轴的另一个端点：(指定另一端点)
指定另一条半轴长度或[旋转(R)]：(指定另一条半轴长度或输入 R)
指定起始角度或[参数(P)]：(指定起始角度或输入 P)
指定终止角度或[参数(P)/包含角度(I)]：
```

提示中各选项含义如下。

(1) 圆弧(A)：用于创建一段椭圆弧，与单击【绘图】工具栏中的【椭圆弧】按钮实现的功能相同。其中第一条轴的角度确定了椭圆弧的角度。第一条轴既可定义椭圆弧长轴，也可定义其短轴。

(2) 中心点(C)：通过指定的中心点创建椭圆。

(3) 旋转(R)：通过绕第一条轴旋转圆来创建椭圆。这相当于将一个圆绕椭圆轴翻转一个角度后的投影视图。

(4) 起始角度：指定椭圆弧端点的两种方式之一，光标与椭圆中心点连线的夹角为椭圆端点位置的角度，如图 3-27(b)所示。

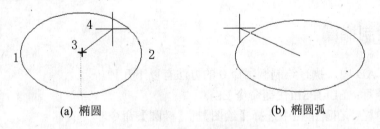

(a) 椭圆   (b) 椭圆弧

图 3-27 绘制椭圆与椭圆弧

(5) 参数(P)：指定椭圆弧端点的另一种方式，该方式同样是指定椭圆弧端点的角度，但通过以下矢量参数方程式创建椭圆弧。

$$p(u) = c + a \times \cos(u) + b \times \sin(u)$$

其中，c 是椭圆的中心点，a 和 b 分别是椭圆的长轴和短轴，u 为光标与椭圆中心点连线的夹角。

(6) 包含角度(I)：定义从起始角度开始的包含角度。

3.7 多线与多段线

3.7.1 绘制多线

多线是一种复合线，由连续的直线段复合组成。多线的突出优点就是能够大大提高绘图效率，保证图线之间的统一性。

在 AutoCAD 中，执行绘制多线命令的方法有以下几种。

- 命令行：MLINE(快捷命令 ML)。
- 菜单栏：在菜单栏中选择【绘图】|【多段】命令。

执行上述操作之后，AutoCAD 会提示如下。

```
当前设置：对正=上，比例=20.00，样式=STANDARD
指定起点或[对正(J)/比例(S)/样式(ST)]：(指定起点)
指定下一点：(指定下一点)
指定下一点或[放弃(U)]：(继续指定下一点绘制线段。输入"U"，则放弃前一段多线
的绘制；右击或按 Enter 键，结束命令)
指定下一点或[闭合(C)/放弃(U)]：(继续给定下一点绘制线段；输入"C"，则闭合线
段，结束命令)
```

3.7.2 绘制多段线

多段线是一种由线段和圆弧组合而成的、可以有不同线宽的多线。由于多段线组合形式多样，线宽可以变化，弥补了直线或圆弧功能的不足，适合绘制各种复杂的图形轮廓，因而得到了广泛的应用。

在 AutoCAD 中，执行绘制多段线命令的方法有以下几种。

- 命令行：PLINE(快捷命令：PL)。
- 菜单栏：在菜单栏中选择【绘图】|【多段线】命令。
- 工具栏：在【绘图】工具栏中单击【多段线】按钮 。

例 3-10 使用【多段线】命令绘制如图 3-28 所示的由两条不同线宽(第一条圆弧的半宽为默认值，第二条圆弧的半宽为 10)的圆弧组成的多段线。

图 3-28 圆弧

(1) 在菜单栏中选择【绘图】|【多段线】命令，此时命令行会提示"指定起点"，在命令行中输入起点坐标(1000,1000)并回车，或者用鼠标在绘图区选取一点，此时命令行会提示"指定下一个点或[圆弧(A)/闭合(C)/半宽(H)/长度(L)/放弃(U)/宽度(W)]"，如图 3-29 所示。

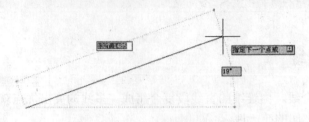

图 3-29　绘制圆弧(1)

(2) 在命令行中输入 A，此时命令行会提示"指定圆弧的端点或[角度(A)/圆心(CE)/闭合(CL)/方向(D)/半宽(H)/直线(L)/半径(R)/第二个点(S)/放弃(U)/宽度(W)]"，在命令行中输入坐标(1500,1500)并回车，或者用鼠标在绘图区选取一点，如图 3-30 所示。

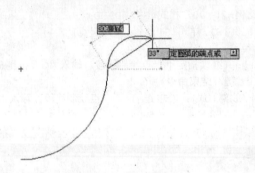

图 3-30　绘制圆弧(2)

(3) 在命令行中输入 H 并回车，此时命令行会提示"指定起点半宽<0.0000>"，在命令行中输入 10 并回车，此时命令行会提示"指定端点半宽<0.0000>"，接着在命令行中再输入 10 并回车，如图 3-31 所示。

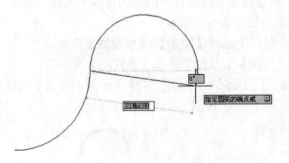

图 3-31　设置圆弧宽度

(4) 此时命令行会提示"指定圆弧的端点或[角度(A)/圆心(CE)/闭合(CL)/方向(D)/半宽(H)/直线(L)/半径(R)/第二个点(S)/放弃(U)/宽度(W)]"，在命令行中输入端点坐标(1800,1500)并回车，此时命令行会再提示"指定圆弧的端点或[角度(A)/圆心(CE)/闭合(CL)/方向(D)/半宽(H)/直线(L)/半径(R)/第二个点(S)/放弃(U)/宽度(W)]"，如图 3-32 所示。

(5)　直接回车结束多段线的绘制(如果重复步骤(4)可继续绘制多段线)，结果如图 3-32 所示。

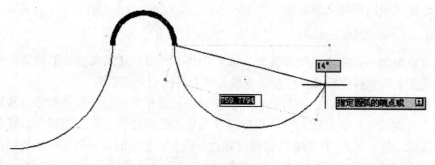

图 3-32　绘制圆弧(3)

3.8　样条曲线与修订云线

3.8.1　绘制样条曲线

AutoCAD 中使用一种称为非一致有理 B 样条(NURBS)曲线的特殊样条曲线类型，使用 NURBS 曲线能够在控制点之间产生一条光滑的曲线，如图 3-33 所示绘制机械图形的断形面。样条曲线可用于创建形状不规则的图形，例如为地理信息系统(GIS)应用或汽车设计绘制轮廓线。

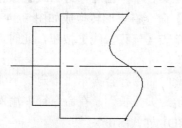

图 3-33　样条曲线的应用

在 AutoCAD 中，执行绘制样条曲线命令的方法有以下几种。

- 命令行：SPLINE(快捷命令 SPL)。
- 菜单栏：在菜单栏中选择【绘图】|【样条曲线】命令。
- 工具栏：在【绘图】工具栏中单击【样条曲线】按钮 。

执行上述操作后，AutoCAD 会提示如下。

指定第一个点或[对象(O)]：(指定一点或选择【对象(O)】选项)
指定下一点：(指定一点)
指定下一个点或[闭合(C)/拟合公差(F)]<起点切向>：

提示中各选项含义如下。

(1)　对象(O)：将二维或三维的二次或三次样条曲线拟合多段线转换为等价的样条曲线，

然后(根据 DELOBJ 系统变量的设置)删除该多段线。

(2) 闭合(C)：将最后一点定义与第一点一致，并使其在连接处相切，这样可以闭合样条曲线。选择该项，系统会提示如下。

指定切向：(指定点或按 Enter 键)

用户可以指定一点来定义切向矢量，或单击状态栏中的【对象捕捉】按钮，使用【切点】和【垂足】对象捕捉模式，使样条曲线与现有对象相切或垂直。

(3) 拟合公差(F)：修改当前样条曲线的拟合公差。根据新公差以现有点重新定义样条曲线。拟合公差表示样条曲线拟合所指定拟合点集时的拟合精度，公差越小，样条曲线与拟合点越接近。公差为 0，样条曲线将通过该点。输入大于 0 的公差将使样条曲线在指定的公差范围内通过拟合点。在绘制样条曲线时，可以改变样条曲线拟合公差以查看拟合效果。

(4) 起点切向：定义样条曲线的第一点和最后一点的切向。

如果在样条曲线的两端都指定切向，可以输入一个点或使用【切点】和【垂足】对象捕捉模式，使样条曲线与已有的对象相切或垂直。如果按 Enter 键，系统将计算默认切向。

3.8.2 绘制修订云线

修订云线是由连续的圆弧组成的云线对象，它的主要作用是为对象做标记。

在 AutoCAD 中，执行绘制修订云线命令的方法有以下几种。

- 命令行：REVCLOUD。
- 菜单栏：在菜单栏中选择【绘图】|【修订云线】命令。
- 工具栏：在【绘图】工具栏中单击【修订云线】按钮。

例 3-11 使用【修订云线】命令将矩形转换成如图 3-34 所示的不反转形式的修订线。

(1) 在【绘图】工具栏中单击【修订云线】按钮，此时命令行会提示"指定起点或[弧长(A)/对象(O)/样式(S)]<对象>"。

(2) 在命令行中输入 A，此时命令行会提示"指定最小弧长"，在命令行中输入 30 并回车，此时命令行会提示"指定最大弧长"，在命令行中输入 30 并回车，此时命令行会提示"指定起点或[弧长(A)/对象(O)/样式(S)]<对象>"。

(3) 在命令行中输入 O，此时命令行会提示"选择对象"，选中矩形，此时命令行会提示"反转方向[是(Y)/否(N)]"。

(4) 在绘图区选择"否(N)"，或者在命令行中输入 N，结束绘制修订云线，绘制的修订云线如图 3-34 所示。

> 提示：① 对象：此选项可以选择一个封闭的图形，将其转换成修订云线。封闭图形包括圆、圆弧、椭圆、矩形、多边形、多段线及样条曲线。选择此项后，命令行会提示"选择对象"(选择对象)，"反转方向[是(Y)/否(N)]<否>"(选择是否反转)。
> ② 用户可以为修订云线的弧长设置默认的最小值和最大值。在绘制修订云线时，可以通过拾取点选择较短的弧线段来修改圆弧的大小，也可以通过调整拾取点来修订云线的单个弧长和弦长。

将矩形转换成反转形式的修订云线，如图 3-35 所示。

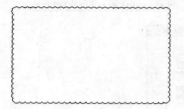

图 3-34　不反转形式的修订云线　　　　图 3-35　反转形式的修订云线

 ## 3.9　图案填充

3.9.1　创建图案填充

在 AutoCAD 中，创建图案填充主要是通过【图案填充和渐变色】对话框来实现的。通过以下几种方法可以打开【图案填充和渐变色】对话框。

- 命令行：执行 HATCH 命令。
- 菜单栏：在菜单栏中选择【绘图】|【图案填充】命令。
- 功能区：切换到【常用】选项卡，在【绘图】面板中，单击【图案填充】按钮 。
- 工具栏：在【绘图】工具栏中，单击【图案填充】按钮 。

执行上述操作后，会打开【图案填充和渐变色】对话框，如图 3-36 所示。

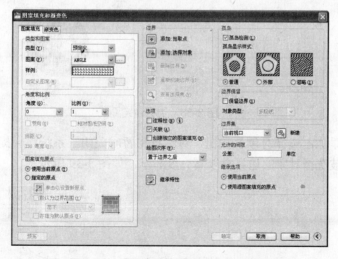

图 3-36　【图案填充和渐变色】对话框

下面介绍创建图案填充的具体操作步骤。

(1) 切换到【常用】选项卡，在【绘图】面板中，单击【图案填充】按钮 ，弹出【图案填充和渐变色】对话框。

(2) 在【类型】下拉列表框中设置图案填充的类型。

（3）在【图案】下拉列表框中选择一种填充图案，也可以单击其右侧的按钮，然后在弹出的【填充图案选项板】对话框中选择所需的填充图案，如图 3-37 所示。

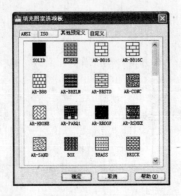

图 3-37 【填充图案选项板】对话框

（4）在【角度】下拉列表框中设置填充图案的倾斜角度，然后在【比例】下拉列表框中设置图的放大比例。

（5）选中【使用当前原点】单选按钮，使用默认的原点设置。如果选中【指定的原点】单选按钮，则须单击【单击以设置新原点】按钮，返回绘图区直接指定新的图案填充原点。如果选中【默认为边界范围】复选框，可以根据图案填充对象边界的矩形范围计算新原点；如果选中【存储为默认原点】复选框，则可以将设置的原点存为默认原点。

（6）单击【添加：拾取点】按钮，对话框将暂时关闭，系统将会提示拾取一个点，用户可在填充的区域内任意拾取一点，系统会自动确定包围该点的封闭填充边界，并且高亮度显示，如图 3-38 所示。

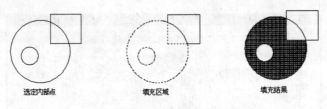

选定内部点   填充区域   填充结果

图 3-38 边界确定

（7）单击【添加：选择对象】按钮，对话框将暂时关闭，系统将会提示选择对象，用户选择对象后，被选择对象的边界会以高亮度显示，如图 3-39 所示。

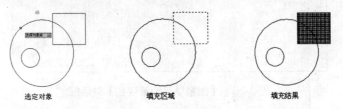

选定对象   填充区域   填充结果

图 3-39 选取边界对象

（8）单击【删除边界】按钮，从边界定义中删除之前添加的任何对象，如图 3-40 所示。

（9）选中【孤岛检测】复选框，设置是否把在内部边界中的对象包括为边界对象，使这些内部对象成为孤岛。

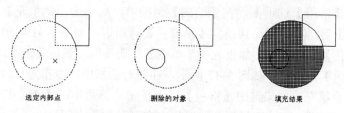

选定内部点　　　　　　　删除的对象　　　　　　　填充结果

图 3-40　废除"岛"后的边界

(10) 在【孤岛显示样式】选项组中，如果选中【普通】单选按钮，则从外部边界向内填充，第一层填充、第二层不填充、第三次填充；如果选中【外部】单选按钮，则只填充从最外层边界到内部第一层边界之间的区域；如果选中【忽略】单选按钮，则会忽略内部对象，最外层边界内部将全被填充。

(11) 如果选中【保留边界】复选框，则根据临时图案填充边界创建边界对象，并将它们添加到图形中，然后在【对象类型】下拉列表框中控制新边界对象的类型。

(12) 在【边界集】下拉列表框中，选择从指定点定义边界时要分析的对象集。

(13) 在【公差】文本框中设置将对象用作图案填充边界时可以忽略的最大间隙。默认值为 0，指定对象必须具有封闭区域而没有间隙。

(14) 单击【预览】按钮，返回绘图区，可以预览填充效果，然后按 Esc 键，返回【图案填充和渐变色】对话框。

(15) 单击【确定】按钮，完成操作。

3.9.2　创建渐变填充

渐变填充是在一种颜色的不同灰度之间或两种颜色之间使用过渡。渐变填充提供光源反射到对象上的外观，可用于增强演示图形。

在 AutoCAD 中，创建渐变填充也是通过【图案填充和渐变色】对话框来实现的。用户可参考 3.9.1 小节所叙述的方法打开【图案填充和渐变色】对话框。在该对话框中单击【渐变色】标签，打开如图 3-41 所示的【渐变色】选项卡。

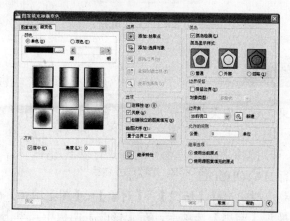

图 3-41　【渐变色】选项卡

下面具体介绍创建渐变填充的操作步骤。

(1) 切换到【常用】选项卡，在【绘图】面板中，单击【图案填充】按钮，弹出【图案填充和渐变色】对话框，然后切换到【渐变色】选项卡，如图 3-41 所示。

(2) 在【颜色】选项组中，如果选中【单色】单选按钮，然后单击【浏览】按钮[...]，会弹出【选择颜色】对话框，如图 3-42 所示，在此对话框中可以指定从较深着色到较浅色调平滑过渡的单色填充。如果选中【双色】单选按钮，然后单击【浏览】按钮[...]，会弹出【选择颜色】对话框，在此对话框中可以指定在两种颜色之间平滑过渡的双色渐变填充。

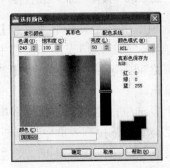

图 3-42 【选择颜色】对话框

(3) 在【颜色】选项组下面，单击需要的图案填充。

(4) 在【方向】选项组中，选中【居中】复选框，然后在【角度】下拉列表框中选择渐变填充的角度。

(5) 单击【添加：拾取点】按钮，返回绘图区，在闭合对象拾取点，按 Enter 键，返回【图案填充和渐变色】对话框。

(6) 单击【确定】按钮，完成渐变填充，如图 3-43 所示。

图 3-43 渐变填充

3.9.3 编辑图案填充

图形填充图案效果之后，如果对填充效果不满意，还可以使用编辑图案填充命令修改填充图案和填充边界。

在 AutoCAD 中，调用编辑图案填充命令的方式有以下几种。

- 命令行：执行 HATCHEDIT 命令。
- 菜单栏：在菜单栏中选择【修改】|【对象】|【图案填充】命令。
- 功能区：切换到【常用】选项卡，在【修改】面板中，单击【编辑图案填充】按钮。

● 工具栏：在【修改Ⅱ】工具栏中，单击【编辑图案填充】按钮。

执行上述操作后，AutoCAD 会弹出【图案填充编辑】对话框，在此对话框中可以修改现有图案填充或填充的特性，如图 3-44 所示。

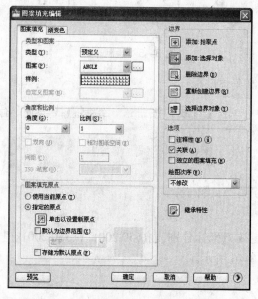

图 3-44　【图案填充编辑】对话框

3.10　回到工作场景

通过 3.2～3.9 节内容的学习，读者应该掌握了直线、圆、圆弧、圆环、多段线和图案填充等命令的运用。下面我们将回到 3.1 节介绍的工作场景中，完成工作任务。

【工作过程 1】绘制车轮

在【绘图】工具栏中单击【圆】按钮，分别绘制以(1500,200)、(500,200)为圆心，半径为 150 的圆；选择菜单栏中的【绘图】|【圆环】命令，分别绘制以(500,200)、(1500,200)为中心点，内径为 30、外径为 50 的圆环。命令行中的提示和具体操作数据如下。

```
命令：_circle
指定圆的圆心或[三点(3P)/两点(2P)/切点、切点、半径(T)]：500,200✓
指定圆的半径或[直径(D)]：150✓
命令：_circle
指定圆的圆心或[三点(3P)/两点(2P)/切点、切点、半径(T)]：1500,200✓
指定圆的半径或[直径(D)]<150.0000>：150✓
命令：_donut
指定圆环的内径<0.5000>：30✓
指定圆环的外径<1.0000>：50✓
指定圆环的中心点或<退出>：500,200✓
指定圆环的中心点或<退出>：1500,200✓
```

指定圆环的中心点或<退出>：✓

结果如图 3-45 所示。

图 3-45　绘制车轮

【工作过程 2】绘制车体底板

在【绘图】工具栏中单击【直线】按钮✓，绘制直线。命令行中的提示和具体操作数据如下。

```
命令：_line
指定第一点：50,200✓
指定下一点或[放弃(U)]：350,200✓
指定下一点或[放弃(U)]：✓
```

同样方法，绘制指定端点坐标分别为{(650,200)、(1350,200)}和{(1650,200)、(2200,200)}的两条线段，结果如图 3-46 所示。

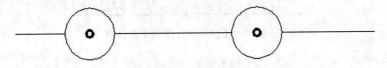

图 3-46　绘制底板

【工作过程 3】绘制车体轮廓

在【绘图】工具栏中单击【多段线】按钮，绘制两段圆弧和五条直线形成的车体轮廓，命令行中的提示和具体操作数据如下。

```
命令：_pline
指定起点：50,200✓
当前线宽为 0.0000
指定下一个点或[圆弧(A)/半宽(H)/长度(L)/放弃(U)/宽度(W)]：a✓（在 AutoCAD 中，执行命
令时，采用大写字母与小写字母效果相同）
指定圆弧的端点或[角度(A)/圆心(CE)/方向(D)/半宽(H)/直线(L)/半径(R)/第二个点(S)/放
弃(U)/宽度(W)]：s✓
指定圆弧的第二个点：0,380✓
指定圆弧的端点：50,550✓
指定圆弧的端点或[角度(A)/圆心(CE)/闭合(CL)/方向(D)/半宽(H)/直线(L)/半径(R)/第二个
点(S)/放弃(U)/宽度(W)]：L✓
指定下一点或[圆弧(A)/闭合(C)/半宽(H)/长度(L)/放弃(U)/宽度(W)]：@375,0✓
指定下一点或[圆弧(A)/闭合(C)/半宽(H)/长度(L)/放弃(U)/宽度(W)]：@160,240✓
指定下一点或[圆弧(A)/闭合(C)/半宽(H)/长度(L)/放弃(U)/宽度(W)]：@780,0✓
指定下一点或[圆弧(A)/闭合(C)/半宽(H)/长度(L)/放弃(U)/宽度(W)]：@365,-285✓
指定下一点或[圆弧(A)/闭合(C)/半宽(H)/长度(L)/放弃(U)/宽度(W)]：@470,-60✓
```

指定下一点或[圆弧(A)/闭合(C)/半宽(H)/长度(L)/放弃(U)/宽度(W)]：↙
命令：_arc
指定圆弧的起点或[圆心(C)]：2200,200↙
指定圆弧的第二点或[圆心(C)/端点(E)]：2256,322↙
指定圆弧的端点：2200,445↙

结果如图 3-47 所示。

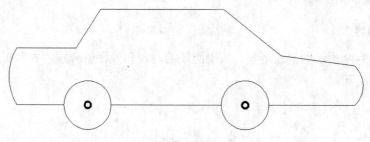

图 3-47　绘制轮廓

【工作过程 4】绘制车窗

在【绘图】工具栏中单击【矩形】按钮 □，绘制角点为 {(650,730)、(880,370)} 和 {(920,730)、(1400,370)} 的车窗。命令行中的提示和具体操作数据如下。

命令：_rectang
指定第一个角点或[倒角(C)/标高(E)/圆角(F)/厚度(T)/宽度(W)]：650,730↙
指定另一个角点或[面积(A)/尺寸(D)/旋转(R)]：880,370↙
命令：_rectang
指定第一个角点或[倒角(C)/标高(E)/圆角(F)/厚度(T)/宽度(W)]：920,730↙
指定另一个角点或[面积(A)/尺寸(D)/旋转(R)]：1400,370↙

结果如图 3-48 所示。

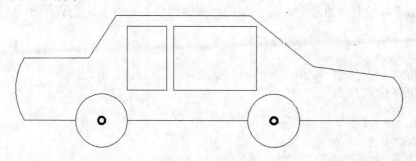

图 3-48　绘制车窗

【工作过程 5】对车轮进行图案填充

在【绘图】工具栏中单击【图案填充】按钮 ▨，弹出【图案填充和渐变色】对话框，从该对话框中的【图案】下拉列表框中选择 CROSS 图案，单击【添加：拾取点】按钮，返回绘图区在两车轮内部各拾取一点，然后回车，单击【确定】按钮，完成图案填充，最终效果如图 3-1 所示。

3.11 工作实训营

3.11.1 训练实例

1. 训练内容

绘制如图 3-49 所示的卡通造型,其中圆环的内径和外径值分别为 5 和 15,小圆半径为 30,大圆半径为 70。

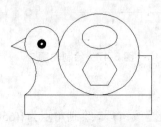

图 3-49 卡通造型

2. 训练目的

通过实例训练能熟练掌握直线、圆、圆弧、多段线、圆环、矩形和正多边形等命令的运用。

3. 训练过程

(1) 绘制圆和圆环。单击【绘图】工具栏中的【圆】按钮 ⊘,并选择菜单栏中的【绘图】|【圆环】命令,绘制卡通造型左边头部的小圆及圆环。命令行中的提示和具体操作数据如下。

命令:_circle
指定圆的圆心或[三点(3P)/两点(2P)/切点、切点、半径(T)]:230,210✓
指定圆的半径或[直径(D)]:30✓
命令:_DONUT
指定圆环的内径<10.0000>:5✓
指定圆环的外径<20.0000>:15✓
指定圆环的中心点<退出>:230,210✓
指定圆环的中心点<退出>:✓

(2) 绘制矩形。单击【绘图】工具栏中的【矩形】按钮 □,绘制一个矩形。命令行中的提示和具体操作数据如下。

命令:_rectang
指定第一个角点或[倒角(C)/标高(E)/圆角(F)/厚度(T)/宽度(W)]:200,122✓(指定矩形左上角点坐标值)
指定另一个角点:420,88✓(指定矩形右上角点的坐标值)

(3) 绘制大圆、小椭圆及正六边形。依次单击【绘图】工具栏中的【圆】按钮◎、【椭圆】按钮◎和【正多边形】按钮⬠，绘制右边身体的大圆、小椭圆及正六边形。命令行中的提示和具体操作数据如下。

命令：_circle
指定圆的圆心或[三点(3P)/两点(2P)/切点、切点、半径(T)]：T↙
指定对象与圆的第一个切点：(如图 3-50 所示，在点 1 附近选择小圆)
指定对象与圆的第二个切点：(如图 3-50 所示，在点 2 附近选择矩形)
指定圆的半径<30.0000>：70↙

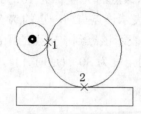

图 3-50　绘制大圆

命令：_ellipse
指定椭圆的轴端点或[圆弧〔A〕/中心点(C)]：C↙(用指定椭圆圆心的方式绘制椭圆)
指定椭圆的中心点：330,222↙(椭圆中心点的坐标值)
指定轴的端点：360,222↙(椭圆长轴右端点的坐标值)
指定到其他轴的距离或[旋转(R)]：20↙(椭圆短轴的长度)
命令：_ploygon
输入边的数目<4>：6↙(正多边形的边数)
指定多边形的中心点或[边(E)]：330,165↙(正六边形中心点的坐标值)
输入选项[内接于圆(I)/外切于圆(C)]<I>：I↙(用内接于圆的方式绘制正六边形)
指定圆的半径：30↙<内接圆正六边形的半径)

(4) 绘制折线与圆弧。单击【绘图】工具栏中的【直线】按钮/和【圆弧】按钮/，绘制左边嘴部折线和颈部圆弧，AutoCAD 会提示如下。

命令：_line
指定第一点：202,221↙
指定下一点或[放弃(U)]：@30<-150↙(用相对极坐标值给定下一点的坐标值)
指定下一点或[放弃(U)]：@30<-20↙(用相对极坐标值给定下一点的坐标值)
指定下一点或[闭合(C)/放弃(U)]：↙
命令：_arc
指定圆弧的起点或[圆心(CE)]：200,122↙
指定圆弧的第二点或[圆心(C)/端点(E)]：E↙(用给出圆弧端点的方式画圆弧)
指定圆弧的端点：210,188↙(给出圆弧端点的坐标值)
指定圆弧的圆心或[角度(A)/方向(D)/半径(R)]：R↙(用给出圆弧半径的方式画圆弧)
指定圆弧半径：45↙(圆弧半径值)

(5) 绘制折线。单击【直线】按钮/，绘制右边的折线，AutoCAD 会提示如下。

命令：_line
指定第一点：420,122↙
指定下一点或[放弃(U)]：@68<90↙
指定下一点或[放弃(U)]：@23<180↙

指定下一点或[闭合(C)/放弃(U)]：✓

最终绘制结果如图 3-49 所示。

4. 技术要点

(1) 在单击【绘图】工具栏中的【圆】按钮 绘制圆时，可以采用先指定两个相切对象，后给出半径的方法画圆。本实例中绘制卡通造型后面的大圆时就是采用的这种方法。

(2) 用键盘输入点的坐标时，有以下三种输入方式。

- 绝对坐标："10,45"表示该点的 X 坐标为 10，Y 坐标为 45。
- 相对坐标："@60,-32"表示该点与前一点的 X 坐标差为 60，Y 的坐标差为-32。
- 相对坐标："@100<30"表示该点到前一点的距离为 100 个屏幕单位，前一点和该点的连线与 X 轴的正向角度为 30°(逆时针)。

3.11.2　常见问题解析

【问题1】使用 LINE 命令绘制线条时，为什么不能绘制斜线？

【答】使用 LINE 命令绘制线条时，如果不能绘制斜线，原因是由于打开了正交模式，从而使绘制的线条总是处于水平或垂直的方向。关闭正交模式，即可使用 LINE 命令绘制斜线。

【问题2】在绘制圆弧时，圆弧的凹凸形状与预期的相反，这是怎么回事？

【答】绘制圆弧时，应注意圆弧的曲率是遵循逆时针方向的，所以在选择指定圆弧两个端点和半径模式时，需要注意端点的指定顺序，否则有可能导致圆弧的凹凸形状与预期的形状相反。

本章小结

　　任何复杂的图形都是由简单的点、线、面等基本图形组成的，只要熟练掌握这些基本图形的绘制方法，就可以方便、快捷地绘制出各种复杂的图形。本章主要介绍了运用 AutoCAD 2010 绘制基本图形的方法，另外还介绍了图案填充的创建与编辑，可以根据要求对图形进行相应的填充，其中点、线类图形、矩形与正方形、圆类图形、椭圆与椭圆弧、多段线与多线等的绘制方法是本章的重点，读者应重点掌握。通过本章的学习，读者能够掌握基本图形的绘制方法，为以后绘制复杂图形打下良好的基础。

 ## 习题

一、选择题

1. 可以有宽度的线有＿＿＿＿＿＿。

    A. 构造线　　　　　　B. 徒手线　　　　　　C. 轨迹线　　　　　　D. 射线

2.　下面的命令能绘制出线段或类线段图形的有＿＿＿＿＿＿＿＿＿。

    A. LINE　　　　　　　B. TRACE　　　　　　　C. ARC　　　　　　　D. SOLID

3.　以下不能进行定数等分的是＿＿＿＿＿＿＿＿＿。

    A. 直线段　　　　　　B. 圆　　　　　　　　C. 圆弧　　　　　　D. 块

4.　以下命令为徒手画线命令的是＿＿＿＿＿＿＿＿＿。

    A. pline　　　　　　B. mline　　　　　　　C. trace　　　　　　D. sketch

5.　圆的绘制方法一共有＿＿＿＿＿＿＿＿＿种。

    A. 2　　　　　　　　B. 3　　　　　　　　　C. 4　　　　　　　　D. 5

二、简述题

1.　在 AutoCAD 2010 中，构造线主要用于辅助绘制，其绘制方法主要有哪些？

2.　请写出 10 种以上绘制圆弧的方法。

三、上机操作题

1.　圆盘类零件在机械零件中十分常见，如轴端盖、齿轮，请绘制如图 3-51 所示的圆盘类零件的平面图。

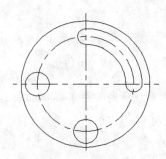

图 3-51　圆盘类零件平面图

提示：

(1)　先利用【直线】命令和图层绘制中心线，再利用【圆】命令绘制外面的大圆以及中心圆。

(2)　再利用【圆】命令绘制两个小圆。

(3)　再利用【圆弧】命令绘制大圆弧，接着利用【偏移】命令绘制小圆弧。

(4)　最后利用【圆弧】命令绘制两个半圆。

2.　绘制如图 3-52 所示的压盖零件的平面图。

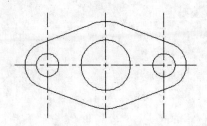

图 3-52　压盖零件平面图

提示:

(1) 先利用【直线】命令和图层绘制中心线。

(2) 再利用【圆】命令绘制大圆和两个小圆。

(3) 最后利用【圆】、【直线】、【约束】等命令绘制外轮廓。

第4章

编 辑 图 形

本章要点

- 删除、移动、旋转和缩放图形的方法。
- 拉伸、修剪、延伸和打断等图形编辑方法。
- 如何合并和分解图形。
- 如何使用圆角和倒角等图形编辑方法。

技能目标

- 掌握复制、镜像、偏移和阵列等图形编辑方法的使用。
- 掌握删除、移动、旋转和缩放等图形编辑方法的使用。
- 掌握拉伸、修剪、延伸和打断等图形编辑方法的使用。
- 掌握合并和分解等图形编辑方法的使用。
- 掌握圆角和倒角等图形编辑方法的使用。

4.1　工作场景导入

【工作场景】

某电器公司 A 要生产一批接线闸零件，首先需要绘制接线闸的零件图。公司内的某工程设计人员 B 接受了此项任务。工程设计人员 B 需要按照图 4-1 所示的要求绘制接线闸的工程图，这样能增加零件图的易懂性，使加工人员能根据图纸迅速加工出正确的零件。

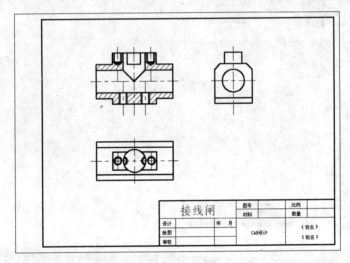

图 4-1　接线闸

【引导问题】

(1)　利用已有的对象来创建新的对象有哪些方法？如何使用这些方法？
(2)　如何删除图形、移动图形、旋转图形、缩放图形？
(3)　如何对图形进行拉伸、修剪、延伸、打断操作？
(4)　如何合并和分解图形？
(5)　连接两个对象有哪两种方法？如何使用这些方法？

　4.2　复制、镜像、偏移和阵列

在 AutoCAD 绘图过程中，如果某些图形重复出现并且对称或者排列有序，我们便可以利用已有的对象来创建新的对象。这样能够极大地简化绘图步骤，起到事半功倍的效果。

4.2.1　复制图形

使用复制命令可以创建与所选对象相同的图形，并且可以指定复制到特定的位置。

在 AutoCAD 中，执行复制命令的方法有以下几种。

● 命令行：执行 COPY 命令。
● 菜单栏：在菜单栏中，选择【修改】|【复制】命令。
● 功能区：切换到【常用】选项卡，在【图层】面板中单击【图层特性管理器】按钮 。
● 工具栏：在【修改】工具栏中，单击【复制】按钮 。

例 4-1 使用复制命令将图 4-2 的左图复制到右图。

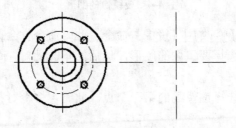

图 4-2　要复制的原图

(1) 在菜单栏中选择【修改】|【复制】命令，此时命令行提示"选择对象"。

(2) 用鼠标在绘图区域选择左图要复制的图形，然后回车。此时，命令行提示"指定基点或 [位移(D)/模式(O)] <位移>"。

(3) 选择左图中心线的交点作为基点。此时，命令行提示"指定第二个点或<使用第一个点作为位移>"。

(4) 选择右图中心线的交点作为第二点，然后按 Esc 键完成复制。

4.2.2　镜像图形

镜像对象是指把选择的对象围绕一条镜像线作对称复制。镜像对创建对称的对象非常有用，因为可以快速地绘制半个对象，然后将其镜像，而不必绘制整个对象。

在 AutoCAD 中，执行镜像命令的方法有以下几种。

● 命令行：执行 MIRROR 命令。
● 菜单栏：在菜单栏中，选择【修改】|【镜像】命令。
● 功能区：切换到【常用】选项卡，在【图层】面板中单击【图层特性管理器】按钮 。
● 工具栏：在【修改】工具栏中，单击【镜像】按钮 。

例 4-2 使用镜像命令绘制如图 4-3 所示的图形。

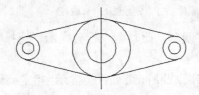

图 4-3　需绘制的图形

(1) 绘制如图 4-4 所示的图形。

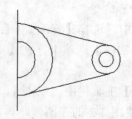

图 4-4　要镜像的图形

(2) 在菜单栏中选择【修改】|【镜像】命令，此时命令行会提示"选择对象"。

(3) 用鼠标在绘图区选择要镜像的图形，然后回车。此时，命令行提示"指定镜像线的第一点"。

(4) 用鼠标在绘图区选择镜像线的第一个点。此时，命令行提示"指定镜像线的第二点"。

(5) 用鼠标在绘图区选择镜像线的第二个点。此时，命令行提示"要删除源对象吗？[是(Y)/否(N)] <N>"。

(6) 在命令行中输入 N，然后回车，结果如图 4-3 所示。

4.2.3　偏移图形

偏移命令用于创建形状与选定对象的形状平行的新对象。对于线性对象(包括直线、二维多段线、构造线和射线)来说，执行偏移操作就是进行平行复制；而对于曲线对象(包括圆、圆弧、椭圆、椭圆弧和样条曲线)来说，执行偏移操作则是创建出更大或者更小的曲线对象，这取决于向哪一侧偏移对象。

在 AutoCAD 中，执行偏移命令的方法有以下几种。

- 命令行：执行 OFFSET 命令。
- 菜单栏：在菜单栏中，选择【修改】|【偏移】命令。
- 功能区：切换到【常用】选项卡，在【图层】面板中单击【图层特性管理器】按钮。
- 工具栏：在【修改】工具栏中，单击【偏移】按钮。

例 4-3　使用偏移命令绘制如图 4-5 所示的图形，原图如图 4-6 所示。

(1) 在菜单栏中选择【格式】|【偏移】命令，此时，命令行会提示如下。

```
命令：offset
当前设置：删除源=否　图层=源　OFFSETGAPTYPE=0
指定偏移距离或 [通过(T)/删除(E)/图层(L)] <通过>：
```

(2) 在命令行中输入 5 并回车，此时命令行会提示"选择要偏移的对象，或 [退出(E)/放弃(U)] <退出>"。

(3) 用鼠标在绘图区选择圆。此时，命令行会提示"指定要偏移的那一侧上的点，或 [退出(E)/多个(M)/放弃(U)] <退出>"。

(4) 指定圆外部的任意一点，结果如图 4-5 所示。

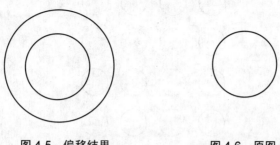

图 4-5 偏移结果　　　　　图 4-6 原图

4.2.4 阵列图形

阵列命令可以在矩形或环形(圆形)阵列中创建对象的副本。

在 AutoCAD 中，执行阵列命令的方法有以下几种。

- 命令行：执行 ARRAY 命令。
- 菜单栏：在菜单栏中，选择【修改】|【阵列】命令。
- 功能区：切换到【常用】选项卡，在【图层】面板中单击【图层特性管理器】按钮 。
- 工具栏：在【修改】工具栏中，单击【阵列】按钮 。

例 4-4 使用阵列命令绘制 16 个规则的圆。

(1) 首先绘制一个圆。

(2) 在菜单栏中选择【修改】|【阵列】命令，此时，系统弹出【阵列】对话框，如图 4-7 所示设置对话框中的参数。

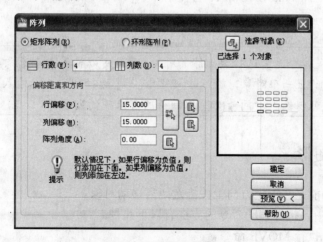

图 4-7 【阵列】对话框

(3) 单击【选择对象】按钮，选择圆后回车。

(4) 单击【确定】按钮，结果如图 4-8 所示。

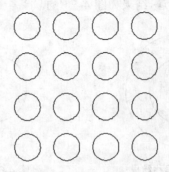

图 4-8 阵列结果

4.3 删除、移动、旋转和缩放

4.3.1 删除图形

如果所绘制的图形不符合要求或不小心错绘了图形，可以使用删除命令(ERASE)将其删除。

在 AutoCAD 中，执行删除命令的方法有以下几种。

- 命令行：执行 ERASE 命令。
- 菜单栏：在菜单栏中，选择【修改】|【删除】命令。
- 功能区：切换到【常用】选项卡，在【修改】面板中单击【删除】按钮 。
- 工具栏：在【修改】工具栏中，单击【删除】按钮 。

执行上述操作后，AutoCAD 2010 会提示如下。

选择对象：(选择要删除的对象)

> ⚠ **注意**：有些相关命令无需选择要删除的对象，而是可以输入一个选项，例如，输入 L 删除绘制的上一个对象，输入 P 删除前一个选择集，或者输入 ALL 删除所有对象。还可以输入"问号(?)"以获得所有选项的列表。

4.3.2 移动图形

移动命令的功能是在指定方向上按指定距离移动对象。

在 AutoCAD 中，执行移动命令的方法有以下几种。

- 命令行：执行 MOVE 命令。
- 菜单栏：在菜单栏中，选择【修改】|【移动】命令。
- 功能区：切换到【常用】选项卡，在【修改】面板中单击【移动】按钮 。
- 工具栏：在【修改】工具栏中，单击【移动】按钮 。

例 4-5 使用移动命令将图 4-2 中的左图移动至右图。

(1) 在菜单栏中选择【修改】|【移动】命令，此时，命令行提示如下。

命令：move
选择对象：

(2) 用鼠标在绘图区域选择要移动的图形并回车，此时命令行会提示"指定基点或[位移(D)] <位移>"。

(3) 选择左图中心线的交点作为基点。此时，命令行提示"指定第二个点或<使用第一个点作为位移>"。

(4) 选择右图中心线的交点作为第二点，移动命令结束，结果如图 4-9 所示。

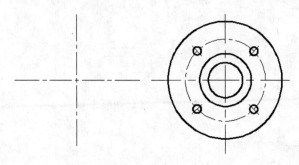

图 4-9 移动结果

4.3.3 旋转图形

旋转命令的功能是绕指定基点旋转图形中的对象。在 AutoCAD 中，执行 ROTATE 命令的方法有以下几种。

- 命令行：执行 ROTATE 命令。
- 菜单栏：在菜单栏中，选择【修改】|【旋转】命令。
- 功能区：切换到【常用】选项卡，在【修改】面板中单击【旋转】按钮○。
- 工具栏：在【修改】工具栏中，单击【旋转】按钮○。

例 4-6 使用旋转命令将如图 4-10 所示的连接传动垫片旋转 90°。

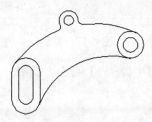

图 4-10 垫片

(1) 在菜单栏中选择【修改】|【旋转】命令，此时，命令行提示如下。

命令：_rotate
UCS 当前的正角方向：ANGDIR=逆时针 ANGBASE=0
选择对象：

(2) 用鼠标在绘图区域选择要旋转的图形，然后回车。此时，命令行提示"指定基点"。

(3) 选择图形中某点作为基点。此时，命令行提示"指定旋转角度，或[复制(C)/参照(R)] <0>"。

(4) 在命令行中输入 90 并回车，结束旋转命令，结果如图 4-11 所示。

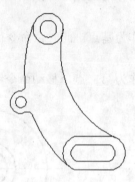

图 4-11　旋转结果

4.3.4　缩放图形

缩放命令的功能是放大或缩小选定对象的大小，使缩放后对象的比例保持不变。在 AutoCAD 中，执行 SCALE 命令的方法有以下几种。

- 命令行：执行 SCALE 命令。
- 菜单栏：在菜单栏中，选择【修改】|【缩放】命令。
- 功能区：切换到【常用】选项卡，在【修改】面板中单击【缩放】按钮。
- 工具栏：在【修改】工具栏中，单击【缩放】按钮。

例 4-7　请将图 4-12 所示的图形缩放 0.5 倍。

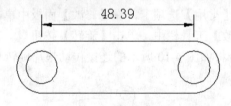

图 4-12　原图

(1) 在菜单栏中选择【修改】|【缩放】命令，此时，命令行提示如下。

命令：_scale
选择对象：

(2) 用鼠标在绘图区域选择要缩放的图形，然后回车。此时，命令行提示"指定基点"。

(3) 选择图形中某点作为基点。此时，命令行提示"指定比例因子或 [复制(C)/参照(R)] <1.0000>"。

(4) 在命令行中输入 0.5 并回车，结束缩放命令，结果如图 4-13 所示。

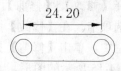

图 4-13　缩放结果

 ## 4.4　拉伸、修剪、延伸和打断

4.4.1　拉伸图形

拉伸命令的功能是拉伸与选择窗口或多边形交叉的对象。在 AutoCAD 中，执行 STRETCH 命令的方法有以下几种。

- 命令行：执行 STRETCH 命令。
- 菜单栏：在菜单栏中，选择【修改】|【拉伸】命令。
- 功能区：切换到【常用】选项卡，在【修改】面板中单击【拉伸】按钮。
- 工具栏：在【修改】工具栏中，单击【拉伸】按钮。

例 4-8　使用拉伸命令绘制如图 4-14 所示的图形。

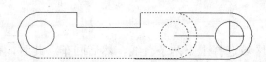

图 4-14　拉伸结果

(1)　在菜单栏中选择【修改】|【拉伸】命令，此时，命令行提示如下。

```
命令: _stretch
以交叉窗口或交叉多边形选择要拉伸的对象...
选择对象:
```

(2)　用鼠标在绘图区域选择要拉伸的图形，然后回车。此时，命令行提示"指定基点或 [位移(D)] <位移>"。

(3)　选择图形中某点作为基点。此时，命令行提示"指定第二个点或 <使用第一个点作为位移>"。

(4)　选择绘图区某点作为位移的第二点，拉伸命令结束。结果如图 4-14 所示。

4.4.2　修剪图形

修剪命令的功能是修剪对象以与其他对象的边相接。在 AutoCAD 中，执行 TRIM 命令的方法有以下几种。

- 命令行：执行 TRIM 命令。

- 菜单栏：在菜单栏中，选择【修改】|【修剪】命令。
- 功能区：切换到【常用】选项卡，在【修改】面板中单击【修剪】按钮 。
- 工具栏：在【修改】工具栏中，单击【修剪】按钮 。

例 4-9 使用修剪命令绘制如图 4-15 所示的图形。

图 4-15 修剪结果

(1) 绘制如图 4-16 所示图形。

图 4-16 原图

(2) 在菜单栏中选择【修改】|【修剪】命令，此时，命令行提示如下。

命令：_trim
当前设置:投影=UCS，边=无
选择剪切边...
选择对象或 <全部选择>:

(3) 用鼠标在绘图区域选择上下两条直线，然后回车。此时，命令行提示"选择要修剪的对象，或按住 Shift 键选择要延伸的对象，或[栏选(F)/窗交(C)/投影(P)/边(E)/删除(R)/放弃(U)]"。

(4) 选择图形中要删除的曲线段，按 Esc 键结束修剪命令。

4.4.3 延伸图形

延伸命令的功能是扩展对象以与其他对象的边相接。在 AutoCAD 中，执行 EXTEND 命令的方法有以下几种。

- 命令行：执行 EXTEND 命令。
- 菜单栏：在菜单栏中，选择【修改】|【延伸】命令。
- 功能区：切换到【常用】选项卡，在【修改】面板中单击【延伸】按钮 。
- 工具栏：在【修改】工具栏中，单击【延伸】按钮 。

例 4-10 使用延伸命令将如图 4-17 所示的圆弧延伸至直线。

(1) 在菜单栏中选择【修改】|【延伸】命令，此时，命令行提示如下。

命令：_extend
当前设置:投影=UCS，边=无
选择边界的边...
选择对象或 <全部选择>:

(2) 用鼠标在绘图区域选择直线，然后回车。此时，命令行提示"选择要延伸的对象，或按住 Shift 键选择要修剪的对象，或[栏选(F)/窗交(C)/投影(P)/边(E)/放弃(U)]"。

(3) 选择图形中的圆弧，按 Esc 键结束延伸命令。结果如图 4-18 所示。

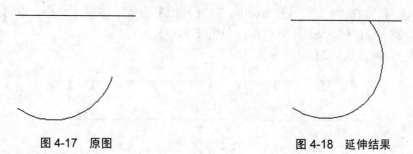

图 4-17　原图　　　　　　　　　　　　　　图 4-18　延伸结果

4.4.4　打断图形

打断命令的功能是在两点之间打断选定对象。在 AutoCAD 中，执行 BREAK 命令的方法有以下几种。

- 命令行：执行 BREAK 命令。
- 菜单栏：在菜单栏中，选择【修改】|【打断】命令。
- 功能区：切换到【常用】选项卡，在【修改】面板中单击【打断】按钮。
- 工具栏：在【修改】工具栏中，单击【打断】按钮。

例 4-11　使用打断命令将图 4-19 中的圆打断成圆弧。

(1) 在菜单栏中选择【修改】|【打断】命令，此时，命令行提示"选择对象"。

(2) 用鼠标在绘图区域选择圆上的某一点。此时，命令行提示"指定第二个打断点或[第一点(F)]"。

(3) 用鼠标在绘图区域选择圆上的另一点，结束打断命令。结果如图 4-20 所示。

图 4-19　原图　　　　　　　　　　　　　　图 4-20　打断结果

4.5　合并和分解

4.5.1　合并图形

合并命令的功能是合并相似的对象以形成一个完整的对象。在 AutoCAD 中，执行 JOIN

命令的方法有以下几种。

- 命令行：执行 JOIN 命令。
- 菜单栏：在菜单栏中，选择【修改】|【合并】命令。
- 功能区：切换到【常用】选项卡，在【修改】面板中单击【合并】按钮 ┿ 。
- 工具栏：在【修改】工具栏中，单击【合并】按钮 ┿ 。

例 4-12　请合并图 4-21 中的两条直线。

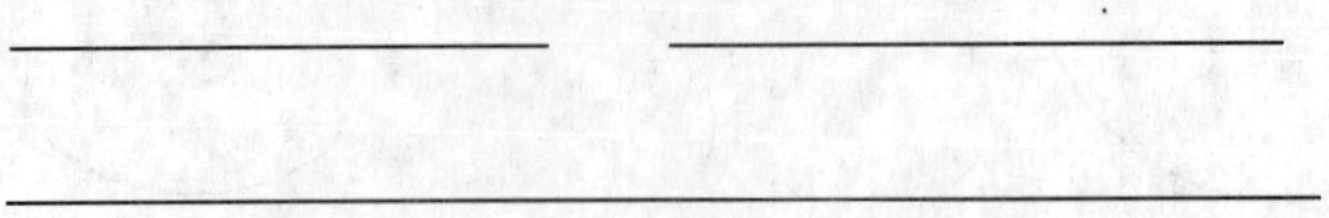

图 4-21　合并结果

(1) 在菜单栏中选择【修改】|【合并】命令，此时命令行提示"选择源对象"。
(2) 用鼠标在绘图区域选择左直线。此时命令行提示"选择要合并到源的直线"。
(3) 用鼠标在绘图区域选择右直线，然后回车结束合并命令。结果如图 4-21 所示。

4.5.2　分解图形

分解命令的功能是将复合对象分解为其组件对象。在 AutoCAD 中，执行 EXPLODE 命令的方法有以下几种。

- 命令行：执行 EXPLODE 命令。
- 菜单栏：在菜单栏中，选择【修改】|【分解】命令。
- 功能区：切换到【常用】选项卡，在【修改】面板中单击【分解】按钮 ⬚ 。
- 工具栏：在【修改】工具栏中，单击【分解】按钮 ⬚ 。

例 4-13　使用分解命令分解图 4-22 中的图形。

(1) 在菜单栏中选择【修改】|【分解】命令，此时，命令行提示"选择对象"。
(2) 用鼠标在绘图区域选择要分解的对象。然后回车，结束分解命令。结果如图 4-23 所示。

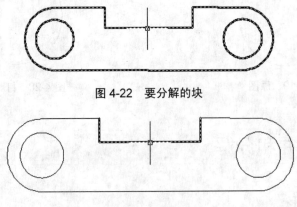

图 4-22　要分解的块

图 4-23　分解结果

4.6　圆角和倒角

4.6.1　圆角图形

圆角命令的功能是用具有指定半径的圆弧连接两个对象。在 AutoCAD 中，执行 FILLET 命令的方法有以下几种。

- 命令行：执行 FILLET 命令。
- 菜单栏：在菜单栏中，选择【修改】|【圆角】命令。
- 功能区：切换到【常用】选项卡，在【修改】面板中单击【圆角】按钮 ◻。
- 工具栏：在【修改】工具栏中，单击【圆角】按钮 ◻。

例 4-14　使用圆角命令对图 4-24 中断开的部分进行圆角连接。

(1) 在菜单栏中选择【修改】|【圆角】命令，此时，命令行提示如下。

```
命令: _fillet
当前设置: 模式 = 修剪，半径 = 0.0000
选择第一个对象或 [放弃(U)/多段线(P)/半径(R)/修剪(T)/多个(M)]:
```

(2) 在命令行中输入 R，然后回车。此时，命令行提示"指定圆角半径 <0.0000>"。

(3) 在命令行中输入 5，然后回车。此时，命令行提示"选择第一个对象或 [放弃(U)/多段线(P)/半径(R)/修剪(T)/多个(M)]"。

(4) 用鼠标在绘图区域选择对象 1。此时，命令行提示"选择第二个对象，或按住 Shift 键选择要应用角点的对象"。

(5) 用鼠标在绘图区域选择对象 2，结束圆角命令。结果如图 4-25 所示。

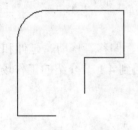

图 4-24　原图

图 4-25　圆角结果

4.6.2　倒角图形

倒角命令的功能是连接两个对象，使它们以平角或倒角相接。在 AutoCAD 中，执行 CHAMFER 命令的方法有以下几种。

- 命令行：执行 CHAMFER 命令。
- 菜单栏：在菜单栏中，选择【修改】|【倒角】命令。

- 功能区：切换到【常用】选项卡，在【修改】面板中单击【倒角】按钮⌐。
- 工具栏：在【修改】工具栏中，单击【倒角】按钮⌐。

例 4-15 使用倒角命令对如图 4-26 所示的矩形进行倒角。

(1) 在菜单栏中选择【修改】|【倒角】命令，此时，命令行提示如下。

```
命令：_chamfer
("修剪"模式) 当前倒角距离 1 = 0.0000, 距离 2 = 0.0000
选择第一条直线或 [放弃(U)/多段线(P)/距离(D)/角度(A)/修剪(T)/方式(E)/多个(M)]:
```

(2) 在命令行中输入 D 并回车，此时命令行会提示"指定第一个倒角距离 <0.0000>"。

(3) 在命令行中输入 5 并回车，此时命令行提示"指定第二个倒角距离 <5.0000>"。

(4) 在命令行中输入 3 并回车，此时命令行提示"选择第一条直线或 [放弃(U)/多段线(P)/距离(D)/角度(A)/修剪(T)/方式(E)/多个(M)]"。

(5) 用鼠标在绘图区域选择直线 1，此时命令行提示"选择第二条直线，或按住 Shift 键选择要应用角点的直线"。

(6) 用鼠标在绘图区域选择直线 2，结束倒角命令。结果如图 4-27 所示。

图 4-26　矩形

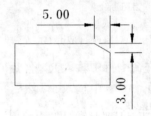

图 4-27　倒角结果

4.7　回到工作场景

通过 4.2～4.6 节内容的学习，读者应该掌握了镜像、偏移、修剪、延伸和倒角等命令的运用，此时足以完成接线闸零件的绘制。下面我们将回到 4.1 节介绍的工作场景中，完成工作任务。

【工作过程 1】 建立新文件

启动 AutoCAD 2010 应用程序，选择【文件】|【新建】命令，打开【选择样板文件】对话框，选择"A4 零件图.dwt"(位于"素材\公共素材"目录中)为样板文件，建立新文件，将新文件命名为"接线闸.dwg"并保存。

【工作过程 2】 新建图层

在【图层】工具栏中，单击【图层特性管理器】按钮🖼，AutoCAD 2010 会弹出【图层特性管理器】选项板，新建如图 4-28 所示的图层。图层线型的设置方法在第 2 章的工作场景有详细叙述，读者可以参考第 2 章的工作场景。

图 4-28　图层特性管理器

【工作过程 3】绘制中心线

设置【中心线层】为当前图层，打开【正交】模式。单击【直线】按钮，利用直线命令绘制中心线，AutoCAD 2010 会提示如下。

```
命令：_line 指定第一点：70,150
指定下一点或 [放弃(U)]：150,150
指定下一点或 [放弃(U)]：*取消*
命令：_line 指定第一点：110,180
指定下一点或 [放弃(U)]：110,120
指定下一点或 [放弃(U)]：*取消*
命令：_line 指定第一点：180,150
指定下一点或 [放弃(U)]：220,150
指定下一点或 [放弃(U)]：*取消*
命令：_line 指定第一点：200,180
指定下一点或 [放弃(U)]：200,120
指定下一点或 [放弃(U)]：*取消*
命令：_line 指定第一点：70,80
指定下一点或 [放弃(U)]：150,80
指定下一点或 [放弃(U)]：*取消*
命令：_line 指定第一点：110,110
指定下一点或 [放弃(U)]：110,50
指定下一点或 [放弃(U)]：*取消*
```

绘图结果如图 4-29 所示。

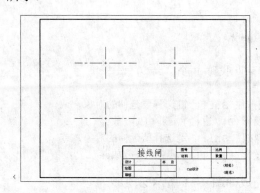

图 4-29　绘制中心线

【工作过程 4】 绘制主视图

设定【粗实线层】为当前图层，首先来绘制主视图。我们只需要绘制主视图的左半图，再通过【镜像】命令生成主视图的右半图。

(1) 单击【修改】工具栏中的【偏移】按钮，绘制如图 4-30 所示的图形。AutoCAD 2010 会提示如下。

```
命令：_offset
当前设置：删除源=否 图层=源 OFFSETGAPTYPE=0
指定偏移距离或 [通过(T)/删除(E)/图层(L)] <10.0000>： 10
选择要偏移的对象，或 [退出(E)/放弃(U)] <退出>：
指定要偏移的那一侧上的点，或 [退出(E)/多个(M)/放弃(U)] <退出>：
选择要偏移的对象，或 [退出(E)/放弃(U)] <退出>： *取消*
```

重复以上操作即可完成如图 4-30 所示的图形。

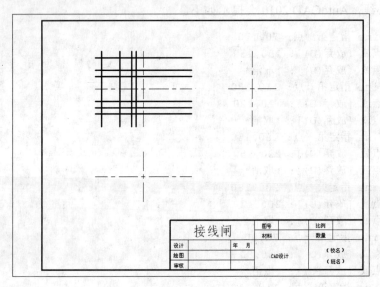

图 4-30　偏移线

(2) 单击【修改】工具栏中的【修剪】按钮，绘制如图 4-31 所示的图形。AutoCAD 2010 会提示如下。

```
命令：_trim
当前设置：投影=UCS，边=无
选择剪切边...
选择对象或 <全部选择>： 找到 1 个
选择对象：
选择要修剪的对象，或按住 Shift 键选择要延伸的对象，或
[栏选(F)/窗交(C)/投影(P)/边(E)/删除(R)/放弃(U)]：
选择要修剪的对象，或按住 Shift 键选择要延伸的对象，或
[栏选(F)/窗交(C)/投影(P)/边(E)/删除(R)/放弃(U)]： *取消*
```

重复以上操作即可完成如图 4-31 所示的图形。

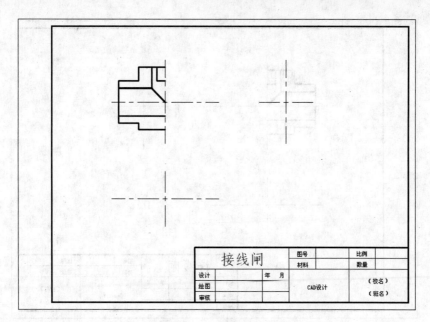

图 4-31 修剪结果

(3) 将【中心线层】设定为当前图层，用【偏移】命令绘制两个螺纹孔的中心线。如图 4-32 所示。

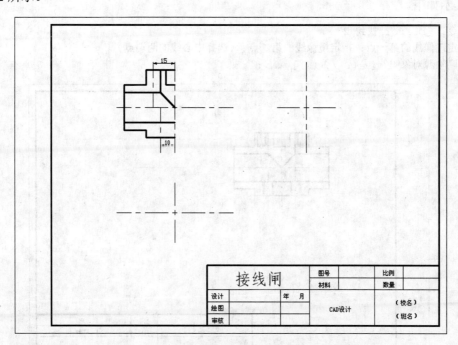

图 4-32 绘制螺纹孔的中心线

(4) 将【粗实线层】设定为当前图层，用【偏移】命令绘制两个螺纹孔线。然后用【修剪】命令生成如图 4-33 所示的图形。

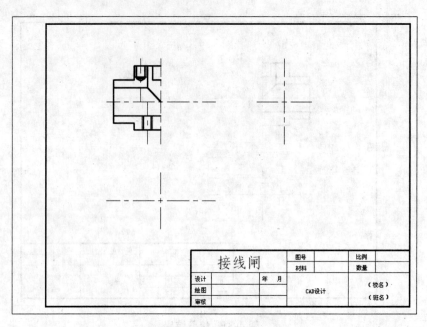

图 4-33　绘制两个螺纹孔线

(5)　单击【修改】工具栏中的【镜像】按钮 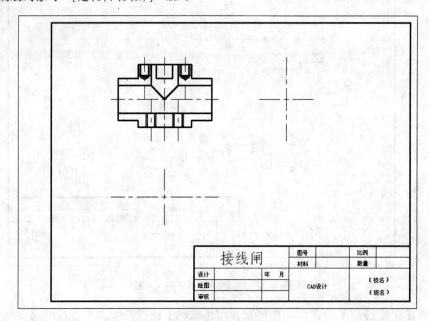，绘制如图 4-34 所示的图形。AutoCAD 2010 提示如下。

命令：_mirror 找到 27 个
指定镜像线的第一点：指定镜像线的第二点：（选择中心线的两端点）
要删除源对象吗？[是(Y)/否(N)] <N>：

图 4-34　镜像结果

【工作过程5】绘制左视图

接着我们需绘制左视图，我们只需要绘制左视图的左半图，再通过【镜像】命令即可生成左视图的右半图。

(1) 绘制左半图的基本形状，如图 4-35 所示。

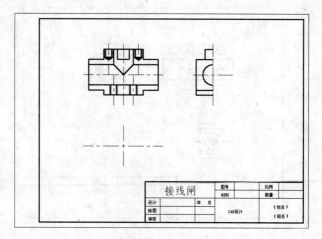

图 4-35　左视图

(2) 单击【修改】工具栏中的【倒角】按钮，绘制如图 4-36 所示的图形。AutoCAD 2010 提示如下。

```
命令：_chamfer
("修剪"模式) 当前倒角距离 1 = 0.0000，距离 2 = 0.0000
选择第一条直线或 [放弃(U)/多段线(P)/距离(D)/角度(A)/修剪(T)/方法(E)/多个(M)]：D
指定第一个倒角距离 <0.0000>：5
指定第二个倒角距离 <5.0000>：5
选择第一条直线或 [放弃(U)/多段线(P)/距离(D)/角度(A)/修剪(T)/方法(E)/多个(M)]：
选择第二条直线，或按住 Shift 键选择要应用角点的直线：
命令：*取消*
```

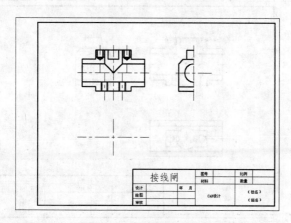

图 4-36　左视图倒角

(3) 单击【修改】工具栏中的【镜像】按钮，绘制如图 4-37 所示的图形。AutoCAD

2010 会提示如下。

命令：_mirror 找到 8 个
指定镜像线的第一点：指定镜像线的第二点：
要删除源对象吗？[是(Y)/否(N)] <N>：

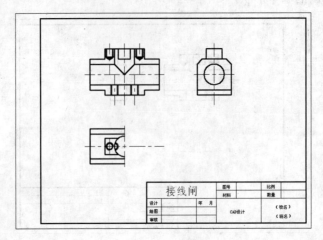

图 4-37　俯视图

【工作过程 6】绘制俯视图

同样我们只需要绘制俯视图的左半图，再通过【镜像】命令生成俯视图的右半图。

(1)　绘制左半图的基本形状，如图 4-37 所示。

(2)　单击【修改】工具栏中的【镜像】按钮，绘制如图 4-38 所示的图形。AutoCAD 2010 提示如下。

命令：_mirror 找到 14 个
指定镜像线的第一点：指定镜像线的第二点：
要删除源对象吗？[是(Y)/否(N)] <N>：

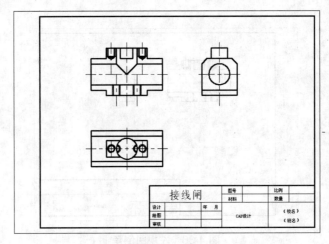

图 4-38　镜像

【工作过程 7】填充主视图剖面线

单击【绘图】工具栏中的【图案填充】按钮，系统弹出如图 4-39 所示的【图案填充和渐变色】对话框。

在【图案填充】选项卡中单击【样例】按钮，系统弹出如图 4-40 所示的【填充图案选项板】对话框。选择 ANSI31 剖面图案，单击【确定】按钮，这时在【图案填充和渐变色】对话框单击【添加：拾取点】按钮，系统暂时关闭该对话框，在图形中拾取图中 5 个部分，然后回车，系统重新弹出【图案填充和渐变色】对话框，单击【确定】按钮，最终结果如图 4-1 所示。

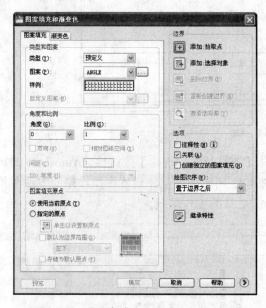

图 4-39　【图案填充和渐变色】对话框

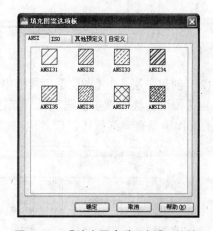

图 4-40　【填充图案选项板】对话框

4.8　工作实训营

4.8.1　训练实例

1．训练内容

绘制如图 4-41 所示的轴。

2．训练目的

通过实例训练能熟练掌握镜像、修剪、延伸和倒角等命令的运用。

3．训练过程

(1)　选择样板文件。启动 AutoCAD 2010，并且以"A4 零件图.dwt"(位于"素材\公共素材"目录中)为样板文件创建新文件"轴.dwg"。

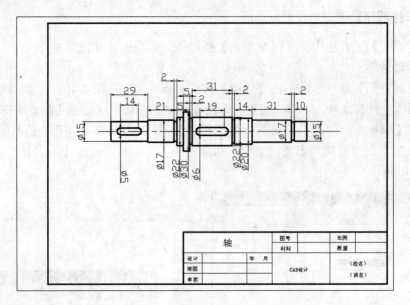

图 4-41　轴

(2)　创建图层。在【图层】工具栏中，单击【图层特性管理器】按钮，AutoCAD 2010
会弹出【图层特性管理器】选项板。新建如图 4-42 所示的图层。设置图层线型的方法在第
2 章的工作场景有详细叙述，读者也可以参考第 2 章的工作场景。

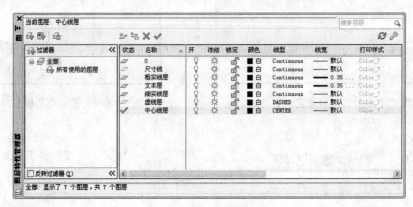

图 4-42　图层特性管理器

(3)　绘制中心线。将【中心线层】设置为当前层，打开【正交】模式。单击【直线】
按钮，利用直线命令绘制中心线，结果如图 4-43 所示，AutoCAD 2010 会提示如下。

命令: _line 指定第一点: 230,170
指定下一点或 [放弃(U)]: 420,170
指定下一点或 [放弃(U)]: *取消*

(4)　绘制轴上半部分。将【粗实线层】设置为当前层，单击【直线】按钮，利用直
线命令绘制图形上半部分，结果如图 4-44 所示，AutoCAD 2010 会提示如下。

命令: _line 指定第一点: 240,170
指定下一点或 [放弃(U)]: @7.5<90

指定下一点或 [放弃(U)]：@29<0
指定下一点或 [闭合(C)/放弃(U)]：@1<90
指定下一点或 [闭合(C)/放弃(U)]：@21<0
指定下一点或 [闭合(C)/放弃(U)]：@1<270
指定下一点或 [闭合(C)/放弃(U)]：@2<0
指定下一点或 [闭合(C)/放弃(U)]：@3.5<90
指定下一点或 [闭合(C)/放弃(U)]：@5<0
指定下一点或 [闭合(C)/放弃(U)]：@4<90
指定下一点或 [闭合(C)/放弃(U)]：@5<0
指定下一点或 [闭合(C)/放弃(U)]：@5<270
指定下一点或 [闭合(C)/放弃(U)]：@2<0
指定下一点或 [闭合(C)/放弃(U)]：@1<90
指定下一点或 [闭合(C)/放弃(U)]：@31<0
指定下一点或 [闭合(C)/放弃(U)]：@2<270
指定下一点或 [闭合(C)/放弃(U)]：@2<0
指定下一点或 [闭合(C)/放弃(U)]：@1<90
指定下一点或 [闭合(C)/放弃(U)]：@14<0
指定下一点或 [闭合(C)/放弃(U)]：@1.5<270
指定下一点或 [闭合(C)/放弃(U)]：@31<0
指定下一点或 [闭合(C)/放弃(U)]：@1.5<270
指定下一点或 [闭合(C)/放弃(U)]：@2<0
指定下一点或 [闭合(C)/放弃(U)]：@0.5<90
指定下一点或 [闭合(C)/放弃(U)]：@10<0
指定下一点或 [闭合(C)/放弃(U)]：@7.5<270
指定下一点或 [闭合(C)/放弃(U)]：*取消*

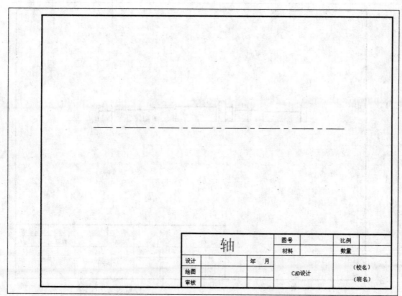

图 4-43　绘制中心线

(5) 延伸线段。用【修改】工具栏中的【延伸】工具 将竖直直线延伸至中心线，绘制结果如图 4-45 所示。AutoCAD 2010 会提示如下。

命令：_extend 当前设置：投影=UCS，边=延伸选择边界的边...
选择对象或 <全部选择>: 找到 1 个
选择对象:
选择要延伸的对象，或按住 Shift 键选择要修剪的对象，或[栏选(F)/窗交(C)/投影(P)/边(E)/放弃(U)]:

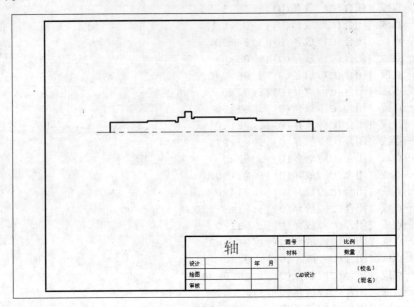

图 4-44　上半部分

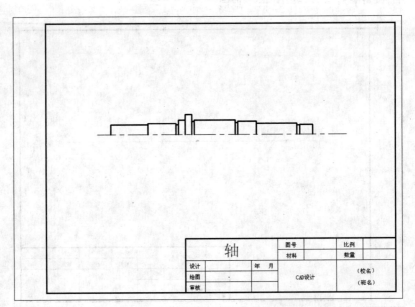

图 4-45　延伸

(6) 镜像图形。单击【修改】工具栏中的【镜像】按钮 ⚠，绘制结果如图 4-46 所示。
AutoCAD 2010 会提示如下。

命令: _mirror

选择对象：指定对角点：找到 25 个
选择对象：
指定镜像线的第一点：指定镜像线的第二点：
要删除源对象吗？[是(Y)/否(N)] <N>：

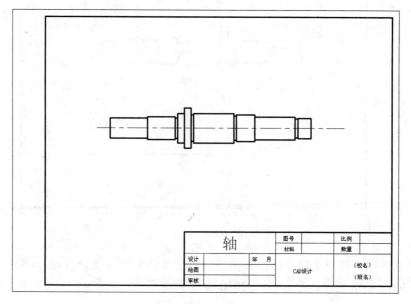

图 4-46　镜像

(7) 偏移。单击【修改】工具栏中的【偏移】按钮，确定键槽圆心位置绘制结果如图 4-47 所示。AutoCAD 2010 会提示如下。

命令：_offset　当前设置：删除源=否　图层=源　OFFSETGAPTYPE=0
指定偏移距离或 [通过(T)/删除(E)/图层(L)] <通过>：7.5
选择要偏移的对象，或 [退出(E)/放弃(U)] <退出>：(选择直线 1)
指定要偏移的那一侧上的点，或 [退出(E)/多个(M)/放弃(U)] <退出>：
选择要偏移的对象，或 [退出(E)/放弃(U)] <退出>：*取消*
命令：_offset　当前设置：删除源=否　图层=源　OFFSETGAPTYPE=0
指定偏移距离或 [通过(T)/删除(E)/图层(L)] <7.5000>：21.5
选择要偏移的对象，或 [退出(E)/放弃(U)] <退出>：(选择直线 1)
指定要偏移的那一侧上的点，或 [退出(E)/多个(M)/放弃(U)] <退出>：
选择要偏移的对象，或 [退出(E)/放弃(U)] <退出>：*取消*
命令：_offset　当前设置：删除源=否　图层=源　OFFSETGAPTYPE=0
指定偏移距离或 [通过(T)/删除(E)/图层(L)] <21.5000>：5
选择要偏移的对象，或 [退出(E)/放弃(U)] <退出>：(选择直线 2)
指定要偏移的那一侧上的点，或 [退出(E)/多个(M)/放弃(U)] <退出>：
选择要偏移的对象，或 [退出(E)/放弃(U)] <退出>：*取消*
命令：_offset　当前设置：删除源=否　图层=源　OFFSETGAPTYPE=0
指定偏移距离或 [通过(T)/删除(E)/图层(L)] <21.5000>：5
选择要偏移的对象，或 [退出(E)/放弃(U)] <退出>：(选择直线 3)
指定要偏移的那一侧上的点，或 [退出(E)/多个(M)/放弃(U)] <退出>：
选择要偏移的对象，或 [退出(E)/放弃(U)] <退出>：*取消*

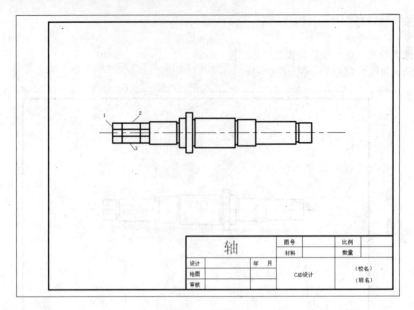

图 4-47　偏移

(8)　绘制两圆。打开【对象捕捉】模式，单击【圆】按钮 ◎，在轴左端绘制两个直径为 5 的圆，如图 4-48 所示。AutoCAD 2010 会提示如下。

命令：_circle 指定圆的圆心或 [三点(3P)/两点(2P)/切点、切点、半径(T)]:
指定圆的半径或 [直径(D)]: 2.5

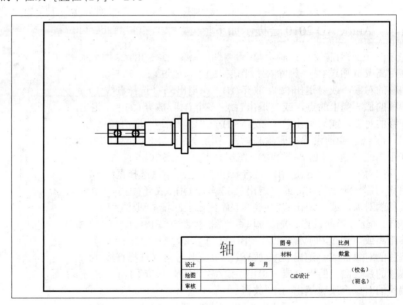

图 4-48　轴左端两圆

(9)　修剪多余的线段。使用【修改】工具栏中的【修剪】工具 ⫮。AutoCAD 2010 会提示如下。

命令：_trim　当前设置:投影=UCS，边=延伸
选择剪切边...

选择对象或 <全部选择>：找到 1 个

选择对象：找到 1 个，总计 2 个

选择对象：

选择要修剪的对象，或按住 Shift 键选择要延伸的对象，或[栏选(F)/窗交(C)/投影(P)/边(E)/删除(R)/放弃(U)]：

重复以上操作，即可得到如图 4-49 所示的图形。

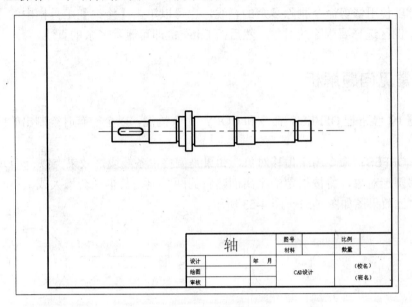

图 4-49　修剪后的图形

(10) 绘制键槽。重复操作步骤(7)～(9)，绘制直径为 6 的轴中间的两圆，再生成图形中部的键槽，最终效果图如图 4-50 所示。

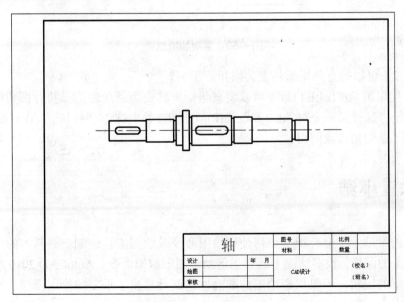

图 4-50　中间的键槽

4. 技术要点

(1) 本实例先使用镜像命令绘制轴的轮廓，再使用偏移命令和修剪命令绘制轴的键槽。也可以先使用偏移命令和修剪命令绘制轴的轮廓和两个键槽的一半，再使用镜像命令绘制出轴。在绘图时要充分利用 AutoCAD 的辅助功能(正交、极轴追踪、对象捕捉等)，可大大节省绘图时间。

(2) 可以使用修剪命令删除多余的直线，也可以单击【修改】工具栏中的【删除】按钮，在绘图区选择要删除的对象，然后按 Enter 键即可删除多余的直线。

4.8.2 常见问题解析

【问题1】经常把 OFFEST 命令和 COPY 命令搞混，以至于有时绘制出的图形不符合要求。

【答】OFFEST 命令用于偏移对象，如果是偏移单条线段，效果类似于 COPY 命令；如果是偏移圆形对象，将按指定的距离创建新的圆，但是其半径会增大或减小与距离相等的值。其对比效果图如图 4-51～图 4-53 所示。

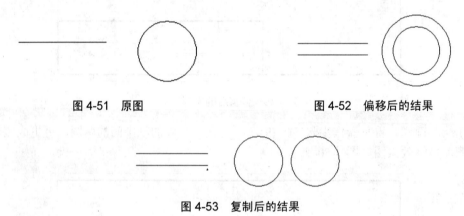

图 4-51　原图　　　　　　　　　　　图 4-52　偏移后的结果

图 4-53　复制后的结果

【问题2】可以把直角矩形转变为圆角矩形吗？

【答】使用圆角(FILLET)命令可以将直角矩形转变为圆角矩形，执行圆角(FILLET)命令后，当提示"选择第一个对象或[多段线(P)/半径(R)/修剪(T)]"时，选择第一条圆角线段，然后选择第二条圆角线段即可。

 ## 本章小结

在前面的章节中主要介绍了如何使用绘图命令或绘图工具绘制一些基本的二维图形。为了绘制复杂的图形，很多情况下还必须借助于图形编辑命令。AutoCAD 2010 的强大功能就在于对图形的编辑，不仅保证绘图的准确性，而且减少了重复的绘图操作，极大地提高了绘图的效率。

本章主要介绍了各种二维图形的编辑命令，其中，复制、镜像、阵列、删除、移动、旋转、拉伸、修剪等命令的运用是本章的重点，读者应该重点掌握。通过本章的学习，读者可以熟练掌握各种二维图形的编辑命令，保证绘图的准确性，提高绘图效率。

习题

一、选择题

1. 能够将物体的某部分进行大小不变的复制的命令有_____。
   A. MIRROR　　　　　B. COPY　　　　　　C. ROTATE　　　　　D. ARRAY
2. 下列命令中_____可以用来去掉图形中不需要的部分。
   A. 删除　　　　　　B. 清除　　　　　　C. 移动　　　　　　D. 回退
3. 下列命令中_____不可以在 AutoCAD 中画平行线。
   A. COPY+键　　　　B. PARALLEL　　　　C. OFFSET　　　　　D. MOVE
4. 下列命令中_____在选择物体时必须采取交叉窗口或交叉多边形窗口进行选择?
   A. LENTHEN　　　　B. STRETCH　　　　C. ARRAY　　　　　D. MIRROR
5. 在执行 FILLET 命令时，应先设置_____。
   A. 圆弧半径 R　　　　　　　　　　　B. 距离 D
   C. 角度值　　　　　　　　　　　　　D. 内部块 Block

二、简述题

1. 简述复制对象不同的方法和使用特点。
2. 用 BREAK 命令断开圆，想留下一个大圆弧，但屏幕上只留下了一段小圆弧，什么原因?

三、上机操作题

1. 绘制如图 4-54 所示的轴承座零件图。

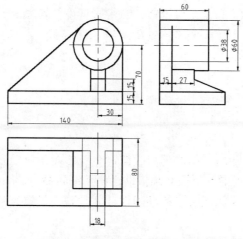

图 4-54　轴承座

2. 绘制如图 4-55 所示的泵盖零件图。

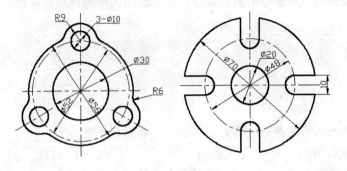

图 4-55　泵盖

第 5 章

文字、尺寸标注与表格

 本章要点

- 文字样式的创建与编辑方法。
- 尺寸样式的创建和设置方法。
- 各种尺寸类型的标注方法。
- 形位公差的标注方法。

技能目标

- 掌握文字样式的定义和设置方法。
- 掌握单行文字、多行文字的创建和编辑方法。
- 掌握尺寸样式的定义和设置方法。
- 掌握各种尺寸类型的标注和编辑方法。
- 掌握形位公差的标注方法。

5.1 工作场景导入

【工作场景】

电器公司 A 内的工程设计人员 B 完成了接线闸零件图的绘制任务后，此时还不能把零件图交给加工人员作为加工依据。工程设计人员 B 需要按照如图 5-1 所示的要求对接线闸零件图进行文字、尺寸标注，以便为加工人员提供足够的图形尺寸信息和加工依据。

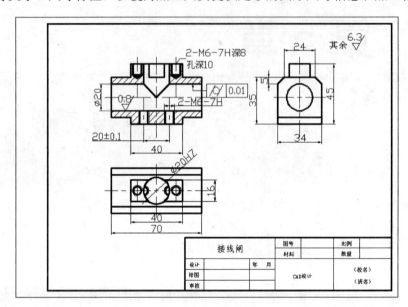

图 5-1 接线闸零件图

【引导问题】

(1) 如何设置文字样式？输入文字的方式有哪几种？如何编辑文字？

(2) 什么是尺寸样式？如何创建和设置尺寸样式？

(3) 尺寸标注有哪些类型？如何进行尺寸标注？

(4) 什么是形位公差？如何标注形位公差？

5.2 文字标注

文字标注是图形中很重要的一部分内容，在进行各种设计时，通常不仅要绘出图形，还要在图形中标注一些文字，如技术要求、注释说明等。

5.2.1 设置文字样式

所有 AutoCAD 图形中的文字都有和其对应的文字样式，文字样式是用来控制文字基本形状的一组设置，可通过【文字样式】对话框来创建。

在 AutoCAD 2010 中，打开【文字样式】对话框的方法有以下几种。

- 命令行：执行 STYLE 或者 DDSTYLE 命令。
- 菜单栏：在菜单栏中，选择【格式】|【文字样式】命令。
- 功能区：切换到【常用】选项板，在【注释】面板中单击【文字样式】按钮 。
- 工具栏：在【文字】工具栏中，单击【文字样式】按钮 。

执行上述操作之后，AutoCAD 会打开【文字样式】对话框，如图 5-2 所示。

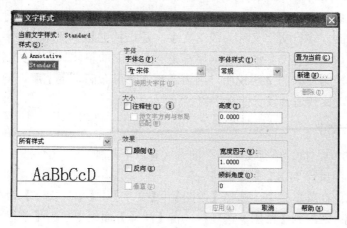

图 5-2　【文字样式】对话框

例 5-1　使用【文字样式】对话框新建 My style 文字样式。

(1) 在菜单栏中，单击【格式】|【文字样式】命令，打开如图 5-2 所示的【文字样式】对话框。

(2) 单击【新建】按钮，弹出如图 5-3 所示的【新建文字样式】对话框。在该对话框的【样式名】文本框中输入 My style，然后单击【确定】按钮，即可返回【文字样式】对话框，按照要求创建新的文字样式，设置对应的字体、大小及效果。新建的文字样式 My stylc 将显示在【样式】列表框中。

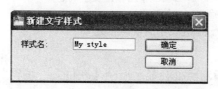

图 5-3　【新建文字样式】对话框

(3) 设置完文字样式后，单击【应用】按钮即可应用文字样式。在【样式】列表框中选中要置为当前的样式名 My style，然后单击【置为当前】按钮。然后单击【关闭】按钮，完成操作。

> **提示：**① 如果要删除某文字样式，可先选中该文字样式，再单击【删除】按钮，在弹出的【acad 警告】提示对话框中单击【确定】按钮，完成操作。
> ② 如果要对某文字样式进行重命名，可在【样式】列表框中右击该文字样式，

并从弹出的快捷菜单中选择【重命名】命令，输入新名称，然后在空白处单击即可。

③ 如果不想固定字高，可以把【高度】文本框中的数值设置为 0。

5.2.2 输入文字的方式

在 AutoCAD 中，用户可以标注单行文字，也可以标注多行文字。使用单行文字命令，可以创建一行或多行文字，其中，每行文字都是独立的对象，可对其进行重定位、调整格式或进行其他修改。多行文字又称为段落文字，是一种更易于管理的文字对象，可以由两行以上的文字组成。多行文字的每行文字都是一个独立的整体。在机械制图中经常使用多行文字功能创建较为复杂的文字说明，因为多行文字可布满指定宽度，同时还可以在垂直方向上无限延伸，比较适合较长的文字内容。

1. 输入单行文字

在 AutoCAD 中，执行单行文字命令的方式有以下几种。

- 命令行：执行 TEXT 命令。
- 菜单栏：在菜单栏中，选择【绘图】|【文字】|【单行文字】命令。
- 功能区：切换到【常用】选项卡，在【注释】面板中单击【单行文字】按钮 A。
- 工具栏：在【文字】工具栏中，单击【单行文字】按钮 A。

执行上述操作之后，AutoCAD 会提示如下。

```
当前文字样式: "Standard" 文字高度: 2.5000 注释性: 否
指定文字的起点或[对正(J) / 样式(S)]:
```

下面介绍提示中各选项的功能。

1) 指定文字的起点

此选项为默认选项，用于指定文字对象的起点。执行此选项，AutoCAD 会提示如下。

```
指定文字的起点或 [对正(J)/样式(S)]:(指定文字的起点)
指定高度 <2.5000>: (确定文字的高度)
指定文字的旋转角度 <0>:(确定文字的倾斜角度)
输入文字:(输入文本)
```

此时，在绘图区中的指定点处会显示一个【在位文字编辑器】，在编辑器中输入文字，按 Enter 键换行，AutoCAD 继续显示"输入文字"提示，可继续输入文字，待全部输入完后连续两次按 Enter 键，则退出 TEXT 命令。可见，TEXT 命令也可创建多行文本，只是这种多行文本每一行是一个对象，不能对多行文本同时进行操作。

2) 设置对正方式

在"指定文字的起点或[对正(J) / 样式(S)]"提示下输入 J，用来设置文字的对齐方式，对齐方式决定文字的哪部分与所选插入点对齐。执行此选项，AutoCAD 会提示如下。

```
指定文字的起点或 [对正(J)/样式(S)]: J  (执行【对正(J)】选项)
输入选项 [对齐(A) / 布满(F) / 中心(C) / 中间(M) / 右对齐(R)/左上(TL) / 中上(TC) / 右上
(TR) / 左中(ML) / 正中(MC) / 右中(MR) / 左下(BL) / 中下(BC) / 右下(BR)]:
```

在此提示下选择一个选项作为文字的对齐方式。当文字水平排列时，AutoCAD 为标注文字定义了如图 5-4 所示的底线、基线、中线和顶线，各种对齐方式如图 5-5 所示，图中大写字母对应上述【对正】选项中的各命令。

图 5-4　文字的底线、基线、中线和顶线

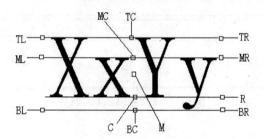

图 5-5　文字的对齐方式

2. 输入多行文字

使用 MTEXT 命令，可以创建多行文字对象。在 AutoCAD 中，调用 MTEXT 命令的方法有以下几种。

- 命令行：执行 MTEXT 命令。
- 菜单栏：选择【绘图】|【文字】|【多行文字】命令。
- 工具栏：在【文字】工具栏中，单击【多行文字】按钮 A。

执行上述操作之后，AutoCAD 会提示如下。

```
当前文字样式： "Standard" 文字高度： 5..0000 注释性： 否
指定第一角点：(指定多行文字输入区的第一个角点)
指定对角点或 [高度(H)/对正(J)/行距(L)/旋转(R)/样式(S)/宽度(W)/栏(C)]：
```

3. 多行文字编辑器

【多行文字编辑器】包含一个【文字编辑器】选项卡和多行文字编辑框，如图 5-6 所示。

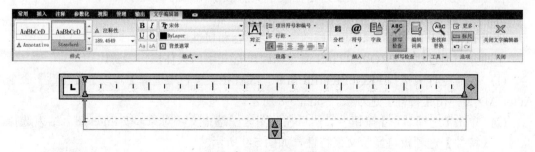

图 5-6　多行文字编辑器

在多行文字编辑框中右击，在快捷菜单中选择【编辑器设置】|【显示工具】命令，则会弹出【文字格式】工具栏，如图 5-7 所示。用户可以在【多行文字编辑器】中输入和编辑多行文本，包括设置文字样式、字体样式、文字高度以及倾斜角度等。该编辑器与 Microsoft Word 编辑器界面相似。【多行文字编辑器】中包含了制表位和缩进，因此可以轻松地创建段落，并可以轻松地相对于文字元素边框进行文字缩进，制表位、缩进的运用与 Microsoft Word 相似。这样既增强了多行文字的编辑功能，又能方便用户使用。

图 5-7　【文字格式】工具栏

5.2.3　编辑文字

1. 编辑单行文字

使用 DDEDIT 命令和 PROPERTIES 命令均可以修改单行文字。如果只需要修改文字的内容而不需要修改文字对象的格式或特性，则使用 DDEDIT 命令；如果要修改文字内容、文字样式、位置、方向、大小、对正和其他特性，则使用 PROPERTIES 命令。

下面分别介绍使用 DDEDIT 命令和 PROPERTIES 命令修改单行文字的方法。

1)　使用 DDEDIT 命令

使用 DDEDIT 命令可以编辑单行文字、标注文字、属性定义和特征控制框。在 AutoCAD 中，调用 DDEDIT 命令的方法有以下几种。

- 命令行：执行 DDEDIT 命令。
- 菜单栏：选择【修改】|【对象】|【文字】|【编辑】命令。
- 工具栏：在【文字】工具栏中，单击【编辑】按钮。
- 快捷菜单：选中文字对象，然后右击，并从弹出的快捷菜单中选择【编辑】命令。

执行上述操作之后，系统根据选中的文字类型显示相应的编辑方法。

2)　使用 PROPERTIES 命令

使用 PROPERTIES 命令，可以修改文字的内容和属性。

下面介绍通过执行 PROPERTIES 命令修改单行文字的具体操作步骤。

(1)　在命令行中执行 PROPERTIES 命令，或者在菜单栏中选择【修改】|【特性】命令，AutoCAD 会弹出【特性】选项板，如图 5-8 所示。

(2)　单击【选择对象】按钮，然后在绘图区中选中文字对象，按 Enter 键，结束选择。此时，【特性】选项板将显示文字特性，如图 5-9 所示。

(3) 在【特性】选项板中修改文字的内容、颜色、线型、线宽、高度、对正方式、倾斜角度、宽度等属性，然后单击【关闭】按钮，关闭【特性】选项板，完成操作。

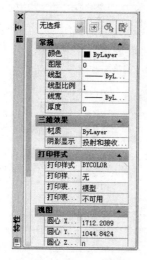

图 5-8　【特性】选项板

图 5-9　选择文字

2. 编辑多行文字

要编辑多行文字，也可以使用 DDEDIT 命令或 PROPERTIES 命令。如果只需要修改文字的内容而无需修改文字对象的格式或特性，则使用 DDEDIT 命令；如果要修改多行文字的文字样式、对正、宽度、旋转、行距和其他特性，则使用 PROPERTIES 命令。

下面分别介绍使用 DDEDIT 命令和 PROPERTIES 命令修改多行文字的方法。

1)　使用 DDEDIT 命令

使用 DDEDIT 命令可以编辑多行文字、标注文字、属性定义和特征控制框。在 AutoCAD 中，调用 DDEDIT 命令的方法有以下几种。

- 命令行：执行 DDEDIT 命令。
- 菜单栏：选择【修改】|【对象】|【文字】|【编辑】命令。
- 工具栏：在【文字】工具栏中，单击【编辑】按钮 𝐀𝒛。
- 快捷菜单：选中多行文字对象，然后右击，并从弹出的快捷菜单中选择【编辑多行文字】命令或【重复编辑多行文字】命令，如图 5-10 所示。

2)　使用 PROPERTIES 命令

使用 PROPERTIES 命令，可以修改文字的内容和属性。

下面介绍通过执行 PROPERTIES 命令修改多行文字的具体操作步骤。

(1) 在命令行中执行 PROPERTIES 命令，或者在菜单栏中选择【修改】|【特性】命令，AutoCAD 会弹出【特性】选项板。

(2)单击【选择对象】按钮 🔩，然后在绘图区中选中多行文字对象并回车，结束选择。此时，【特性】选项板将显示文字特性，可根据需要修改格式和进行其他设置，如图 5-11 所示。

(3) 单击【关闭】按钮，关闭【特性】选项板，完成操作。

图 5-10 【编辑多行文字】快捷菜单

图 5-11 利用【特性】选项板编辑多行文字

5.2.4 文字控制符

在标注文本时，经常需要输入一些特殊字符，如在文字上方或下方添加划线、直径符号、温度符号等，但是这些字符却不能通过键盘直接输入。AutoCAD 提供了 Unicode 字符串和控制符来解决这个问题。

下面分别介绍如何使用这两种方法来输入一些特殊字符或字符串。

1. Unicode 字符串

在输入文字时，可以通过输入 Unicode 字符串创建特殊字符，包括角度符号、边界线符号和中心线符号等，如表 5-1 所示。

表 5-1　Unicode 字符串

输入的符号	说　明	输入的符号	说　明
\u + 2248	几乎相等	\u + 2220	角度
\u + E100	边界线	\u + 2104	中心线
\u + 0394	差值	\u + 0278	电相位
\u + E101	流线	\u + 2261	标识
\u + E102	界碑线	\u + 2260	不相等
\u + 2126	欧姆	\u + 03A9	欧米茄
\u + 214A	低界线	\u + 2082	下标 2
\u + 00B2	下标 1		

2. 字符控制码

除了使用 Unicode 字符输入特殊字符外，还可以为文字加上划线和下划线，或通过在文字字符串中包含控制信息来插入特殊字符。控制码用两个百分号(%%)加一个字符构成，表5-2 列出了常用的控制码。

表 5-2 常用控制码

符 号	功 能	符 号	功 能
%%O	控制是否加上划线	%%U	控制是否加下划线
%%D	绘制度符号(°)	%%P	绘制正负公差符号
%%C	绘制圆直径标注符号	%%%	绘制百分位号(%)

表中，"%%O"和"%%U"分别是上划线和下划线的开关。第一次出现此符号时，可打开上划线和下划线，第二次出现此符号时，则会关掉上划线和下划线。如在【在位文字编辑器】内输入"I want to go to China."，则得到图 5-12(a)所示的文字行；在【在位文字编辑器】内输入"%%C50+70%%D%%P10+30%%%"，则得到图 5-12(b)所示的文字行。在"Text:"提示下，输入控制符，这些控制符也临时显示在屏幕上，当结束文本创建命令时，这些控制符从屏幕上消失，转换成相应的控制符号。

I want to go to China.

(a)

⌀50+70°±10+30%

(b)

图 5-12 文字行

5.3 尺寸样式

5.3.1 创建尺寸样式

在进行尺寸标注之前，首先要设置尺寸标注样式。尺寸标注样式，可用来控制标注的外观。可以通过创建新的标注样式，快速指定标注的格式，并确保标注符合行业或项目标准。在 AutoCAD 中，调用尺寸标注样式命令的方法有以下几种。

- 命令行：执行 DIMSTYLE 命令。
- 菜单栏：在菜单栏中，选择【标注】|【标注样式】命令。
- 功能区：切换到【常用】选项卡，在【注释】面板中，单击【标注样式】按钮。
- 工具栏：在【标注】工具栏中，单击【标注样式】按钮。

执行上述操作之后，AutoCAD 会弹出【标注样式管理器】对话框，如图 5-13 所示。在此对话框中，可以方便、直观地定制和浏览尺寸标注样式，包括设置当前尺寸标注样式、创建新的标注样式、修改已存在的标注样式、样式重命名以及删除已有标注样式等。

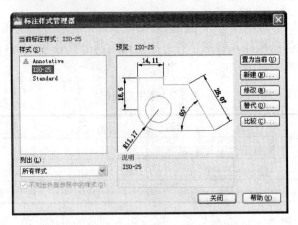

图 5-13　【标注样式管理器】对话框

下面介绍创建尺寸样式的具体操作步骤。

(1) 在菜单栏中，选择【标注】|【标注样式】命令，打开【标注样式管理器】对话框。

(2) 单击【新建】按钮，系统打开【创建新标注样式】对话框，如图 5-14 所示。

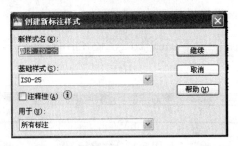

图 5-14　【创建新标注样式】对话框

(3) 在【新样式名】文本框中输入新的标注样式名，然后在【基础样式】下拉列表框中设置作为新样式的基础样式。

(4) 如果选中【注释性】复选框，则指定标注样式为注释性的。然后在【用于】下拉列表框中选择所创建标注子样式应用的尺寸类型。如果新建样式只应用于特定的尺寸标注（如该样式仅用于直径标注），则选择相应的尺寸类型。

(5) 单击【继续】按钮，系统打开【新建标注样式】对话框，如图 5-15 所示，利用此对话框可以定义新的标注样式特性。设置完成后单击【确定】按钮，返回到【标注样式管理器】对话框。

(6) 如果要修改一个已有尺寸标注样式，单击【修改】按钮，系统打开【修改标注样式】对话框，该对话框选项与【新建标注样式】对话框中的选项相同，可以修改已有的标注样式。

(7) 在【标注样式管理器】对话框中单击【确定】按钮，完成创建尺寸样式操作。

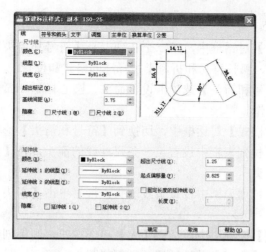

图 5-15　【新建标注样式】对话框

5.3.2　设置尺寸样式

1. 设置直线

在【新建标注样式】对话框中，第一个选项卡就是【线】选项卡，如图 5-15 所示。使用【线】选项卡可以设置尺寸线和延伸线的格式和位置。

下面介绍使用【线】选项卡设置尺寸线和延伸线的格式和位置的具体操作步骤。

(1) 在【新建标注样式】对话框中，切换到【线】选项卡，在【尺寸线】选项组的【颜色】下拉列表框中设置尺寸线的颜色，在【线型】下拉列表框中设置尺寸线的线型，在【线宽】下拉列表框中设置尺寸线的线宽。

(2) 单击【超出标记】微调按钮，当箭头使用倾斜、建筑标记、小点、积分和无标记时，它指定尺寸线超过延伸线的距离；然后单击【基线间距】微调按钮，设置基线标注的尺寸线之间的距离。在【隐藏】复选框组中，如果选中【尺寸线 1】复选框，则不显示第一条尺寸线；如果选中【尺寸线 2】复选框，则不显示第二条尺寸线。

(3) 在【延伸线】选项组中，在【颜色】下拉列表框中设置延伸线的颜色；在【延伸线 1 的线型】下拉列表框中设置第一条延伸线的线型；在【延伸线 2 的线型】下拉列表框中设置第二条延伸线的线型；在【线宽】下拉列表框中设置延伸线的线宽。

(4) 在【延伸线】选项组中，如果选中【延伸线 1】复选框，则不显示第一条延伸线；如果选中【延伸线 2】复选框，则不显示第二条延伸线。

(5) 单击【超出尺寸线】微调按钮，设置延伸线超出尺寸线的距离；单击【起点偏移量】微调按钮，设置延伸线的起点与标注定义点的距离。如果选中【固定长度的延伸线】复选框，则使用特定长度的尺寸延伸线标注尺寸，其中在【长度】微调框中可以输入延伸线的长度值，起始于尺寸线，直到标注原点。

(6) 在【预览】框中，可以查看设置效果，最后单击【确定】按钮完成线样式设置。

2．设置符号和箭头

在【新建标注样式】对话框中，第二个选项卡是【符号和箭头】选项卡。该选项卡用于设置箭头、圆心标记、弧长符号和折弯半径标注的格式和位置。

下面介绍使用【符号和箭头】选项卡设置箭头、圆心标记、弧长符号和折弯半径标注的格式和位置的具体操作步骤。

(1) 在【新建标注样式】对话框中，切换到【符号和箭头】选项卡。在【箭头】选项组中，在【第一个】下拉列表框中设置第一条尺寸线的箭头；在【第二个】下拉列表框中设置第二条尺寸线的箭头。

(2) 在【引线】下拉列表框中设置引线箭头；接着单击【箭头大小】微调按钮，设置箭头的大小。

(3) 在【圆心标记】选项组中，选中【无】单选按钮，则不创建圆心标记或中心线，如图 5-16(a)所示；选中【标记】单选按钮，则创建圆心标记，如图 5-16(b)所示；选中【直线】单选按钮，则创建中心线，如图 5-16(c)所示；单击【大小】微调按钮，用户可设置圆心标记和中心线的大小和粗细。

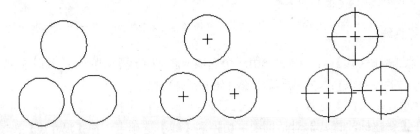

(a) 选中【无】单选按钮　　(b) 选中【标记】单选按钮　　(c) 选中【直线】单选按钮

图 5-16　圆心标记

(4) 在【折断标注】选项组中，单击【折断大小】微调按钮，可以设置用于折断标注的间距宽度。

(5) 在【弧长符号】选项组中，选中【标注文字的前缀】单选按钮，则将弧长符号放在标注文字之前，如图 5-17(a)所示；选中【标注文字的上方】单选按钮，则将弧长符号放在标注文字的上方，如图 5-17(b)所示；选中【无】单选按钮，则不显示弧长符号，如图 5-17(c)所示。

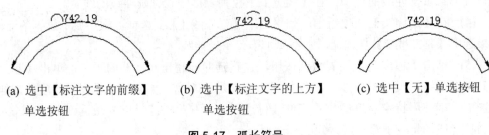

(a) 选中【标注文字的前缀】　　(b) 选中【标注文字的上方】　　(c) 选中【无】单选按钮
　　单选按钮　　　　　　　　　　单选按钮

图 5-17　弧长符号

(6) 在【半径折弯标注】选项组中，在【折弯角度】文本框中可以确定折弯半径标注尺寸线的横向线段的角度，如图 5-18 所示。在【线性折弯标注】选项组中，单击【折弯高度因子】微调按钮，设置线性标注折弯的显示，如图 5-19 所示。

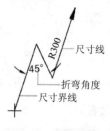

图 5-18 折弯角度

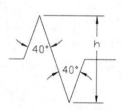

图 5-19 线型折弯标注

（7）在【预览】框中，可以查看设置的效果，最后单击【确定】按钮完成符号和箭头的设置。

3. 设置文字

在【新建标注样式】对话框中，第 3 个选项卡是【文字】选项卡。可以使用该选项卡设置标注文字的格式、放置和对齐。

下面介绍使用【文字】选项卡设置标注文字的格式、放置和对齐的具体操作步骤。

（1）在【新建标注样式】对话框中，切换到【文字】选项卡。

（2）在【文字外观】选项组中，在【文字样式】下拉列表框中设置标注的文字样式；在【文字颜色】下拉列表框中设置标注文字的颜色；在【填充颜色】下拉列表框中设置标注文字背景的颜色。

（3）在【文字外观】选项组中，单击【文字高度】微调按钮，设置当前标注文字样式的高度；单击【分数高度比例】微调按钮，设置相对于标注文字的分数比例；如果选中【绘制文字边框】复选框，则将在标注文字周围绘制一个边框。

（4）在【文字位置】选项组中，在【垂直】下拉列表框中设置标注文字相对尺寸线的垂直位置。

> 提示：单击【垂直】下拉列表框，显示以下 5 种对齐方式。
> ① 居中：将标注文字放在尺寸线的两部分中间，如图 5-20(a)所示。
> ② 上方：将标注文字放在尺寸线上方。从尺寸线到文字的最低基线的距离就是当前的文字间距，如图 5-20(b)所示。
> ③ 外部：将标注文字放在尺寸线上远离第一个定义点的一边，如图 5-20(c)所示。
> ④ JIS：按照日本工业标准 (JIS) 放置标注文字，如图 5-20(d)所示。
> ⑤ 下方：将标注文字放在尺寸线下方。从尺寸线到文字的最低基线的距离就是当前的文字间距，如图 5-20(e)所示。

（5）在【文字位置】选项组中，在【水平】下拉列表框中设置标注文字在尺寸线上相对于延伸线的水平位置。

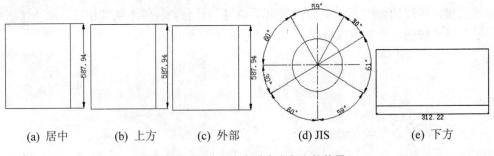

(a) 居中	(b) 上方	(c) 外部	(d) JIS	(e) 下方

图 5-20   尺寸文字在垂直方向上的放置

提示：单击【水平】下拉列表框，显示以下 5 种对齐方式。

① 居中：将标注文字沿尺寸线放在两条延伸线的中间，如图 5-21(a)所示。

② 第一条延伸线：沿尺寸线与第一条延伸线左对正。延伸线与标注文字的距离是箭头大小加上文字间距之和的两倍，如图 5-21(b)所示。

③ 第二条延伸线：沿尺寸线与第二条延伸线右对正。延伸线与标注文字的距离是箭头大小加上文字间距之和的两倍，如图 5-21(c)所示。

④ 第一条延伸线上方：沿第一条延伸线放置标注文字或将标注文字放在第一条延伸线之上，如图 5-21(d)所示。

⑤ 第二条延伸线上方：沿第二条延伸线放置标注文字或将标注文字放在第二条延伸线之上，如图 5-21(e)所示。

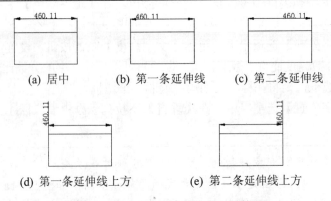

(a) 居中	(b) 第一条延伸线	(c) 第二条延伸线

(d) 第一条延伸线上方	(e) 第二条延伸线上方

图 5-21   尺寸文字在水平方向上的放置

(6) 在【文字位置】选项组中，单击【从尺寸线偏移】微调按钮，设置当前当尺寸线断开以容纳标注文字时标注文字周围的距离，即设置当前文字间距。

(7) 在【文字对齐】选项组中，选中【水平】单选按钮，则水平放置文字；选中【与尺寸线对齐】单选按钮，则文字与尺寸线对齐；选中【ISO 标准】单选按钮，则当文字在延伸线内时，文字与尺寸线对齐，当文字在延伸线外时，文字水平排列。

(8) 在【预览】框中，可以查看设置的效果，最后单击【确定】按钮完成文字的设置。

4. 设置主单位

在【新建标注样式】对话框中，第 5 个选项卡是【主单位】选项卡。可以使用该选项卡设置主标注单位的格式和精度，并设置标注文字的前缀和后缀。

下面介绍使用【主单位】选项卡设置主标注单位的格式和精度，并设置标注文字的前缀和后缀的具体操作。

(1) 在【新建标注样式】对话框中，切换到【主单位】选项卡。

(2) 在【线性标注】选项组中，在【单位格式】下拉列表框中设置除角度之外的所有标注类型的当前单位格式；在【精度】下拉列表框中设置除角度标注之外的其他标注的尺寸精度，也就是设置标注文字中的小数位数；当单位格式是分数时，在【分数格式】下拉列表框中设置分数格式，包括"水平"、"对角"和"非堆叠" 3 种方式；在【小数分隔符】下拉列表框中设置用于十进制格式的分隔符，包括"逗点"、"句点"和"空格" 3 种方式。

(3) 在【线性标注】选项组中，单击【舍入】微调框，为除【角度】之外的所有标注类型设置标注测量值的舍入规则。

(4) 在【线性标注】选项组中，如果在【前缀】或【后缀】文本框中输入文字或使用控制代码显示特殊符号，则在标注文字中包含前缀或后缀。

(5) 在【测量单位比例】子选项组中的【比例因子】微调框中设置线性标注测量值的比例因子；如果选中【仅应用到布局标注】复选框，则仅将测量单位比例因子应用于布局视口中创建的标注。

> 提示：建议不要更改比例因子的默认值 1.00。

(6) 在【线性标注】选项组的【消零】子选项组中，选中【前导】复选框，则省略尺寸值处于高位的 0，例如 0.5000 变为.5000。如果选中【辅单位因子】微调框，则将辅单位的数量设置为一个单位；如果选中【辅单位后缀】微调框，则在标注值辅单位中包括一个后缀。选中【后续】复选框，则省略尺寸值小数点后末尾的 0，例如 25.5000 标注为 25.5。采用"工程"和"建筑"单位制时，如果选中【0 英尺】复选框，则当距离小于 1 英尺时，不输出英尺-英寸型标注中的英尺部分；如果选中【0 英寸】复选框，则当距离为英尺整数时，不输出英尺-英寸型标注中的英寸部分。

(7) 在【角度标注】选项组中，在【单位格式】下拉列表框中设置角度单位格式；在【精度】下拉列表框中设置角度标注的小数位数；在【消零】选项组中设置是否消除角度尺寸的前导和后续零。

(8) 在【预览】框中，可以查看设置的效果，单击【确定】按钮完成主单位的设置。

5. 设置公差

在【新建标注样式】对话框中，第 7 个选项卡是【公差】选项卡。可以使用该选项卡设置标注文字中公差的格式及显示。

下面介绍使用【公差】选项卡设置标注文字中公差的格式及显示的具体步骤。

(1) 在【新建标注样式】对话框中，切换到【公差】选项卡。

(2) 在【公差格式】选项组中的【方式】下拉列表框中设置标注公差的方式。

> 提示：【方式】下拉列表框中列出了"无"、"对称"、"极限偏差"、"极限尺寸"和"基本尺寸"等 5 种标注公差的方式供用户选择，其中"无"表示不标注公差，其余 4 种标注情况如图 5-22 所示。

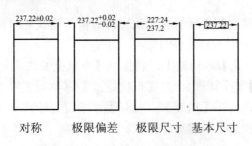

图 5-22　公差标注的形式

（3）在【公差格式】选项组中，在【精度】下拉列表框中设置公差标注的精度；在【上偏差】微调框中设置尺寸的最大公差或上偏差，如果从【方式】下拉列表框中选择【对称】方式，则此值将用于公差；在【下偏差】微调框中设置尺寸的最小公差或下偏差。然后单击【高度比例】微调框，设置公差文字的当前高度比例，即公差文字的高度与一般尺寸文本的高度之比；接着在【垂直位置】下拉列表框中设置对称公差和极限公差的文字对正。

> 提示：【垂直位置】下拉列表框中列出了"上"、"中"、"下" 3 种对正方式。这 3 种对正方式如图 5-23 所示。

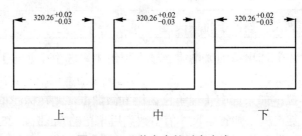

图 5-23　公差文字的对齐方式

（4）在【公差格式】选项组的【消零】子选项组中，可以设置是否禁止输出前导零和后续零以及零英尺和零英寸部分。

（5）在【公差对齐】子选项组中，如果选中【对齐小数分隔符】单选按钮，则通过值的小数分割符堆叠值；如果选中【对齐运算符】单选按钮，则通过值的运算符堆叠值。

（6）在【换算单位】选项组中，可以设置换算公差单位的格式。

（7）选项卡右上角的【预览】框会显示设置的效果，最后单击【确定】按钮完成公差设置。

5.4　标注尺寸

5.4.1　线性标注

线性标注可以水平、垂直或对齐放置。创建线性标注时，可以修改文字内容、文字角度或尺寸线的角度。

在 AutoCAD 中，调用线性标注命令的方法有以下几种。

- 命令行：执行 DIMLINEAR 命令。
- 菜单栏：在菜单栏中，选择【标注】|【线性】命令。
- 功能区：切换到【常用】选项卡，在【注释】面板中，单击【线性】按钮 。
- 工具栏：在【标注】工具栏中，单击【线性】按钮 。

执行上述操作之后，AutoCAD 会提示如下。

指定第一条延伸线原点或 <选择对象>:(指定点或按 Enter 键选择要标注的对象)

下面介绍提示中各选项的功能。

1. 指定第一条延伸线原点

此选项是默认选项，用于确定第一条延伸线的起点位置。执行此选项，AutoCAD 会提示如下。

指定第一条延伸线原点或 <选择对象>:(指定第一条延伸线原点)
指定第二条延伸线原点:（指定第二条延伸线原点）
指定尺寸线位置或[多行文字(M)/文字(T)/角度(A)/水平(H)/垂直(V)/旋转(R)]:（指定点或输入选项）

(1) 指定尺寸线位置。

此选项是默认选项，用于通过指定点来确定尺寸线的位置，并且确定绘制延伸线的方向。用户指定合适的位置之后，AutoCAD 会自动测量要标注线段的长度并标注出相应尺寸。

(2) 多行文字(M)。

此选项用于打开【多行文本编辑器】并用此编辑器编辑标注文字。要添加前缀或后缀，请在生成的测量值前后输入前缀或后缀。用控制代码和 Unicode 字符串来输入特殊字符或符号。

(3) 文字(T)。

此选项用于在命令行提示下自定义标注文字。选择此选项后，命令行提示如下。

输入标注文字<默认值>:

其中的默认值是 AutoCAD 自动测量得到的被标注线段的长度，直接按 Enter 键即可采用此长度值，也可输入其他数值代替默认值。当尺寸文本中包含默认值时，可使用尖括号(<>) 表示默认值。如果标注样式中未打开换算单位，可以通过输入方括号 ([]) 来显示换算单位。

(4) 角度(A)：此选项用于指定标注文字的倾斜角度。

(5) 水平(H)：此选项用于创建水平线性标注，不论标注什么方向的线段，尺寸线总保持水平放置。

(6) 垂直(V)：此选项用于创建垂直线性标注，不论标注什么方向的线段，尺寸线总保持垂直放置。

(7) 旋转(R)：此选项用于创建旋转线性标注，可以输入尺寸线旋转的角度值，旋转标注尺寸。

2. 选择对象

此选项通过选择对象来为对象添加标注。执行此选项，AutoCAD 会提示如下。

指定第一条延伸线原点或 <选择对象>:(按 Enter 键)
选择标注对象：(用拾取框选取要标注尺寸的线段)
指定尺寸线位置或[多行文字(M)/文字(T)/角度(A)/水平(H)/垂直(V)/旋转(R)]:(指定点或输入选项)

5.4.2 对齐标注

在对齐标注中，尺寸线始终平行于尺寸延伸线的两个端点连成的直线。如果标注的是直线，则尺寸线平行于直线；如果标注的是圆弧，则尺寸线平行于圆弧的端点所形成的弦。

在 AutoCAD 中，调用对齐标注命令的方法有以下几种。

- 命令行：执行 DIMALIGNED 命令。
- 菜单栏：在菜单栏中，选择【标注】|【对齐】命令。
- 功能区：切换到【常用】选项卡，在【注释】面板中，单击【对齐】按钮。
- 工具栏：在【标注】工具栏中，单击【对齐】按钮。

执行上述操作之后，AutoCAD 会提示如下。

指定第一条延伸线原点或 <选择对象>:(指定点或按 Enter 键选择要标注的对象)

下面介绍提示中各选项的功能。

1. 指定第一条延伸线原点

此选项是默认选项，用于确定第一条延伸线的起点位置。执行此选项，AutoCAD 会提示如下。

指定第一条延伸线原点或 <选择对象>:(指定第一条延伸线原点)
指定第二条延伸线原点：(指定第二条延伸线原点)
指定尺寸线位置或[多行文字(M)/文字(T)/角度(A)]:(指定点或输入选项)

2. 选择对象

此选项通过选择对象来为对象添加标注。执行此选项，AutoCAD 会提示如下。

指定第一条延伸线原点或 <选择对象>:(按 Enter 键)
选择标注对象：(用拾取框选取要标注尺寸的线段)
指定尺寸线位置或[多行文字(M)/文字(T)/角度(A)]:(指定点或输入选项)

通过选择对象命令标注的尺寸线与所标注轮廓线平行，标注的是起始点到终点之间的距离尺寸。

5.4.3 直径标注

直径标注使用可选的中心线或中心标记测定圆弧和圆的直径，并显示前面带有直径符号的标注文字。可以使用夹点轻松地重新定位生成的直径标注。

在 AutoCAD 中，调用直径标注命令的方法有以下几种。

- 命令行：执行 DIMDIAMETER 命令。

- 菜单栏：在菜单栏中，选择【标注】|【直径】命令。
- 功能区：切换到【常用】选项卡，在【注释】面板中，单击【直径】按钮◎。
- 工具栏：在【标注】工具栏中，单击【直径】按钮◎。

例 5-2　使用【直径】标注命令对直径为 200 的圆进行直径标注。

(1) 在菜单栏中，选择【标注】|【直径】命令，此时命令行会提示"选择圆弧或圆"。

(2) 用鼠标在绘图区选中圆，此时命令行会提示"指定尺寸线位置或[多行文字(M)/文字(T)/角度(A)]"。

(3) 用鼠标在绘图区指定尺寸线位置，结束直径标注命令，标注结果如图 5-24 所示。

> 提示："多行文字(M)"、"文字(T)"和"角度(A)"选项与 DIMLINEAR 命令的选项相同，用户可以参考 DIMLINEAR 命令。用户可以选择提示中某项输入、编辑尺寸文字或确定尺寸文字的旋转角度，也可以确定尺寸线的角度和标注文字的位置来标注所指定的圆或圆弧的直径。

5.4.4　半径标注

半径标注使用可选的中心线或中心标记测量圆弧和圆的半径，并显示前面带有半径符号的标注文字。可以使用夹点轻松地重新定位生成的半径标注。

在 AutoCAD 中，调用半径标注命令的方法有以下几种。

- 命令行：执行 DIMRADIUS 命令。
- 菜单栏：在菜单栏中，选择【标注】|【半径】命令。
- 功能区：切换到【常用】选项卡，在【注释】面板中，单击【半径】按钮◎。
- 工具栏：在【标注】工具栏中，单击【半径】按钮◎。

例 5-3　使用【半径】标注命令对半径为 100 的圆进行半径标注。

(1) 在菜单栏中，单击【标注】|【半径】命令，此时命令行会提示"选择圆弧或圆"。

(2) 用鼠标在绘图区选中圆，此时命令行会提示"指定尺寸线位置或[多行文字(M)/文字(T)/角度(A)]"。

(3) 用鼠标在绘图区指定尺寸线位置，结束半径标注命令，标注结果如图 5-25 所示。

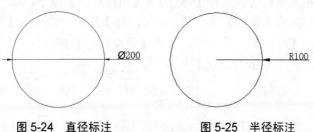

图 5-24　直径标注　　　　　图 5-25　半径标注

5.4.5　圆心标记和中心线标注

当尺寸线置于圆或圆弧之外时，系统会根据标注样式设置，自动生成直径标注和半径标注的圆心标记和直线。用户可以直接使用 DIMCEnter 命令创建中心线和圆心标记。

在 AutoCAD 中，调用圆心标记命令的方法有以下几种。

- 命令行：执行 DIMCEnter 命令。
- 菜单栏：在菜单栏中，选择【标注】|【圆心标记】命令。
- 功能区：切换到【常用】选项卡，在【注释】面板中，单击【圆心标记】按钮⊕。
- 工具栏：在【标注】工具栏中，单击【圆心标记】按钮⊕。

例 5-4 使用【圆心标记】命令对半径为 100 的圆进行圆心标记。

(1) 在菜单栏中，单击【标注】|【圆心标记】命令，此时命令行会提示"选择圆弧或圆"。

(2) 用鼠标在绘图区选中圆，结束圆心标记命令，标注结果如图 5-26 所示。

提示：在【修改标注样式】对话框中，切换到【箭头和符号】选项卡，在【圆心标记】选项组中设置中心线和圆心标记的尺寸和可见性，中心线标注如图 5-27 所示。

图 5-26　圆心标记

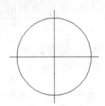
图 5-27　中心线标记

5.4.6　角度标注

角度标注用于测量选定的对象或三个点之间的角度，可以选择的对象包括圆弧、圆和直线等。如果要标注圆的两条半径之间的角度，可以先选择此圆，接着指定角度端点，然后指定标注位置；如果要标注其他对象的角度，需要选择对象，然后指定标注位置；也可以通过指定角度顶点和两个端点标注角度。

在 AutoCAD 中，调用角度标注命令的方法有以下几种。

- 命令行：执行 DIMANGULAR 命令。
- 菜单栏：在菜单栏中，选择【标注】|【角度标注】命令。
- 功能区：切换到【常用】选项卡，在【注释】面板中，单击【角度标注】按钮△。
- 工具栏：在【标注】工具栏中，单击【角度标注】按钮△。

执行上述操作之后，AutoCAD 会提示如下。

选择圆弧、圆、直线或 <指定顶点>：(选择圆弧、圆、直线，或按 Enter 键通过指定三个点来创建角度标注)

定义要标注的角度之后，AutoCAD 会提示如下。

指定标注弧线位置或 [多行文字(M)/文字(T)/角度(A)/象限(Q)]：

用户可以选择"多行文字"、"文字"或"角度"选项，通过【多行文本编辑器】或命令行来输入或定制尺寸文字，以及指定尺寸文字的倾斜角度，在此提示下确定尺寸线的位置，系统按自动测量得到的值标注出相应的角度。

下面介绍提示中各选项的功能。

1)　选择圆弧

标注圆弧的中心角。使用选定圆弧上的点作为三点角度标注的定义点，圆弧的圆心是角度的顶点，圆弧端点成为延伸线的原点。

2)　选择圆

标注圆上某段圆弧的中心角。当用户选择圆上的一点后，AutoCAD 会提示如下。

指定角的第二个端点：

在此提示下确定尺寸线的位置，系统标注出一个角度值，该角度以圆心为顶点，两条尺寸延伸线通过所选取的两点。第二个角度顶点是第二条延伸线的原点，且无须位于圆上。

3)　选择直线

例 5-5　使用【角度标注】命令对夹角分别为 52°和 125°的两条直线进行角度标注。

(1)　在菜单栏中，选择【标注】|【角度标注】命令，此时命令行会提示"选择圆弧、圆、直线或<指定顶点>"。

(2)　用鼠标在绘图区选取某一直线，此时命令行会提示"选择第二条直线"。

(3)　用鼠标在绘图区选取第二条直线后，此时命令行会提示"指定标注弧线位置或[多行文字(M)/文字(T)/角度(A)/象限(Q)]"。

(4)　用鼠标在绘图区指定标注弧线位置后，结束角度标注命令，标注结果如图 5-28 所示。

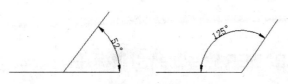

图 5-28　标注两直线的夹角

4)　指定三点

例 5-6　使用【角度标注】命令对夹角分别为 138°的三点进行角度标注。

(1)　在菜单栏中，单击【标注】|【角度标注】命令，此时命令行会提示"选择圆弧、圆、直线或<指定顶点>"。

(2)　直接回车，此时命令行会提示"指定角的顶点"，用鼠标在绘图区选中点 1，此时命令行会提示"指定角的第一个端点"。

(3)　用鼠标在绘图区选中点 2，此时命令行会提示"指定角的第二个端点"。

(4)　用鼠标在绘图区选中点 3，结束角度标注命令，标注结果如图 5-29 所示。

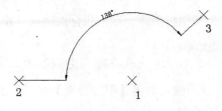

图 5-29　标注三点确定的夹角

5.4.7　利用 LEADER 命令进行引线标注

使用 LEADER 命令可以创建多种引线标注形式，可根据需要把引线设置为折线或曲线。引线可带箭头，也可不带箭头。注释文字可以是多行文字，也可以是形位公差，可以从图形其他部位复制，也可以是一个图块。

在 AutoCAD 中，调用 LEADER 命令的方法只有一种，如下所示。

命令行：执行 LEADER 命令。

执行此操作之后，AutoCAD 会提示如下。

指定引线起点：
指定下一点：
指定下一点或 [注释(A)/格式(F)/放弃(U)] <注释>:(指定点，输入选项，或按 Enter 键)

下面介绍提示中各选项的功能。

1)　指定点

此选项用于绘制一条到指定点的引线段，然后继续提示下一点和选项。

2)　注释

此选项用于在引线的末端插入注释。

3)　格式

此选项用于控制绘制引线的方式以及引线是否带有箭头。

5.4.8　利用 QLEADER 命令进行引线标注

使用 QLEADER 命令可快速创建引线和引线注释，而且可以通过命令行优化对话框进行用户自定义，以便提示用户适合绘图需要的引线点数和注释类型，由此获得较高工作效率。

在 AutoCAD 中，调用 QLEADER 命令的方法只有一种，如下所示。

命令行：执行 QLEADER 命令。

执行此操作之后，AutoCAD 会提示如下。

指定第一个引线点或 [设置(S)] <设置>: (指定第一个引线点，或按 Enter 键指定引线设置)

下面介绍提示中各选项的功能。

1)　第一个引线点

此选项用于确定一点作为指引线的第一点，执行此选项，AutoCAD 会提示如下。

指定下一点：(输入下一个引线点)
指定下一点：(指定下一个引线点，或按 Enter 键指定引线注释)

AutoCAD 提示用户指定的引线点数由【引线设置】对话框的【引线和箭头】选项卡中的【点数】选项组设置，如图 5-30 所示。

图 5-30 【引线设置】对话框的【引线和箭头】选项卡

如果在【引线设置】对话框的【注释】选项卡中选中了【多行文字】单选按钮和【提示输入宽度】复选框，输入完引线点后，AutoCAD 会提示如下。

指定文字宽度<当前宽度>：(输入多行文本文字的宽度)
输入注释文字的第一行<多行文字(M)>：(输入第一行文字)

提示中各选项含义如下。

(1) 输入注释文字的第一行：用于输入第一行文本文字。执行此选项，AutoCAD 会提示如下。

输入注释文字的下一行：(输入另一行文字)
输入注释文字的下一行：(输入另一行文字或回车)

(2) 多行文字(M)：用于打开【多行文字编辑器】，输入或编辑多行文字。

输入全部注释文本后，在此提示下直接回车，AutoCAD 会把多行文本标注在指引线的末端附近，此时 QLEADER 命令结束。

2) 设置

执行此选项，AutoCAD 会打开如图 5-30 所示的【引线设置】对话框，允许对引线标注进行设置。该对话框包含【注释】、【引线和箭头】、【附着】3 个选项卡，下面分别进行介绍。

(1) 【注释】选项卡。

此选项卡用于设置引线注释类型、指定多行文字选项，并指明是否需要重复使用注释，如图 5-31 所示。

(2) 【引线和箭头】选项卡。

此选项卡用于设置引线格式和定义引线箭头，如图 5-30 所示。其中【点数】选项组用于设置引线的点数，提示输入引线注释之前，QLEADER 命令将提示指定这些点。例如，设置点数为 3，执行 QLEADER 命令时，当用户指定 3 个引线点之后，系统自动提示指定注释类型。注意设置的点数要比用户希望的引线段数大 1，可利用微调框进行设置。如果选中【点数】选项组中的【无限制】复选框，则 QLEADER 命令会一直提示用户输入点，直到用户两次回车为止。【角度约束】选项组用于设置第一条和第二条引线的角度约束。

(3) 【附着】选项卡。

此选项卡用于设置多行文字注释和指引线的附着位置。只有在【注释】选项卡中选中【多行文字】单选按钮时，此选项卡才可用，如图 5-32 所示。

图 5-31 【注释】选项卡

图 5-32 【附着】选项卡

 ## 5.5 标注形位公差

形位公差表示特征的形状、轮廓、方向、位置和跳动的允许偏差。可以通过特征控制框来添加形位公差，框中包含单个标注的所有公差信息。可以创建带有或不带引线的形位公差。

5.5.1 形位公差的组成

在 AutoCAD 中，可以通过特征控制框来显示形位公差信息，如图形的形状、轮廓、方向、位置和跳动的偏差等。形位公差的标注如图 5-33 所示。

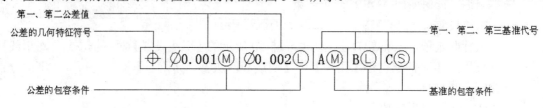

图 5-33 形位公差标注

5.5.2 形位公差的标注

使用形位公差命令，可以创建包含在特征控制框内的形位公差。在 AutoCAD 中，调用形位公差命令的方法有以下几种。

- 命令行：执行 TOLERANCE 命令。
- 菜单栏：在菜单栏中，选择【标注】|【公差】命令。
- 功能区：切换到【常用】选项卡，在【注释】面板中，单击【形位公差】按钮⊕1。
- 工具栏：在【标注】工具栏中，单击【形位公差】按钮⊕1。

下面介绍使用【形位公差】对话框创建形位公差的步骤。

(1) 在菜单栏中，单击【标注】|【公差】命令，弹出【形位公差】对话框，如图 5-34 所示。

(2) 在【符号】选项组中，单击图标▇，弹出【特征符号】窗口，如图 5-35 所示。

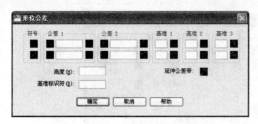

图 5-34　【形位公差】对话框　　　　　　　　图 5-35　【特征符号】窗口

(3) 单击需要的特征符号，自动关闭【特征符号】窗口，返回【形位公差】对话框，并将符号插入到【符号】选项组中，如图 5-36 所示。

(4) 在【公差 1】选项组中，单击文本框前面的图标▇，插入一个直径符号，然后在文本框中输入公差值；接着单击文本框后面的图标▇，弹出【附加符号】窗口，如图 5-37 所示。

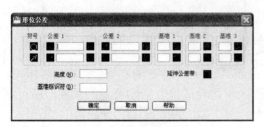

图 5-36　插入特征符号　　　　　　　　　　图 5-37　【附加符号】窗口

(5) 单击需要使用的包容条件符号，自动关闭【附加符号】窗口，返回到【形位公差】对话框中，将符号插入到第一个公差值的【附加符号】文本框中，如图 5-38 所示。

图 5-38　插入包容条件符号

(6) 按照类似的做法，在【公差 2】选项组中，创建第二个公差值。

(7) 在【基准 1】选项组中，在第一个文本框中输入基准参照值；然后单击文本框后面的图标▇，弹出【附加符号】窗口，从中选择修饰符号作为基准参照的修饰符，结果如图 5-39 所示。

(8) 按照类似的做法，在【基准 2】和【基准 3】选项组中，创建第二级基准参照和第三级基准参照。

(9) 在【高度】文本框中输入特征控制框中的投影公差零值；然后单击【延伸公差带】图标ⓟ，在延伸公差带值的后面插入延伸公差带符号，在【基准标识符】文本框中输入由参照字母组成的基准标识符，如图 5-40 所示。

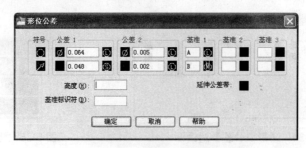

图 5-39　插入附加符号

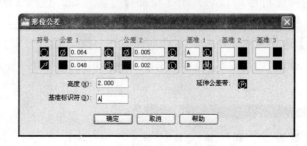

图 5-40　创建形位公差

(10) 单击【确定】按钮，然后在绘图区中的合适位置指定公差的位置，即可创建公差标注，如图 5-41 所示。

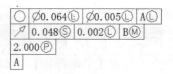

图 5-41　公差标注

 ## 5.6　回到工作场景

通过 5.2～5.5 节内容的学习，读者应该掌握了文字标注、尺寸标注样式的创建、各种尺寸类型的标注、形位公差和表面粗糙度的标注等命令的运用，此时可以完成接线闸零件的标注。下面我们将回到 5.1 节介绍的工作场景中，完成工作任务。

【工作过程 1】无公差尺寸标注

具体操作步骤如下。

(1) 设置【尺寸线层】，将其设定为当前图层。

(2) 在菜单栏中，选择【标注】|【标注样式】命令，系统弹出【标注样式管理器】对话框，将 ISO-25 样式设置为当前使用的标注样式。

(3) 对于圆的标注，在菜单栏中选择【标注】|【线性】命令，使用特殊符号表示法，用 "%%C" 来表示直径符号 "∅"，如 "%%C2O" 表示 "∅20"。命令行提示如下。

命令: _dimlinear
指定第一条延伸线原点或 <选择对象>:
指定第二条延伸线原点:
指定尺寸线位置或[多行文字(M)/文字(T)/角度(A)/水平(H)/垂直(V)/旋转(R)]: T
输入标注文字 <20>: %%C20
指定尺寸线位置或[多行文字(M)/文字(T)/角度(A)/水平(H)/垂直(V)/旋转(R)]:
标注文字 = 20

标注结果如图 5-42 所示。

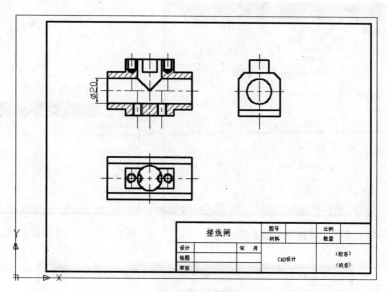

图 5-42　标注圆

(4) 对于一般线性尺寸标注,在菜单栏中选择【标注】|【线性】命令,标注结果如
图 5-43 所示。

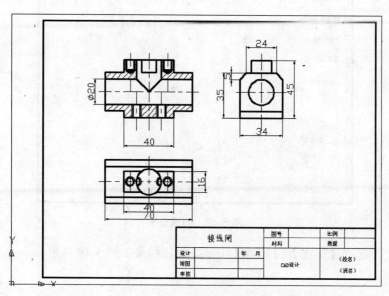

图 5-43　一般线性尺寸标注

【工作过程 2】 带尺寸公差的标注

在菜单栏中选择【标注】|【标注样式】命令，系统弹出【标注样式管理器】对话框，如图 5-44 所示。单击【新建】按钮，系统弹出【创建新标注样式】对话框，如图 5-45 所示。建立一个名为"尺寸公差标注"的样式，单击【继续】按钮，系统弹出【新建标注样式：尺寸公差标注】对话框，在【公差】选项卡中按照图 5-46 所示设置公差。单击【确定】按钮并把"尺寸公差标注"的样式设置为当前的标注样式。

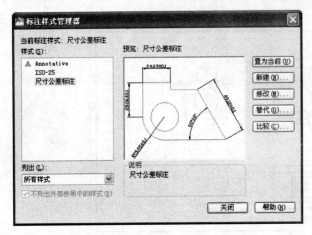

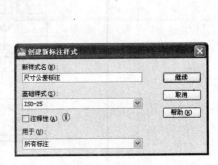

图 5-44　【标注样式管理器】对话框　　　　图 5-45　【创建新标注样式】对话框

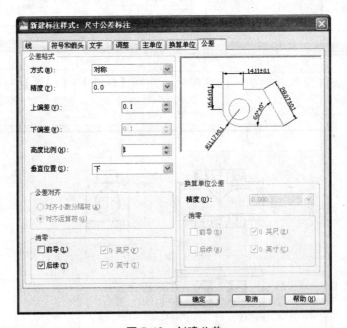

图 5-46　创建公差

在菜单栏中选择【标注】|【线性】命令，标注结果如图 5-47 所示。

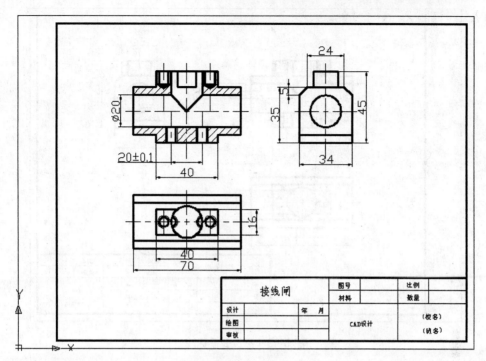

图 5-47　线性标注

【工作过程 3】 形位公差的标注

具体操作步骤如下。

打开【正交】模式，执行 QLEADER 命令，命令行提示如下。

命令：qleader
指定第一个引线点或 [设置(S)] <设置>:指定第一个引线点或 [设置(S)] <设置>:
指定下一点：
指定下一点：

(1)　选择点之后系统弹出如图 5-34 所示的【形位公差】对话框。单击【符号】选项组里的第一个黑按钮，系统弹出如图 5-35 所示的【特征符号】对话框。选择【圆柱度】符号之后，系统关闭【特征符号】对话框，按照如图 5-48 所示设置【形位公差】对话框。单击【确定】按钮，绘图结果如图 5-49 所示。

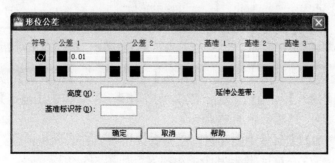

图 5-48　【形位公差】对话框

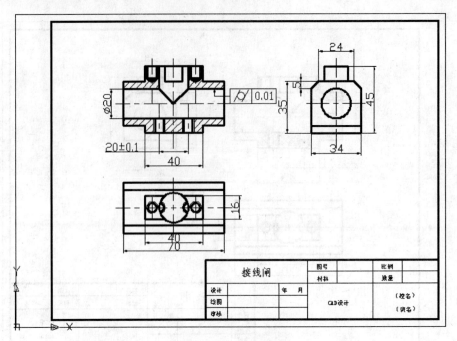

图 5-49　形位公差标注

(2)　定义表面粗糙度符号块。首先绘制表面粗糙度符号，如图 5-50 所示。然后单击【绘图】工具栏中的【创建块】按钮，系统打开如图 5-51 所示的【块定义】对话框，输入块名"表面粗糙度"，拾取基点和对象之后，单击【确定】按钮。

图 5-50　绘制粗糙度符号　　　　　　　图 5-51　【块定义】对话框

(3)　插入表面粗糙度符号块。单击【绘图】工具栏中的【插入块】按钮，系统打开如图 5-52 所示的【插入】对话框，选择名称"表面粗糙度"，单击【确定】按钮。拾取图纸上一点即可插入该块。结果如图 5-53 所示。

(4)　单击【绘图】工具栏中的【多行文字】按钮 A，在表面粗糙度符号上标注表面粗糙度的值。重复步骤(3)、(4)，绘制其余的粗糙度，如图 5-54 所示。

图 5-52　【插入】对话框

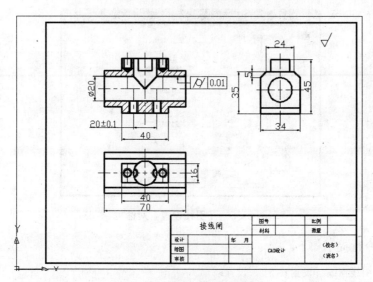

图 5-53　插入粗糙度符号块

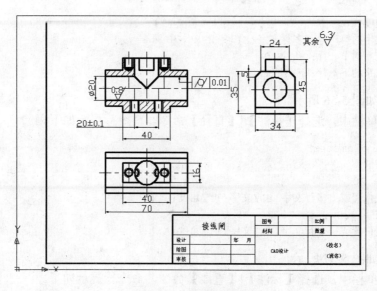

图 5-54　粗糙度标注

【工作过程 4】 绘制螺纹尺寸

具体操作步骤如下。

(1) 执行 QLEADER 命令，命令行提示如下。

命令：qleader
指定第一个引线点或 [设置(S)] <设置>:(回车)

此时系统弹出如图 5-55 所示的【引线设置】对话框，在【注释类型】选项组中选中【多行文字】单选按钮，再切换到【附着】选项卡，选中【多行文字中间】两边的单选按钮。单击【确定】按钮。

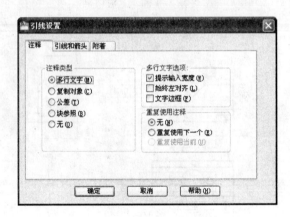

图 5-55　【引线设置】对话框

接着，命令行提示如下。

指定第一个引线点或 [设置(S)] <设置>:
指定下一点:
指定下一点:
指定文字宽度 <0>:
输入注释文字的第一行 <多行文字(M)>: 2-M6-7H 深 8
输入注释文字的下一行: 孔深 10
输入注释文字的下一行: *取消*

绘制结果如图 5-56 所示。

(2) 在菜单栏中，选择【标注】|【直径】命令，命令行提示如下。

命令：_dimdiameter
选择圆弧或圆:
标注文字 = 20
指定尺寸线位置或 [多行文字(M)/文字(T)/角度(A)]: T
输入标注文字 <20>: %%C20H7
指定尺寸线位置或 [多行文字(M)/文字(T)/角度(A)]:

标注结果如图 5-57 所示。

(3) 在菜单栏中，选择【标注】|【直线】命令，命令行提示如下。

命令：_dimlinear
指定第一条延伸线原点或 <选择对象>:

指定第二条延伸线原点：

指定尺寸线位置或[多行文字(M)/文字(T)/角度(A)/水平(H)/垂直(V)/旋转(R)]：T

输入标注文字 <8>：2-M6-7H

指定尺寸线位置或[多行文字(M)/文字(T)/角度(A)/水平(H)/垂直(V)/旋转(R)]：

标注文字 = 8

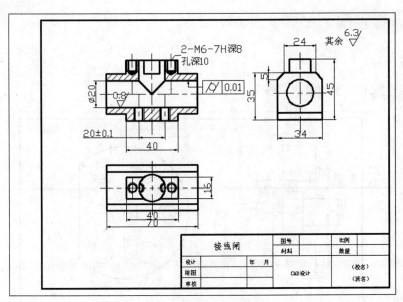

图 5-56　引线标注

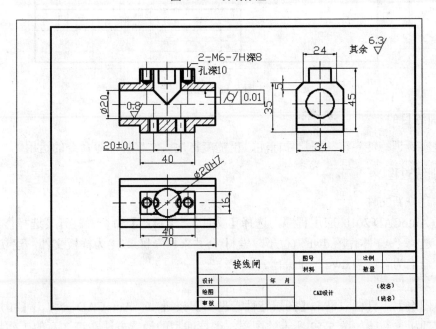

图 5-57　直径标注

最终标注结果如图 5-1 所示。

5.7 工作实训营

5.7.1 训练实例

1. 训练内容

绘制如图 5-58 所示的盘类零件，并为其标注尺寸。

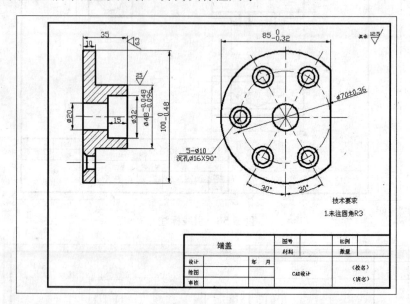

图 5-58 端盖

2. 训练目的

通过实例训练能熟练掌握尺寸标注、粗糙度标注、文字标注等命令的运用。

3. 训练过程

1) 建立新文件

启动 AutoCAD 2010 应用程序，选择【文件】|【新建】命令，打开【选择样板文件】对话框，选择 "A4 零件图.dwt" (位于"素材\公共素材"目录中)为样板文件，建立新文件，将新文件命名为"端盖.dwg"并保存。

2) 创建图层

在【图层】工具栏中单击【图层特性管理器】按钮 🖺，AutoCAD 会弹出【图层特性管理器】选项板。新建如图 5-59 所示的图层。图层线型的设置方法在第 2 章的工作场景已有详细叙述。

3) 绘制端盖左、主视图

(1) 单击状态栏中的【极轴追踪】、【对象捕捉】按钮，将【中心线层】置为当前层，绘制圆的中心线、轴线，以及直径为 70 的点划线圆。将【粗实线层】置为当前层，绘制直径为 100 的外圆和在直径为 70 的点划圆上绘制直径分别为 10 和 16 的同心圆。接着对同心圆进行环形阵列，阵列个数为 6，然后删除右端的两个同心圆。最后利用偏移中心线的方式画端盖右端的切割线，并且将偏移线移至【粗实线层】。

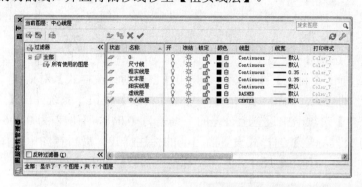

图 5-59　创建图层

(2) 单击状态栏中的【极轴】、【对象捕捉】和【对象捕捉追踪】按钮。根据"主、左视图高平齐"的规律，完成主视图的投影，并填充剖面线。结果如图 5-60 所示。

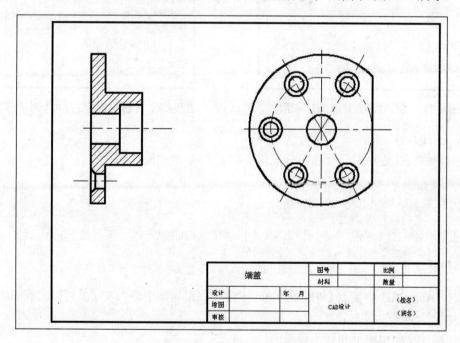

图 5-60　绘制端盖主视图

4)　尺寸标注

首先打开【图层特性管理器】选项板，在该选项板中设置【尺寸线】为当前图层。然后对端盖零件图进行下述 3 种标注。

(1) 无尺寸公差的标注。

在菜单栏中，选择【标注】|【标注样式】命令，系统弹出如图 5-61 所示的【标注样式

管理器】对话框，将【ISO-25】样式设置为当前使用的标注样式。同时将【ISO-25】样式中的尺寸参数修改为：字高为 3.5mm ，箭头长度为 3.5mm 。对于圆的标注，在菜单栏中，选择【标注】|【线性】命令，使用特殊符号表示法"%%C"来表示直径符号"∅"，如"%%C100"表示"∅100"。对于一般线性尺寸标注，在菜单栏中，选择【标注】|【线性】命令，在图中选择相应的尺寸进行标注即可。本章工作场景中都有详细叙述，在此将不再赘述。

(2) 尺寸公差的标注。

在菜单栏中，选择【标注】|【标注样式】命令，系统弹出【标注样式管理器】对话框如图 5-61 所示。单击【新建】按钮，系统弹出【创建新标注样式】对话框，建立一个名为"副本 ISO-25"的样式，如图 5-62 所示，单击【继续】按钮，系统弹出【新建标注样式】对话框，在【公差】选项卡中设置上公差的上偏差为-0.048，下偏差为 0.096。单击【确定】按钮并把【尺寸公差标注】的样式设置为当前的标注样式。最后在图中选择相应的尺寸进行尺寸公差标注即可。有几个尺寸公差需要标注就需要新建几个样式。

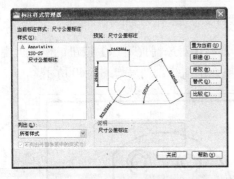

图 5-61 【标注样式管理器】对话框

图 5-62 【创建新标注样式】对话框

(3) 引线标注。

对图中的沉孔进行引线标注，标注步骤如下。

命令：LEADER
指定引线起点：(输入指引线的起始点)
指定下一点：(输入指引线的另一点)
指定下一点或[注释(A)/格式(F)/放弃(U)]<注释>：(直接回车)
输入注释文字的第一行或 <选项>：(直接回车)
输入注释选项 [公差(T)/副本(C)/块(B)/无(N)/多行文字(M)] <多行文字>：M

此时，AutoCAD 会显示【在位文字编辑器】，在编辑器中输入文字就可以完成引线标注。尺寸标注结果如图 5-63 所示。

5) 标注表面粗糙度和技术要求

(1) 定义表面粗糙度符号块和插入表面粗糙度符号块。

首先绘制表面粗糙度符号，然后单击【绘图】工具栏中的【创建块】按钮，系统打开【块定义】对话框，输入块名"表面粗糙度"，拾取基点和对象之后，单击【确定】按钮。再单击【绘图】工具栏中的【插入块】按钮，系统打开【插入】对话框，选择名称"表面粗糙度"，单击【确定】按钮。拾取图纸上一点即可插入该块。

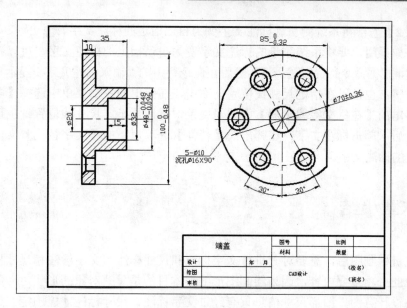

图 5-63　尺寸标注

(2)　标注表面粗糙度值。

单击【绘图】工具栏中的【多行文字】按钮 **A**，在表面粗糙度符号上标注表面粗糙度的值。重复以上步骤，绘制其余两个粗糙度。

(3)　标注技术要求。

单击【绘图】工具栏中的【多行文字】按钮 **A**，在绘图区书写技术要求的位置选一书写区域，打开【多行文字编辑器】对话框，输入技术要求的内容。最终结果如图 5-58 所示。

4. 技术要点

(1)　在标注表面粗糙度符号时在菜单栏中选择【插入】|【块】命令，弹出【插入】对话框，在【名称】文本框中选择表面粗糙度符号块，在【旋转】选项组中的【角度】文本框中输入相应的角度可以改变表面粗糙度符号块的方向。标注粗糙度值时可先执行 DTEXT 命令输入粗糙度值，然后单击粗糙度值并单击夹点然后右击，在弹出的快捷菜单中选择【旋转】命令，这样就可以改变表面粗糙度值的方向。

(2)　在添加引线标注时如果要输入分数形式的文字，可在"输入注释选项 [公差(T)/副本(C)/块(B)/无(N)/多行文字(M)] <多行文字>"提示后输入 M，此时会显示在位文字编辑器，单击编辑器工具栏中的【堆叠】按钮可创建分数形式，若没有编辑器工具栏，可单击右键，在弹出的快捷菜单中选择【编辑器设置】|【显示工具栏】命令，此时就会显示工具栏。

5.7.2　常见问题解析

【问题1】为什么不能改变文字的高度？

【答】使用的字型高度为非 0 时，执行 DTEXT 命令书写文本时都不提示输入高度，这样写出来的高度是不变的，包括使用该字型进行的尺寸标注。只有当前文本样式中设置的字符高度为 0 时，在使用 DTEXT 命令时 AutoCAD 才出现要求用户确定字符高度的提示。

【问题 2】 怎样将系统测量的标注文字变为自己指定的标注文字？

【答】 如果用户要将系统测量的标注文字变为自己指定的标注文字，可以在指定尺寸线位置之前，根据命令行提示输入 T，然后在命令行中的"输入标注文字"提示后面输入指定的标注文字；也可以在指定尺寸线位置前右击，在弹出的快捷菜单中选择【多行文字】命令，在弹出的【在位文字编辑器】中编辑文字，然后再指定尺寸线位置；也可以在指定尺寸线位置后，单击标注文字，在弹出的【特性】选项板下的【文字替代】文本框中直接输入要指定的标注文字。

本章小结

绘制完机械制图后，需要对其进行文字标注和尺寸标注。文字标注和尺寸标注是绘图设计工作中的一项重要内容，因为绘制图形的根本目的是反映对象的形状，而并不能表达清楚图形的设计意图，图形尺寸信息只有经过文字标注、尺寸标注才能确定。通过使用文字、尺寸和表格标注，可以在图形中提供更多的图形尺寸信息，也可以表达出图形不易表达的信息。

本章主要介绍了文字样式的设置和编辑、文字标注、尺寸样式的创建和设置、尺寸标注和形位公差标注的添加方法。其中，尺寸样式的创建与设置以及线性标注、对齐标注、直径标注和半径标注等尺寸类型的标注方法是本章的重要知识点，读者应该重点掌握。读者还应特别注意，在标注尺寸的过程中，首先要创建相应的尺寸样式，再根据所要标注的尺寸选择相应的尺寸标注方法进行尺寸标注。

习题

一、选择题

1. 在尺寸标注中可以调整尺寸的位置，以使视图清晰和匀称，下面_____可以方便快捷地完成此项功能。

  A. 打断   B. 移动

  C. 复制   D. 夹点调整

2. 在输入文字时，下面输入的为公差符号的是_____。

  A. \U+00B0   B. \U+2205

  C. %%P   D. %%U

3. 尺寸标注不包含_____元素。

  A. 尺寸线   B. 延伸线

  C. 辅助线   D. 标注文字

4. 下列_____命令不可以修改标注文字。

  A. DDEDIT   B. DIMTEDIT

  C. DIMEDIT   D. DIMCLRE

二、简答题

在 AutoCAD 2010 中,尺寸标注类型有哪些? 各有什么特点? 分别在什么场合下使用?

三、上机操作题

1.　输入图 5-64 所示的多行文字。

技术要求:
1.去毛刺。
2.淬火时进行人工时效处理。
3.未注圆角R3。

图 5-64　输入文字

2. 标注挂轮架零件图。

本练习将标注挂轮架的尺寸图形, 如图 5-65 所示。

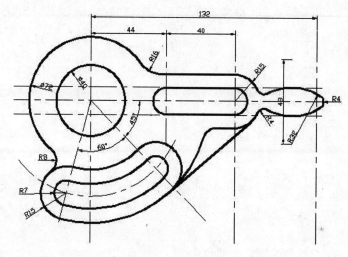

图 5-65　标注挂轮架

提示:

(1)　标注线性尺寸。

(2)　标注直径和半径。

(3)　标注角度型尺寸。

(4)　添加引线标注。

第 6 章

装配图绘制

本章要点

- 外部参照的使用和参照管理器的功能。
- AutoCAD 2010 设计中心的功能介绍及使用。
- 绘制装配图的方法和步骤。

技能目标

- 了解外部参照的使用方法。
- 掌握设计中心的功能和使用方法。
- 掌握装配图的绘制方法和步骤。

6.1 工作场景导入

【工作场景】

某泵业公司 A 要生产一批齿轮油泵，需要设计齿轮油泵的装配图。公司 B 是一家 AutoCAD 设计公司，与泵业公司 A 签订了此项业务，需要按照如图 6-1 所示的要求设计齿轮油泵的装配图。

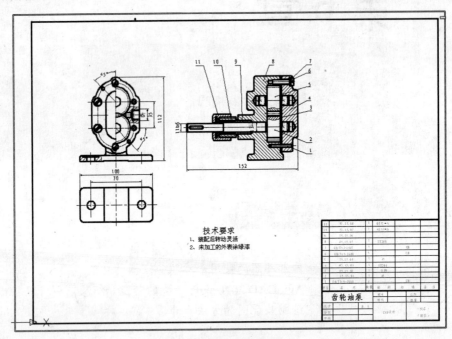

图 6-1　齿轮油泵装配图

【引导问题】

(1) 什么是图块？什么是块属性？如何创建与编辑图块？如何编辑和管理块属性？

(2) 什么是外部参照？如何附着和管理外部参照？

(3) 什么是设计中心？设计中心有哪些功能？如何使用设计中心？

(4) 什么是装配图？装配图有哪些内容？如何绘制装配图？

6.2 图块

6.2.1 创建与编辑图块

图块也叫块，在工程绘图过程中，图块是一个或多个对象形成的对象集合，常用于绘制复杂、重复的图形。图块是一个整体的图形单元，可作为独立、完整的对象操作，避免重复绘制同一对象或同一组对象。当需要这些对象集合时，可以根据作图需要将图块插入到图中任意指定位置，而且还可以按不同的比例和旋转角度插入。在 AutoCAD 中，使用块可以提高绘图速度，节省存储空间，便于修改图形，用户还能够为图块添加属性。

1. 创建图块

使用创建块命令，AutoCAD 将图块存储在图形数据库中，此后用户可根据需要多次插入同一个块，而不必重复绘制和储存。由于该命令创建的图块仅能供当前文件使用而不能被其他文件使用，因此我们称这样的块为"内部块"。在 AutoCAD 2010 中，创建块有以下几种方法。

- 命令行：执行 BLOCK 命令。
- 菜单栏：在菜单栏中，选择【绘图】|【块】|【创建】命令。
- 功能区：切换到【常用】选项卡，在【块】面板中单击【创建块】按钮🔲。
- 工具栏：在【绘图】工具栏中，单击【创建块】按钮🔲。

执行上述操作之后，AutoCAD 2010 将弹出【块定义】对话框，可以将已绘制的对象创建为块，如图 6-2 所示。

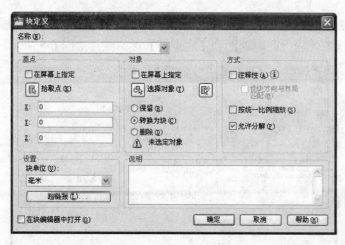

图 6-2　【块定义】对话框

例 6-1　使用【块定义】对话框将如图 6-3 所示的螺栓创建为块。

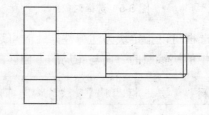

图 6-3　螺栓

(1) 在菜单栏中，选择【绘图】|【块】|【创建】命令，弹出【块定义】对话框。

(2) 在【名称】下拉列表框中输入块的名称"螺栓"，也可以单击该下拉列表框，从下拉列表中选择现有的块，将显示块的预览。

(3) 在【基点】选项组中，单击【拾取点】按钮，暂时关闭对话框返回到绘图区，用鼠标在绘图区拾取螺栓上的一点作为基点，此时返回到【块定义】对话框，如图 6-4 所示。

图 6-4　拾取点

(4) 在【对象】选项组中，单击【选择对象】按钮，暂时关闭对话框返回到绘图区，用鼠标在绘图区选取螺栓，此时返回到【块定义】对话框，如图 6-5 所示。

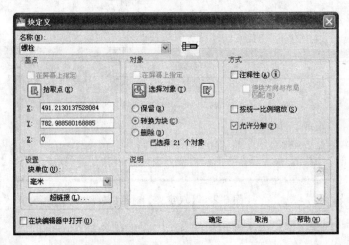

图 6-5　选择对象

(5) 选中【注释性】复选框可以指定块为注释性，此时可选中【使块方向与布局匹配】复选框指定在图纸空间视口中的块参照的方向与布局的方向匹配。

提示：如果未选中【注释性】复选框，则【使块方向与布局匹配】复选框不可用。

(6) 选中【按统一比例缩放】复选框设置块参照按统一比例缩放；选中【允许分解】复选框指定块参照可以被分解。

提示：如果选中【注释性】复选框，则【按统一比例缩放】复选框不可用。

(7) 在【设置】选项组的【块单位】下拉列表框中指定块参照插入单位，如图 6-6 所示。

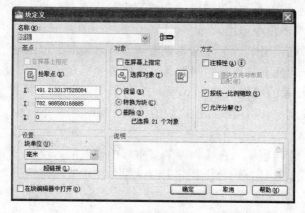

图 6-6 创建块

(8) 设置完成后单击【确定】按钮，关闭【块定义】对话框。

2. 插入块

插入块并不需要对块进行复制，而只是根据需要随时把已经定好的图块或图形文件插入到当前图形的任意位置，在插入的同时还可以改变图块的大小、旋转一定的角度等，因此数据量要比直接绘图小得多，从而节省了计算机的存储空间。

在 AutoCAD 中，插入块的方法有以下几种。

● 命令行：执行 INSERT 命令。

● 菜单栏：在菜单栏中，选择【插入】|【块】命令。

● 功能区：切换到【常用】选项卡，在【块】面板中单击【插入块】按钮。

● 工具栏：在【绘图】工具栏中，单击【插入块】按钮。

执行上述操作之后，AutoCAD 2010 将弹出【插入】对话框，如图 6-7 所示。

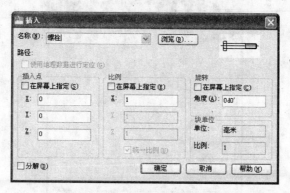

图 6-7 【插入】对话框

例 6-2 使用【插入】对话框在绘图区插入如图 6-3 所示的螺栓。

(1) 在菜单栏中，选择【插入】|【块】命令，弹出【插入】对话框。

(2) 在【名称】下拉列表框中选择要插入块的名称，或单击【浏览】按钮选择要作为块插入的文件的名称。在【预览】选项中会显示要插入的指定块的预览。

（3）在【插入点】选项组中，可以在 X、Y、Z 文本框中设置块的插入点坐标，插入图块时该点与图块的基点重合；如果选中【在屏幕上指定】复选框，将用鼠标指定块的插入点，此时 X、Y、Z 文本框不可用。

（4）在【比例】选项组中，在 X 文本框中输入插入块的缩放比例，如果选中【统一比例】复选框，则为 X、Y 和 Z 坐标设置单一的比例值，即为 X 设置的值也反映在 Y 和 Z 的值中；如果选中【在屏幕上指定】复选框，将用鼠标指定块的比例，此时 X 文本框不可用。

（5）在【旋转】选项组中，在【角度】文本框中设置插入块的旋转角度 90°，如果选中【在屏幕上指定】复选框，将用鼠标指定块的旋转角度。

（6）如果选中【分解】复选框，只可以指定统一比例因子。

（7）单击【确定】按钮，关闭【插入】对话框，在绘图区适当的位置插入螺栓，如图 6-8 所示。

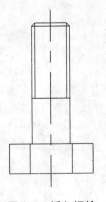

图 6-8　插入螺栓

3. 存储块

在 AutoCAD 中，还可以将块存储为一个独立的图形文件，也称为外部块。外部块与内部块的区别是，创建的块作为独立文件保存，可以插入到任何图形去，并可以对块进行打开和编辑，不必重新进行创建，而内部块却不能执行这种操作。因此，通过将块存储为外部块，可以建立图形符号库，供所有相关的设计人员使用。这既节约了时间和资源，又可保证符号的统一性和标准性。

在 AutoCAD 中，存储块的方法如下。

命令行：执行 WBLOCK 命令。

执行上述命令后，AutoCAD 2010 将打开【写块】对话框，如图 6-9 所示。

图 6-9　【写块】对话框

下面介绍设置【写块】对话框的具体操作步骤。

（1）在命令行中输入 WBLOCK 并回车，弹出【写块】对话框。

（2）在【源】选项组中，选中【块】单选按钮，在其右边的下拉列表框中选择要另存为文件的现有块；如果选中【整个图形】单选按钮，则选择要另存为其他文件的当前图形；如果单击【对象】单选按钮，则选择要另存为文件的对象，指定基点并选择下面的对象。

> 提示：选中【整个图形】单选按钮，在【基点】选项组中单击【拾取点】按钮，将关闭对话框并在当前图形中拾取插入基点，在【对象】选项组中单击【选择对象】按钮，可选择用于创建块的图形。

(3) 在【目标】选项组中，在【文件名和路径】下拉列表框中设置文件名和保存块或对象的路径，在【插入单位】下拉列表框中设置从设计中心拖动新文件或将其作为块插入到使用不同单位的图形中时用于自动缩放的单位值。

(4) 设置完成后单击【确定】按钮，关闭【写块】对话框。

6.2.2 编辑与管理块属性

图块除了包含图形对象以外，还可以具有非图形信息，图块的这些非图形信息，叫做图块的属性，它是图块的组成部分，包含在图块定义中的文字对象。在定义一个图块时，属性必须预先定义而后选定。通常属性用于在图块的插入过程中进行自动注释。如果某个图块带有属性，那么在插入该图块时可以根据具体情况，通过属性来为图块设置不同的文本信息。

1. 定义块属性

在绘图过程中，在为图块指定了属性并将属性与图块再重新定义为一个新的图块后，即可为图块指定属性值，只有这样才能对定义好的带属性图块执行插入、修改以及编辑等操作。属性必须依赖于块而存在，没有块就没有属性。

在 AutoCAD 中，定义块属性的方法有以下几种。

- 命令行：执行 ATTDEF 命令。
- 菜单栏：在菜单栏中，选择【绘图】|【块】|【定义属性】命令。
- 功能区：切换到【插入】选项卡，在【属性】面板中单击【定义属性】按钮。

执行上述操作之后，AutoCAD 2010 将打开【属性定义】对话框，如图 6-10 所示。

图 6-10 【属性定义】对话框

例 6-3   使用【属性定义】对话框创建如图 6-11 所示的图块，其中在【标记】文本框里输入"粗糙度"，在【提示】文本框里输入"标记"，在【默认】文本框里输入默认的值"3.2"。

(1)   在菜单栏中，选择【绘图】|【块】|【定义属性】命令，弹出【属性定义】对话框。

(2)   在【模式】选项组中，如果选中【不可见】复选框，则在设置指定插入块时不显示或打印属性值；如果选中【固定】复选框，将在插入块时赋予属性固定值，此时【验证】复选框和【预设】复选框不可用。

(3)   如果选中【验证】复选框，插入块时 AutoCAD 重新显示属性值，让用户验证该值是否正确；如果选中【预设】复选框，则在插入块时自动把事先设置好的默认值赋予属性，而不再提示输入属性值。

(4)   如果选中【锁定位置】复选框，将锁定块参照中属性的位置；如果选中【多行】复选框，则设置属性的边界宽度，指定属性值可以包含多行文字，此时【属性】选项组中的【默认】文本框不可用。

(5)   在【属性】选项组中，在【标记】文本框中输入属性标记"粗糙度"标识图形中每次出现的属性，使用任何字符组合(空格除外)输入属性标记，小写字母会自动转换为大写字母；在【提示】文本框中输入"标记"，设置在插入包含该属性定义的块时显示的提示；在【默认】文本框中输入默认值"3.2"，在此文本框中可以把使用次数较多的属性值设置为默认属性值，也可不设置默认属性值；单击【默认】文本框右边的按钮🖻，将弹出【字段】对话框，在该对话框中可以插入一个字段作为属性的全部或部分值。

(6)   在【插入点】选项组中，如果没有选中【在屏幕上指定】复选框时，那么可以在 X、Y、Z 文本框中直接输入坐标值；如果选中【在屏幕上指定】复选框，则可以使用定点设备根据与属性关联的对象指定属性的位置，

(7)   在【文字设置】选项组中，【对正】下拉列表框用于指定属性文字的对正方式；【文字样式】下拉列表框可以指定属性文字的预定义样式，下拉列表中会显示当前加载的文字样式；选中【注释性】复选框将指定属性为注释性，如果块是注释性的，则属性将与块的方向相匹配。

(8)   在【文字高度】文本框中输入值可指定属性文字的高度，或者单击【高度】按钮🖳用定点设备指定高度；在【旋转】文本框中输入值可指定属性文字的旋转角度，或者单击【旋转】按钮🖳用定点设备指定旋转角度；【边界宽度】文本框用于设置在换行前多行文字属性中文字行的最大长度，此文本框不适用于单行文字属性。

> 🖅 提示：文字高度为从原点到指定位置的测量值。如果选择有固定高度(任何非 0.0 值)的文字样式，或者在【对正】下拉列表框中选择了【对齐】选项，则【文字高度】文本框不可用。

旋转角度为从原点到指定位置的测量值。如果在【对正】下拉列表框中选择了【对齐】或【调整】选项，则【旋转】文本框不可用。

(9)   如果选中【在上一个属性定义下对齐】复选框，那么会将属性标记直接置于之前定义的属性的下面，而且该属性继承之前定义的属性的文本样式、文字高度和倾斜角度等特性。如果之前没有创建属性定义，则此复选框不可用。

(10) 设置完毕后，单击【确定】按钮，关闭【属性定义】对话框，在已经画好的要作为块的图形的适当位置点击鼠标，定义的属性就出现在图形上了，如图 6-11 所示。

图 6-11　表面粗糙度块

2．在图形中插入带属性定义的块

在创建带有附加属性的块时，需要同时选择块属性作为块的成员对象。带有属性的块创建完成后，就可以使用【插入】对话框，在文档中插入该块。

例 6-4　在图形中插入如图 6-12 所示的带属性定义的块。

(1) 使用 6.2.1 节中插入块的方法插入"粗糙度"块，单击【确定】按钮后，系统命令提示"指定插入点或【基点(B)/比例(S)/X/Y/Z 旋转(R)】"。

(2) 在屏幕中任意指定一点，系统命令提示如下。

```
输入输入性值
标记<3.2>:
```

(3) 输入 5.6，然后按 Enter 键，即可插入带属性定义的块。如图 6-13 所示。

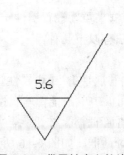

图 6-12　带属性定义的块

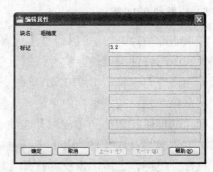

图 6-13　【编辑属性】对话框

3．编辑属性定义

在定义图块之前，可以对属性的定义加以修改，不仅可以修改属性标签，还可以修改属性提示和属性默认值。

在 AutoCAD 中，执行编辑属性定义命令的方法有以下几种。

- 命令行：执行 DDEDIT 命令。
- 菜单栏：在菜单栏中，选择【修改】|【对象】|【文字】|【编辑】命令。
- 工具栏：在【文字】工具栏中单击编辑按钮。
- 快捷菜单：选择文字对象，在绘图区域中右击，在弹出的快捷菜单中选择【编辑】命令。

执行上述操作之后，系统打开【编辑属性定义】对话框，如图 6-14 所示。使用【标记】、【提示】和【默认】文本框可以编辑块中定义的标记、提示及默认值属性。

4. 编辑块属性

修改属性定义主要用于编辑块中定义的标记和属性。在 AutoCAD 中，执行编辑块属性命令的方法有以下几种。

- 命令行：执行 EATTEDIT 命令。
- 菜单栏：在菜单栏中，选择【修改】|【对象】|【属性】|【单个】命令。
- 功能区：切换到【插入】选项卡，在【块】面板中单击【单个】按钮。
- 工具栏：在【修改Ⅱ】工具栏中，单击【编辑属性】按钮。

执行上述操作之后，在绘图窗口中选择需要编辑的块对象时，系统将打开【增强属性编辑器】对话框，如图 6-15 所示。

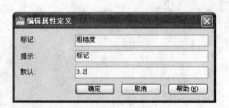

图 6-14　【编辑属性定义】对话框

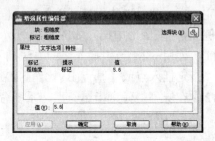

图 6-15　【增强属性编辑器】对话框

5. 块属性管理器

在 AutoCAD 中，还可以通过【块属性管理器】对话框来重新设置属性定义的构成、文字特性和图形特性等属性，执行块属性管理器命令的方法有以下几种。

- 命令行：执行 BATTMAN 命令。
- 菜单栏：在菜单栏中，选择【修改】|【对象】|【属性】|【块属性管理器】命令。
- 功能区：切换到【常用】选项卡，在【属性】面板中单击【管理属性】按钮。
- 工具栏：在【修改Ⅱ】工具栏中，单击【块属性管理器】按钮。

执行上述操作之后，系统将打开【块属性管理器】对话框。如图 6-16 所示。

图 6-16　【块属性管理器】对话框

6.3　使用外部参照

外部参照是指在一幅图形中对外部图块或其他图形文件的引用。该类参照与块有相似的地方，但它们的主要区别是：一旦插入了块，该块就永久性地插入到当前图形中，成为当前图形的一部分；而以外部参照方法将图形插入到某一图形(称之为主图形)后，被插入图形文件的信息并不直接加入到主图形中，主图形只是记录参照的关系。外部参照的数据存储在一个外部图形中，当前图形数据库中仅存放对外部文件的一个引用。另外，对主图形的操作不会改变外部参照图形文件的内容。当打开具有外部参照的图形时，系统会自动把各外部参照图形文件重新调入内存，并在当前图形中显示出来。

6.3.1　附着外部参照

在 AutoCAD 中，附着外部参照有以下几种方法。

- 命令行：执行 EXTERNALREFERENCES 命令。
- 菜单栏：在菜单栏中，选择【插入】|【外部参照】命令。
- 功能区：切换到【插入】选项卡，在【参照】面板中单击【外部参照】按钮 。
- 工具栏：在【参照】工具栏中，单击【外部参照】按钮 。

执行上述操作后，AutoCAD将打开【外部参照】选项板，如图6-17所示。

图 6-17　【外部参照】选项板

例 6-5　将如图 6-3 所示的螺栓以外部参照的形式插入到图形中。

(1) 在菜单栏中，选择【插入】|【外部参照】命令，弹出【外部参照】选项板。

(2) 在【外部参照】选项板上方单击【附着 DWG】按钮 ，打开【选择参照文件】对话框。

> **提示：** 在【参照】工具栏中单击【附着外部参照】按钮 或在【参照】面板中单击【附着】按钮，也可以打开【选择参照文件】对话框。

(3) 在【选择参照文件】对话框中选择参照文件后，将打开【附着外部参照】对话框，如图 6-18 所示。

(4) 在【附着外部参照】对话框中进行相关设置，最后单击【确定】按钮，将螺栓以外部参照的形式插入到当前图形中。

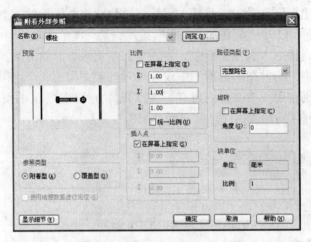

图 6-18　【附着外部参照】对话框

6.3.2　插入 DWG 参照及 DWF、DGN、PDF 参考底图

AutoCAD 2010 提供了插入 DWG 参照及 DWF、DGN、PDF 参考底图的功能，该类功能和附着外部参照功能相同，用户可以在【插入】菜单中选择相关命令，如图 6-19 所示。

图 6-19　【插入】菜单

6.3.3　管理外部参照

在 AutoCAD 2010 中，用户可以在【外部参照】选项板中对外部参照进行编辑和管理。下面简单介绍使用【外部参照】选项板对外部参照进行编辑和管理的具体步骤。

（1）在菜单栏中，选择【插入】|【外部参照】命令，弹出【外部参照】选项板。

（2）单击选项板上方的【附着】按钮 可以添加 DWG、图像、DWF、DGN、PDF 等不同格式的外部参照文件。

（3）选项板下方的【文件参照】列表框中会显示当前图形中各个外部参照文件的名称，

从中选择任意一个外部参照文件后，选项板下方的【详细信息】选项组中将显示该外部参照的参照名、状态、大小、类型、日期及参照文件的保存路径等内容，如图 6-20 所示。

(4) 在【参照名】文本框中可以编辑参照名；在【类型】下拉列表框中可选择需要的类型，包括【附着】和【覆盖】；在【找到位置】文本框中可以编辑外部参照的位置。

(5) 编辑完成后关闭【外部参照】选项板。

6.3.4 参照管理器

AutoCAD 图形可以参照多种外部文件，这些参照文件的路径保存在每个 AutoCAD 图形中。有时可能需要将图形文件或其参照文件移动到其他文件夹或其他磁盘驱动器中，这时就需要更新保存的参照路径。

图 6-20 【文件参照】列表框

参照管理器提供了多种工具，列出了选定图形中的参照文件，可以修改保存的参照路径而不必打开 AutoCAD 中的图形文件，它可以使用户轻松地管理图形文件和附着参照。

选择【开始】|【程序】| Autodesk | AutoCAD 2010 |【参照管理器】命令，AutoCAD 2010 将弹出【参照管理器】窗口，如图 6-21 所示。用户可以使用【参照管理器】窗口对参照文件进行处理，也可以设置【参照管理器】的显示形式。

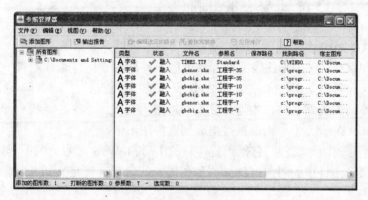

图 6-21 【参照管理器】窗口

6.4 设计中心

AutoCAD 设计中心(AutoCAD DesignCEnter，简称 ADC)类似于 Windows 资源管理器，它为用户提供了观察和重用设计内容的强大工具，可执行对图形、块、图案填充和其他图形内容的访问等辅助操作，从而让设计者更好地管理外部参照、块参照和线型等图形等内容。

在 AutoCAD 2010 中，启动 AutoCAD 设计中心有以下几种方法。

● 命令行：执行 ADCEnter 命令。

- 菜单栏：在菜单栏中，选择【工具】|【设计中心】命令。
- 工具栏：在【标准】工具栏中单击【设计中心】按钮 。
- 快捷键：按 Ctrl+2 组合键。

执行上述操作后，AutoCAD 2010 将打开【设计中心】窗口。如图 6-22 所示。

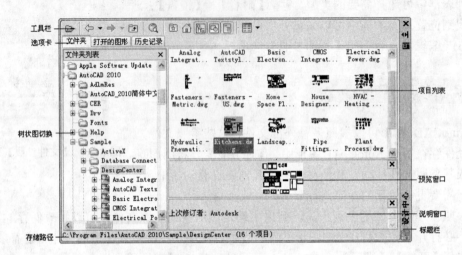

图 6-22　【设计中心】窗口

6.4.1　AutoCAD 设计中心的功能

在 AutoCAD 2010 中，使用 AutoCAD 设计中心可以完成如下工作。

(1) 浏览和查看各种图形图像文件，并可显示预览图像及其说明文字。

(2) 创建指向常用图形、文件夹和 Web 站点的快捷方法。

(3) 根据不同的查询条件在本地计算机和网络上查找图形文件，找到图形后，可以将其加载到 AutoCAD 设计中心，或直接拖放到当前图形中。

(4) 浏览不同的图形文件，包括当前打开的图形和 Web 站点上的图形库。

(5) 查看图形文件中的对象（例如块和图层）的定义，将定义插入、附着、复制和粘贴到当前图形中。

(6) 通过控制显示方法来控制设计中心控制板的显示效果，还可以在控制板中显示与图形文件相关的描述信息和预览图像。

(7) 将图形文件(DWG)从控制板拖放到绘图区域中即可打开图形。

(8) 将光栅文件从控制板拖放到绘图区域中即可查看和附着光栅图像。

(9) 通过在大图标、小图标、列表和详细资料视图之间切换控制板的内容显示，也可以在控制板中显示预览图像和图形内容的说明文字。

6.4.2　AutoCAD 设计中心的使用

使用 AutoCAD 设计中心，可以方便地在当前图形中插入块，引用光栅图像及外部参照，在图形之间复制块、图层、线型、文字样式、标注样式以及用户定义的内容等。

1．使用 AutoCAD 设计中心插入块

使用 AutoCAD 设计中心可以将块定义插入到图形中。将块插入图形时，块定义被复制到图形数据库中，以后在该图形中插入的块实例都将参照该定义。

当其他命令正在执行时，不能向图形中添加块。例如，当命令行上有处于活动状态的命令时，如果试图插入一个块，此时光标会变成一个带斜线的圆，提示操作无效。此外，每次只能插入或附着一个块。

在 AutoCAD 设计中心里，可使用以下两种方法插入块。

（1）从文件夹列表或查找结果列表选择要插入的图块，按住鼠标左键将要插入的块直接拖放到当前图形中。这种方法通过自动缩放比较图形和块使用的单位，根据两者之间的比率来缩放块的比例。在块定义中已经设置了其插入时所使用的单位，而在当前图形中则通过【图形单位】对话框来设定从设计中心插入的块的单位，在插入时系统将对这两个值进行比较并自动进行比例缩放。

将 AutoCAD 设计中心中的块或图形拖放到当前图形时，如果自动进行比例缩放，则块中的标注值可能会失真。

（2）在要插入的块上右击，在弹出的快捷菜单中选择【插入块】命令。这种方法可按指定坐标、缩放比例和旋转角度插入块。在【插入】对话框中可以选择在对话框中设置插入点、缩放比例、旋转角度，或选择由屏幕在插入时指定。

2．使用 AutoCAD 设计中心附着外部参照

与块参照相同，外部参照在图形中显示为单一对象，可以指定坐标、缩放比例和旋转参数进行附着。从 AutoCAD 设计中心选项板中选择外部参照，用鼠标右键将其拖到绘图窗口后释放，将弹出一个快捷菜单，选择【附着为外部参照】命令，打开【外部参照】对话框，可以在其中确定插入点、插入比例及旋转角度等。

6.5　装配图绘制

装配图主要表达了机器或部件的设计构思、装配关系和工作原理，也表达出各零件间的相互位置、尺寸及结构形状。设计时，一般先画出装配图，再根据装配图绘制零件图；装配时，则根据装配图把各零件装配成部件或机器；同时，装配图又是部件组装、调试、维护、操作和检验机器或部件的技术依据。由此可见，装配图是生产中主要的技术文件之一。

6.5.1　装配图的内容

一幅完整的装配图一般包括以下几个部分。

1. 一组视图

用一组视图表达机器或部件的工作原理、零件间的相互位置、装配关系、连接方法，以及主要零件的结构形状。

2. 必要的尺寸

必要的尺寸包括用来标注机器或部件的规格尺寸、零件之间的配合或相对位置尺寸、机器或部件的外形尺寸、安装尺寸以及设计时确定的其他重要尺寸等。

3. 技术要求

装配图中应说明机器或部件的性能、装配、安装、检验、调试、使用与维护等方面的技术要求，一般用文字或国家标准规定的符号写出。

4. 零件的序号、明细表和标题栏

在装配图中，为了便于迅速、准确地查找每一零件，需要按一定的格式，将零件、部件进行编号，并在明细栏中依次列出零件序号、名称、数量、材料等。在标题栏中写明装配体的名称、图号、比例以及设计、制图、审核人员的签名和日期等。

6.5.2 装配图的尺寸标注

装配图是用来表示机器或部件的工作原理和零、部件装配关系的技术图样。在装配图中，不必也不可能注出所有零件的尺寸，只需标注出说明机器或部件的性能、工作原理、装配关系、安装要求等方面的尺寸。这些尺寸按其作用分为以下几类。

1. 性能、规格尺寸

这是指表示机器(或部件)性能或规格的尺寸。这类尺寸在设计时就已确定，是设计及用户选用该机器或部件的依据。

2. 装配尺寸

这是指保证部件正确装配及说明装配要求的尺寸，它由两部分组成，一部分是配合尺寸，是表示零件间的配合性质和公差等级的尺寸；另一部分是相对位置尺寸，是表示装配时需要保证的零件间相对位置的尺寸。

3. 外形尺寸

这是指表示装配体外形轮廓大小的尺寸，即总长、总宽和总高。它为包装、运输和安装过程所占的空间提供了依据。

4. 安装尺寸

这是指机器或部件安装到其他零部件或基座上所需的尺寸。

5. 其他重要尺寸

这是指在设计中确定，又不属于上述几类尺寸的一些重要尺寸，如运动零件的活动范

围尺寸、主体零件的重要尺寸等。

不是每一张装配图都具有上述 5 类尺寸，有时某些尺寸兼有几种意义。在装配图上到底应标注哪些尺寸，应根据装配体作具体分析后进行标注。

6.5.3 技术要求的注写

由于机器或部件的性能、用途各不相同，因此其技术要求也不同，拟定机器或部件技术要求时应具体分析，一般从以下三个方面考虑，并根据具体情况而定。

1. 装配要求

装配要求指在装配过程中的注意事项和装配后应达到的要求，如保证间隙、精度要求、润滑和密封的要求等。

2. 检验要求

检验要求指对装配体基本性能的检验、试验、验收方法的说明。

3. 使用要求

使用要求指对装配体的性能、维护、保养、使用注意事项及要求的说明。

装配图上的技术要求一般注写在明细栏上方或图样右下方的空白处。

6.5.4 画装配图的方法和步骤

部件是由若干零件装配而成的，根据零件图及其相关资料，可以了解各零件的结构形状，分析装配体的用途、工作原理、连接和装配关系，然后按各零件图拼画成装配图。下面介绍绘制装配图的一般步骤。

(1) 确定了装配体的视图和表达方案后，根据视图表达方案和装配体的人小，选定图幅和比例，画出标题栏及明细栏框格。

(2) 合理布图，画出各视图的主要轴线(装配干线)、对称中心线和作图基准线。

(3) 画出主要装配干线上的零件，采取由内向外(或由外向内)的顺序逐个画出每一零件。

(4) 画图时，从主视图开始，并将几个视图结合起来一起画，以保证投影准确和防止缺漏线。

(5) 底稿画完后，标注尺寸，画剖面线，检查描深图线。

(6) 编写零部件序号，填写明细栏、标题栏，注写技术要求。

(7) 完成全图后，再仔细校核，准确无误后，签名并填写时间。

用 AutoCAD 绘制装配图主要有三种方法：①直接绘制法；②零件图图形库的建立和装配图的组装绘制法；③直接用三维模型生成二维装配图。第二种方法是先将画好的零件图做成图块，在画装配图时插入这些图块，再进行适当修改，这种方法可以大大节省绘制装配图的时间。

6.6 回到工作场景

通过 6.2～6.5 节内容的学习，读者应该掌握了如何使用图块、外部参照等命令以及如何绘制装配图，下面我们将回到 6.1 节介绍的工作场景中，完成工作任务。

【工作过程 1】 绘制零件图

首先绘制出除标准件以外的齿轮油泵所有的零件图，然后根据零件图整理绘制成齿轮油泵装配图，如图 6-23～图 6-27 所示。

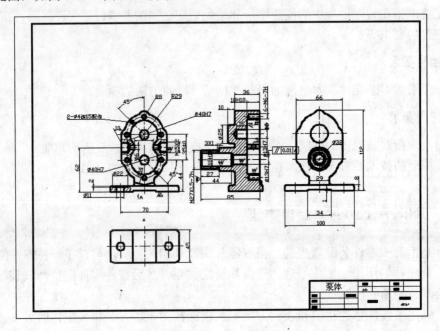

图 6-23 泵体零件

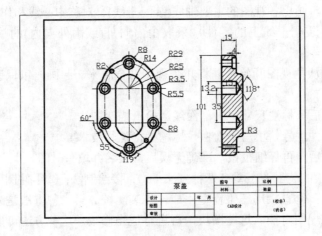

图 6-24 泵盖零件

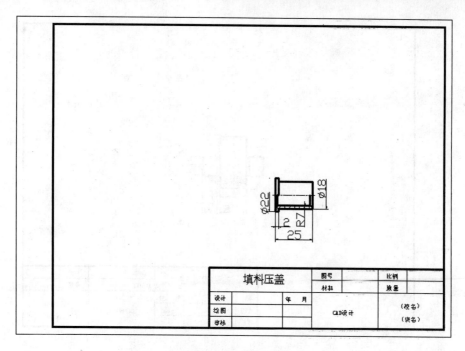

图 6-25　填料压盖

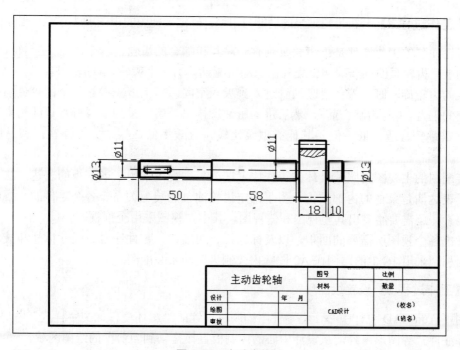

图 6-26　主动齿轮轴

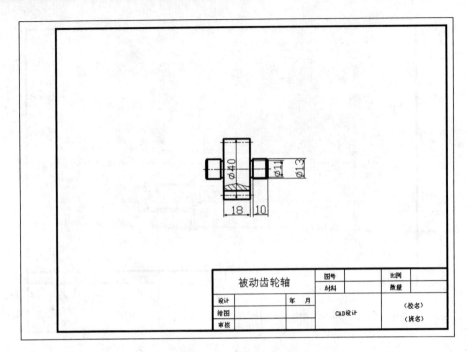

图 6-27　被动齿轮轴

【工作过程 2】分析齿轮油泵的功能与用途，确定装配图的视图表达方案、比例和图幅

齿轮油泵的工作原理是：齿轮泵具有一对互相啮合的齿轮，一个齿轮(主动轮)固定在主动轴上，齿轮泵的轴一端伸出壳外由原动机驱动，另一个齿轮(从动轮)装在另一个轴上。齿轮泵的齿轮旋转时，液体沿吸油管进入到吸入空间，沿上下壳壁被两个齿轮分别挤压到排出空间汇合(齿与齿啮合前)，然后进入压油管排出。齿轮泵的主要特点是结构紧凑、体积小、重量轻、造价低，但与其他类型泵比较，有效率低、振动大、噪音大和易磨损的缺点。

装配图的主视图按照其具体的工作位置摆放，主视图采用了半剖视的表达方法，目的是为了表达清楚泵体的内部结构；为了确定齿轮油泵的装配关系、各个零件的主要结构形状等要素，还需要绘制出其左视图和俯视图，其中左视图采用全剖视图。

考虑各个视图所需要的面积，以及标题栏、明细栏、零件序号、尺寸标注和技术要求所占面积，采用 1∶1 的比例在 A2 图幅内绘制齿轮油泵装配图。

【工作过程 3】设置绘图环境

利用 AutoCAD 设计中心，将零件图绘制时设置的绘图环境，如文字样式、图层设置、块和标注样式等图形内容，从设计中心的控制板直接拖动到当前图的绘图区域。

【工作过程 4】绘制明细表

利用【偏移】、【直线】、【矩形】、【修剪】、【延伸】等命令在标题栏上方绘制明细表，如图 6-28 所示。

序号	名　称	数量	材　料	标　准	备　注
11	85.15.08	1	Q235—A		
10	85.15.07	1	Q235—A		
9	85.15.06				
8	85.15.05	1	HT200		
7	GB/T93-1987	6		GB	
6	GB/T65-2000	6		GB	
5	85.15.04	1	45		
4	85.15.03	1	HT200		
3	85.15.02	1	石棉		
2	85.15.01	1	45		
1	GB/T119-2000	2		GB	

齿轮油泵	图号		比例	1：1
	材料		数量	
设计		年 月		
绘图			CAD设计	（校名）
审核				（班名）

图 6-28　明细表

【工作过程 5】绘制中心线和装配基准线

为合理地安排各视图，以及标题栏、明细标、零件序号、尺寸标注和技术要求等图形内容，必须在图上合适的位置绘制中心线和装配基准线，如图 6-29 所示。各个零件的图形基本上是按照基准线和中心线依次"安装"绘制的。

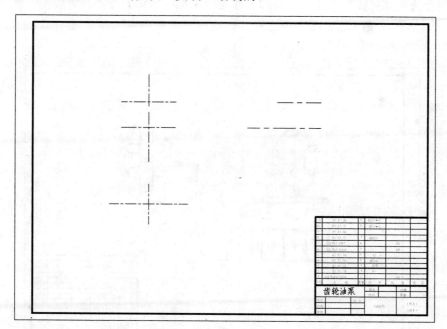

图 6-29　绘制中心线

【工作过程 6】绘制主要装配零件

在不关闭齿轮油泵装配图的情况下，打开泵体零件图，关闭其【尺寸线】和【细实线】图层，使用 Windows 标准编辑工具【复制】和【粘贴】，将泵体零件图上的有关图形复制粘贴到齿轮油泵装配图中，如图 6-30 所示。

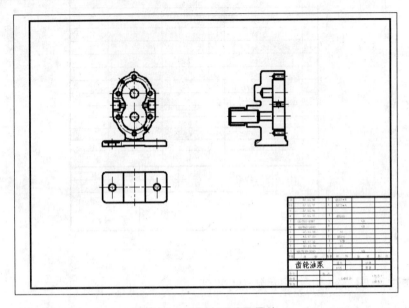

图 6-30　绘制主要装配零件

用同样的方法，将泵盖零件的图形粘贴到油泵装配图中的相应位置上。使用【移动】命令并配合【对象捕捉】、【极轴追踪】和【对象捕捉追踪】方法，可以很方便地将图形粘贴到指定位置，及时地对图形进行修改。要注意主视图对于泵盖是半剖显示。结果如图 6-31 所示。

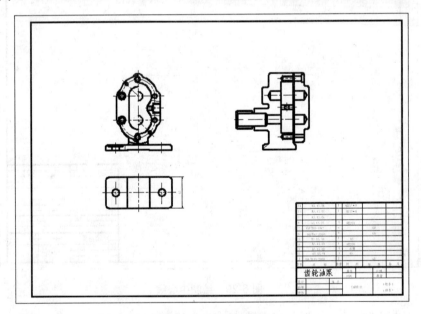

图 6-31　装配泵盖零件

将齿轮轴零件的图形粘贴到油泵装配图中的相应位置上，并对图形进行相应的修改，结果如图 6-32 所示。

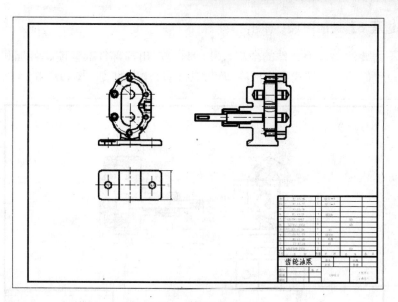

图 6-32　装配齿轮轴零件

【工作过程 7】装配其他零件并完善视图

　　将其他零件逐步粘贴到装配图的相应位置上，螺纹连接件可先在图纸空白处画好，然后再整体移动到相应位置上，这样可以避免其他线条的干扰。对视图进行完善，使用直线、删除、修改和延伸等命令，将被挡的图形部分去掉，将缺少的线条补上。将【细实线】设为当前图层，使用图案填充命令绘制剖面线。在【边界图案填充】对话框中，金属材料的零件选用的剖面图案为 ANSI31。非金属材料的零件选用的剖面图案为 ANSI37。相邻的零件其剖面线的方向或间隔应有区别，填充时可通过角度和比例的设置使剖面线产生变化。填充剖面线后的装配图如图 6-33 所示。

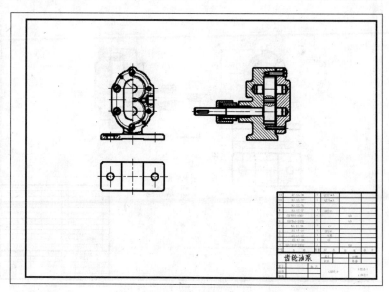

图 6-33　完善视图

【工作过程 8】装配图尺寸标注

　　装配图不需要注出每个零件的全部尺寸，只需注出与部件的性能、装配和安装等有关的尺寸，选设置好的尺寸样式进行标注即可，标注尺寸后的装配图如图 6-34 所示。

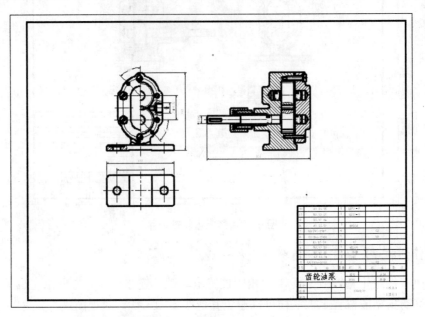

图 6-34　装配图尺寸标注

【工作过程 9】填写技术要求

　　填写技术要求，如图 6-35 所示。

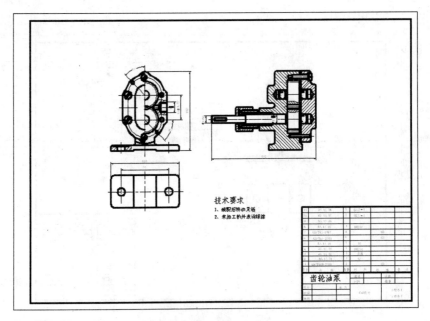

图 6-35　填写技术要求

【工作过程 10】绘制零件序号

绘制零件序号，完成全图如图 6-1 所示。

6.7 工作实训营

6.7.1 训练实例

1. 训练内容

绘制如图 6-36 所示的低速滑轮装置装配图。

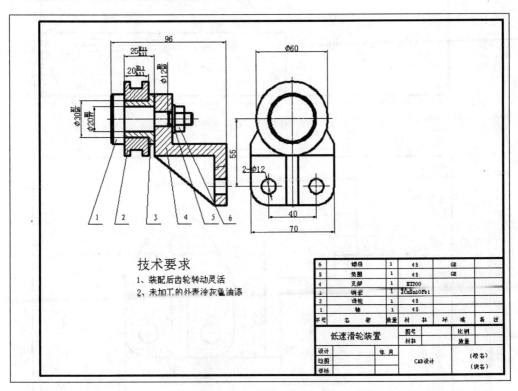

图 6-36 低速滑轮装置装配图

2. 训练目的

通过实例训练能熟练掌握图块、外部参照等命令的运用，掌握绘制装配图的方法。

3. 训练过程

(1) 绘制零件草图。首先需要绘制出除标准件以外的低速滑轮装置所有的零件图，如图 6-37～图 6-40 所示。

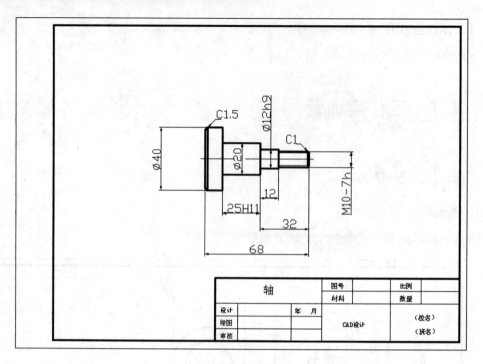

图 6-37　轴

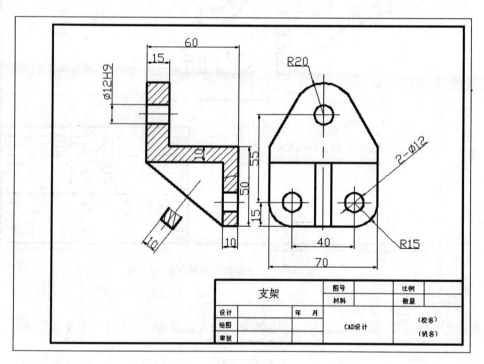

图 6-38　支架

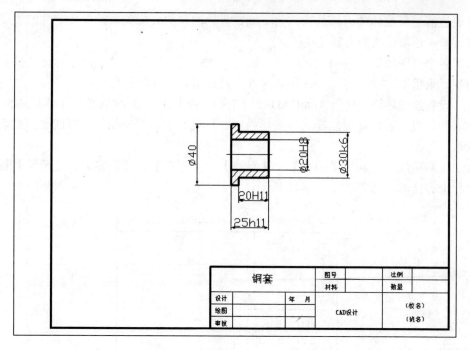

图 6-39　铜套

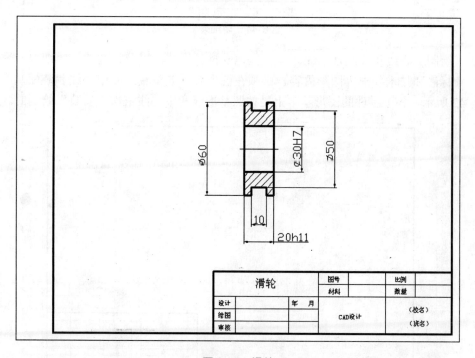

图 6-40　滑轮

(2) 分析低速滑轮装置的结构，并由此来确定装配图的视图表达方案、比例和图幅。

低速滑轮装置的结构是：首先，支架固定之后，轴装配在上边，滑轮要想实现其功能，必须通过铜套装配在轴上；然后，通过衬套和螺母来固定轴和支架的连接。

装配图的主视图按照其具体的工作位置摆放，主视图采用了半剖视的表达方法，目的是为了表达清楚装配体的内部结构；为了确定齿轮油泵的装配关系、各个零件的主要结构形状等要素，还需要绘制出其左视图。

考虑各个视图所需要的面积，以及标题栏、明细栏、零件序号、尺寸标注和技术要求所占面积，采用 1：1 的比例在 A3 图幅内绘制低速滑轮装置的装配图。

(3) 设置绘图环境。利用 AutoCAD 设计中心，将零件图绘制时设置的绘图环境，如文字样式、图层设置、块和标注样式等图形内容，从设计中心的控制板直接拖动到当前图的绘图区域。

(4) 绘制明细表。利用【偏移】、【直线】、【矩形】、【修剪】、【延伸】等命令在标题栏上方绘制明细表，如图 6-41 所示。

6	螺母	1	45	GB	
5	垫圈	1	45	GB	
4	支架	1	HT200		
3	铜套	1	ZCuSn10Pb1		
2	滑轮	1	45		
1	轴	1	45		
序号	名　称	数量	材料	标　准	备　注

低速滑轮装置	图号		比例	
	材料		数量	
设计		年 月	CAD设计	（校名）
绘图				
审核				（班名）

图 6-41　明细表

(5) 绘制中心线和装配基准线。为合理地安排各视图，以及标题栏、明细标、零件序号、尺寸标注和技术要求等图形内容，必须在图上合适的位置绘制中心线和装配基准线，如图 6-42 所示。各个零件的图形基本上是按照基准线和中心线依次"安装"绘制的。

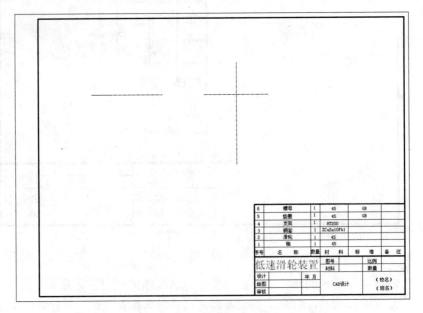

图 6-42　绘制中心线

(6) 绘制主要装配零件。在不关闭低速滑轮装置装配图的情况下，打开支架零件图，关闭其【尺寸线】和【细实线】图层，使用 Windows 标准编辑工具【复制】和【粘贴】，将支架零件图上的有关图形复制粘贴到低速滑轮装置装配图中，如图 6-43 所示。

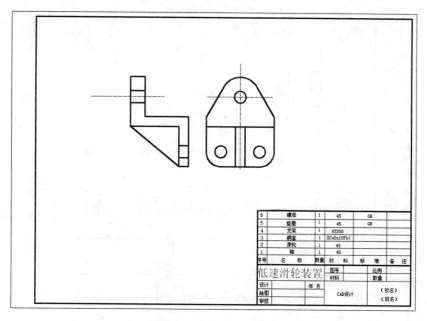

图 6-43 复制支架零件

用同样的方法，将轴零件的图形粘贴到装配图中的相应位置上。使用【移动】命令并配合【对象捕捉】、【极轴追踪】和【对象捕捉追踪】方法，可以很方便地将图形粘贴到指定位置，并及时地对图形进行修改，结果如图 6-44 所示。

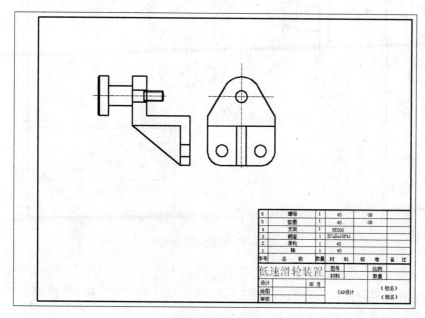

图 6-44 装配轴零件

将铜套零件的图形粘贴到装配图中的相应位置上，并对图形进行相应的修改，结果如图 6-45 所示。注意：首先将零件复制过去，然后将其相对一竖直直线镜像，然后用【移动】命令将其装配到相应的位置上。

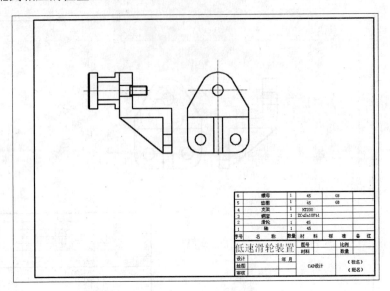

图 6-45　装配铜套零件

(7) 装配滑轮零件。结果如图 6-46 所示。

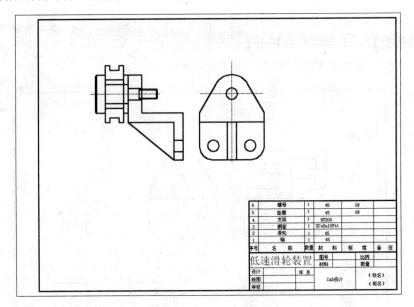

图 6-46　装配滑轮零件

(8) 装配其他零件并完善视图。将其他零件逐步粘贴到装配图的相应位置上，螺纹连接件可先在图纸空白处画好，然后再整体移动到相应位置上，这样可以避免其他线条的干扰。

对视图进行完善，使用【直线】、【删除】、【修改】和【延伸】等命令，将被挡的图形部分去掉，将缺少的线条补上。

将【剖面线层】设为当前图层，使用图案填充命令绘制剖面线。在【边界图案填充】对话框中，金属材料的零件选用的剖面图案为 ANSI31。相邻的零件其剖面线的方向或间隔应有区别，填充时可通过角度和比例的设置使剖面线产生变化。结果如图 6-47 所示。

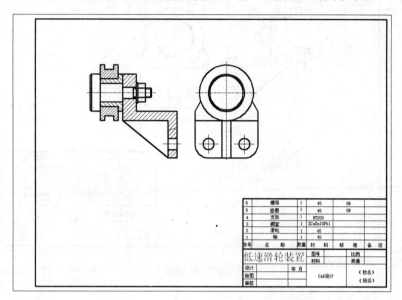

图 6-47　完善视图

(9) 装配图尺寸标注。装配图不需要注出每个零件的全部尺寸，只需注出与部件的性能、装配和安装等有关的尺寸，选设置好的尺寸样式进行标注即可，标注尺寸后的装配图如图 6-48 所示。

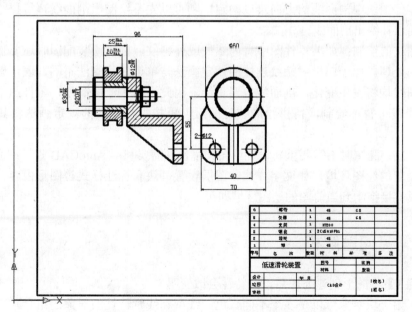

图 6-48　尺寸标注

(10) 填写技术要求，结果如图 6-49 所示。

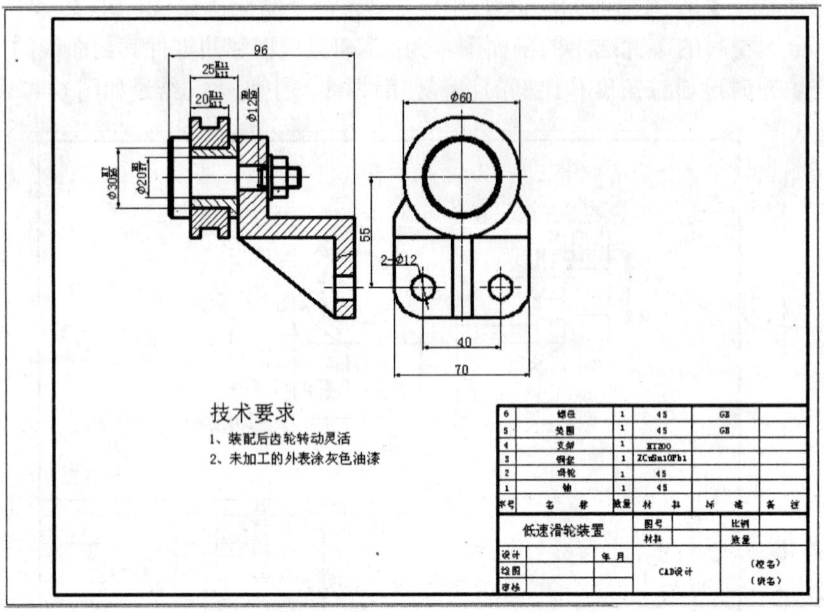

图 6-49　技术要求

(11) 绘制零件序号，完成全图。

4. 技术要点

(1) 剖面线的绘制：在装配图中，两相邻零件的剖面线方向应相反，或方向相同而间隔不等，因此，在将零件图图块拼绘为装配图后，剖面线必须符合国际标准中的这一规定。如果有的零件图块中剖面线的方向难以确定，则可以先不绘制出剖面线，待拼绘完装配图后，再按要求补绘出剖面线。

(2) 螺纹的绘制：如果零件图中有内螺纹或外螺纹，则拼绘装配图时还要加入对螺纹连接部分的处理。由于国标对螺纹连接的规定画法与单个螺纹画法不同，表示螺纹大、小径的粗、细线均将发生变化，剖面线也要重绘。因此，为了绘图简便，零件图中的内螺纹及相关剖面线可暂不绘制，待拼绘成装配图后，再按螺纹连接的规定画法将其补画出来即可。

(3) 绘制装配图时不需要重新设置绘图环境，只需要利用 AutoCAD 设计中心，将零件图绘制时设置的绘图环境，如文字样式、图层设置、块和标注样式等图形内容，从设计中心的控制板直接拖动到当前图的绘图区域即可。

6.7.2　常见问题解析

【问题 1】将图形创建为块后，其特性会改变吗？

【答】由于块对象可以是多个不同颜色、线型和线宽特性的对象的组合，因此，将图形创建为块后，将保存该块中对象的有关原图层、颜色和线型特性的信息。另外，用户也可以根据需要对块中的对象是保留其原特性还是继承当前的图层、颜色、线型或线宽进行设置。

【问题 2】带属性的块如何创建？

【答】在创建块属性之前，需要创建描述属性特征的定义，包括标记、插入块时的提示值的信息、文字格式、位置和可选模式。在命令行中输入并执行 ATTDEF 命令，将打开【属性定义】对话框，在该对话框中首先定义块的属性，然后在图形处指定属性信息，再执行 BLOCK 命令将图形和属性文字创建为块对象即可。

 ## 本章小结

在前面几章学习了二维图形的绘制与编辑、文字注释和尺寸标注等知识后，应用这些知识能够绘制出零件图。为了表达机器或部件的图样，需要绘制装配图。装配图是进行设计、装配、检验、安装、调试和维修的重要技术文件。AutoCAD 具有强大的图形编辑功能，根据已绘制好的零件图，使用图块、外部参照等命令，可以将零件图上已画好的图形"挪到"装配图上，从而大大节省装配图的绘制时间。

本章主要介绍了装配图的绘制方法，其中图块创建与编辑、块属性的编辑与管理等内容以及装配图的绘制方法和步骤是本章的重点，读者应该特别注意。

 ## 习题

一、选择题

1. 要想图块能被其他文件所用，应使用以下＿＿＿＿＿＿命令。

   A. Wblock　　　　　B. Block　　　　　C. DT　　　　　D. Group

2. 可以将 AutoCAD 的图形输出为块，其格式为＿＿＿＿＿＿。

   A. dwg　　　　　B. blk　　　　　C. dwt　　　　　D. sat

3. 在定义块属性时，要使属性为定值，可选择＿＿＿＿＿＿模式。

   A. 不可见的　　　　　　　　　　B. 固定的

   C. 验证　　　　　　　　　　　　D. 预定

4. 在下列字符和符号中，不能包含在块名中的是＿＿＿＿＿＿。

   A. z　　　　　　　　　　　　　B. Z

   C. 9　　　　　　　　　　　　　D. 7

5. 装配图的读法，首先是看＿＿＿＿＿＿，并了解部件的名称。

   A. 明细表　　　　　　　　　　　B. 零件图

   C. 标题栏　　　　　　　　　　　D. 技术文件

二、简述题

1. 简述图块的创建过程和使用特点。

2. 简述外部参照和块的区别。

三、上机操作题

1. 绘制如图 6-50 所示的箱体装配图。其中各个零件图和装配图文件见素材文件(位于"素材\第六章素材\箱体装配图"目录中)。

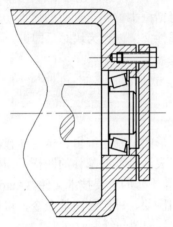

图 6-50 箱体装配图

2. 绘制如图 6-51 所示的螺母,并将其制成名为"螺母"的块。

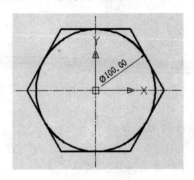

图 6-51 螺母

提示:

(1) 新建一文件并命名为"螺母.dwg"。

(2) 设置图层。

(3) 绘制中心线。

(4) 绘制圆。

(5) 绘制六边形。

(6) 打开【块定义】对话框创建块。

第 7 章

三维实体的绘制与编辑

 本章要点

- 三维坐标系的相关概念。
- 三维点、三维多段线、三维面的绘制方法。
- 三维实体模型、类三维实体模型的创建。
- 布尔运算。
- 实体面、三维对象的编辑。

技能目标

- 掌握绘制三维点、三维多段线、三维面的方法。
- 能够利用二维图形创建三维、类三维实体模型。
- 掌握绘制三维实体的方法。
- 掌握使用并集、交集和差集进行布尔运算的方法。
- 掌握编辑实体面和三维对象的方法。

7.1 工作场景引入

【工作场景】

某机械厂 A 要生产一批虎钳，需要通过设计图形表达虎钳的立体效果，同时还需要利用图形计算体积、质量、惯性等实体属性，以便为加工人员提供加工依据。公司 B 是一家 AutoCAD 设计公司，与机械厂 A 签订了此项业务。公司 B 要按照如图 7-1 所示的要求设计虎钳的三维模型。

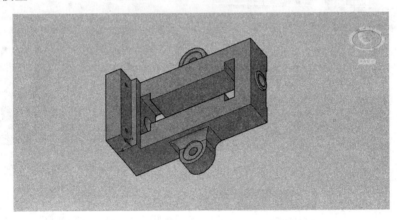

图 7-1 虎钳

【引导问题】

(1) 什么是三维坐标系和三维笛卡儿坐标系？三维坐标系有哪几种形式？

(2) 如何绘制三维点、三维多段线和三维面？

(3) 利用二维图形创建三维、类三维实体模型有哪几种方法？如何使用这些方法？

(4) 如何绘制长方体、球体、圆柱体、圆锥体和圆环体？

(5) 布尔运算有哪几种类型？如何进行布尔运算？

(6) 如何编辑实体面？如何编辑三维对象？

7.2 三维坐标系

AutoCAD 2010 使用的是笛卡儿坐标系。其使用的直角坐标系有两种类型，一种是被称为世界坐标系(WCS)的固定坐标系，另一种是被称为用户坐标系(UCS)的可移动坐标系。绘制二维图形时常用的坐标系为世界坐标系(WCS)，此坐标系由系统默认提供。世界坐标系又称通用坐标系或绝对坐标系，对于二维绘图来说，世界坐标系足以满足要求。为了方便创建三维模型，AutoCAD 2010 允许用户根据自己的需要设定可移动的坐标系，即用户坐标系(UCS)，合理的创建 UCS，可以方便地创建三维模型。在 AutoCAD 2010 中，要创建和观察三维图形，就一定要使用三维坐标系和三维坐标。因此，了解并掌握三维坐标系，树立正确的空间观念，是学习三维图形绘制的基础。

7.2.1 三维绘图的基本术语

三维实体模型需要在三维实体坐标系下进行描述，在三维坐标系下，可以使用直角坐标或极坐标方法来定义点。此外，在绘制三维图形时，还可以使用柱坐标和球坐标来定义点。在创建三维实体模型前，应先了解下面的一些基本术语。

- XY 平面：由互相垂直的 X 轴和 Y 轴组成的一个平面，此时 Z 轴的坐标是 0。
- 和 XY 平面的夹角：即视线与其在 XY 平面的投影线之间的夹角。
- XY 平面角度：即视线在 XY 平面的投影线与 X 轴之间的夹角。
- Z 轴：即一个三维坐标系的第三轴，它总是垂直于 XY 平面。
- 高度：指 Z 轴上的坐标值。
- 厚度：指 Z 轴的长度。
- 相机位置：在观察三维模型时，相机位置相当于视点。
- 目标点：当用户通过相机看某物体时，用户的视线聚集在一个清晰点上，该点就是目标点。
- 视线：假想的线，它是将视点和目标点连接起来的线。

7.2.2 三维坐标系设置

在三维操作环境中，三维笛卡儿坐标系比二维笛卡儿坐标系多了一个数轴 Z。增加的数轴 Z 给坐标系多规定了一个自由度，并和原来的两个自由度(X 和 Y)一起构成了三维笛卡儿坐标系。二维笛卡儿坐标系的变换和使用方法同样适用于三维笛卡儿坐标系。

1. 右手定则

在三维坐标系中，如果已知 X 和 Y 轴的方向，可以使用右手定则确定 Z 轴的正方向。将右手手背靠近屏幕放置，大拇指指向 X 轴的正方向，伸出食指和中指，食指指向 Y 轴的正方向。中指所指示的方向即为 Z 轴的正方向。通过旋转手，可以看到 X、Y 和 Z 轴如何随着 UCS 的改变而旋转。

还可以使用右手定则确定三维空间中绕坐标轴旋转的默认正方向。将右手拇指指向轴的正方向，卷曲其余四指。右手四指所指示的方向即为轴的正旋转方向。

2. 世界坐标系(WCS)

三维世界坐标系是在二维世界坐标系的基础上根据右手定则增加 Z 轴而形成的。同二维世界坐标系一样，三维世界坐标系是所有用户坐标系的基准，不能对其重定义。

例 7-1 如图 7-2 中,坐标值(3,2,5)表示一个沿 X 轴正方向 3 个单位,沿 Y 轴正方向 2 个单位,沿 Z 轴正方向 5 个单位的点。

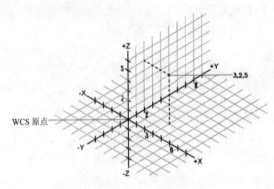

图 7-2　世界坐标系

3. 用户坐标系(UCS)

用户坐标系在 AutoCAD 软件中为坐标输入、操作平面和观察提供了一种可变动坐标系。UCS 可以使设计者处理图形的特定部分变得更加容易。定义一个用户坐标系即改变原点(0,0,0)的位置，以及 XY 平面和 Z 轴的方向。旋转 UCS 可以帮助用户在三维或旋转视图中指定点。用户可在 AutoCAD 三维空间中的任何位置定义用户坐标系的坐标原点，也可以使 UCS 与 WCS 相重合，还可以随时定义、保存和复用多个 UCS。

7.2.3　三维坐标形式

AutoCAD 2010 中提供了下列三种三维坐标形式。

1. 三维笛卡儿坐标

三维笛卡儿坐标 X、Y、Z 与二维笛卡儿坐标 X-Y 相似，即在 X 值和 Y 值基础上增加 Z 值，同样还可以使用基于当前坐标系原点的绝对坐标值，以及基于上个输入点的相对坐标值。

2. 柱坐标

三维柱坐标通过 XY 平面中与 UCS 原点之间的距离、XY 平面中与 X 轴的角度以及 Z 值来描述精确的位置。

柱坐标输入相当于三维空间中的二维极坐标输入。它在垂直于 XY 平面的轴上指定另一个坐标。可使用以下语法指定使用绝对柱坐标的点。

X<[与 X 轴所成的角度],Z

也可使用以下语法指定使用相对柱坐标的点。

@X<[与 X 轴所成的角度],Z

假设动态输入处于关闭状态，即则坐标只能在命令行中输入。如果启用动态输入，则可以使用#前缀来指定绝对坐标。

例 7-2　在图 7-3 所示的柱坐标系中，坐标 5<30,6 表示距当前 UCS 的原点 5 个单位、在 XY 平面中与 X 轴成 30°角、沿 Z 轴 6 个单位的点；坐标 8<60,1 表示距当前 UCS 的原

点 8 个单位、在 XY 平面中与 X 轴成 60°角、沿 Z 轴 1 个单位的点。

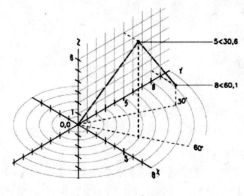

图 7-3　柱坐标系

3. 球坐标

三维球坐标通过指定某个位置距当前 UCS 原点的距离、在 XY 平面中与 X 轴所成的角度以及与 XY 平面所成的角度来指定该位置。

三维中的球坐标输入与二维中的极坐标输入类似。在每个角度前面加了一个左尖括号 (<)。可使用以下语法指定使用绝对柱坐标的点。

X<[与 X 轴所成的角度]<[与 XY 平面所成的角度]

也可使用以下语法指定使用相对柱坐标的点。

@X<[与 X 轴所成的角度]<[与 XY 平面所成的角度]

假设动态输入处于关闭状态，即，坐标在命令行上输入。如果启用动态输入，则可以使用#前缀来指定绝对坐标。

例 7-3　在如图 7-4 所示的球坐标系中，坐标 8<30<30 表示在 XY 平面中距当前 UCS 的原点 8 个单位、在 XY 平面中与 X 轴成 30°角以及在 Z 轴正向上与 XY 平面成 30°角的点；坐标 5<45<15 表示距原点 5 个单位、在 XY 平面中与 X 轴成 45°角、在 Z 轴正向上与 XY 平面成 15°角的点。

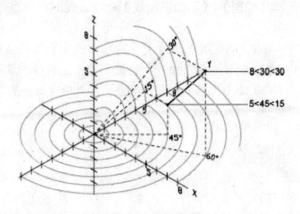

图 7-4　球坐标系

7.3 三维绘制

7.3.1 绘制三维点

使用绘制三维点命令可创建点对象。

在 AutoCAD 中，执行绘制三维点命令的方法有以下几种。

- 命令行：执行 POINT 命令。
- 菜单栏：在菜单栏中，选择【绘图】|【点】|【单点】命令。
- 功能区：切换到【常用】选项卡，在【绘图】面板中单击【单点】按钮 。
- 工具栏：在【绘图】工具栏中，单击【点】按钮 。

7.3.2 绘制三维多段线

多段线是作为单个对象创建的相互连接的线段序列。在 AutoCAD 中可以创建直线段、圆弧段或两者的组合线段。

多段线适用于以下应用。

- 用于地形、等压和其他科学应用的轮廓素线。
- 布线图和印刷电路板布局。
- 流程图和布管图。
- 三维实体建模的拉伸轮廓和拉伸路径。

在 AutoCAD 中，执行绘制三维多段线命令的方法有以下几种。

- 命令行：执行 3DPOLY 命令。
- 菜单栏：在菜单栏中，选择【绘图】|【三维多段线】命令。
- 功能区：切换到【常用】选项卡，在【绘图】面板中单击【三维多段线】按钮 。

例 7-4 使用三维多段线命令绘制结点坐标为(0,0,0)、(5,5,0)、(10,10,5)的三维多段线。

(1) 在菜单栏中选择【绘图】|【三维多段线】命令，此时，命令行会提示"指定多段线的起点"。

(2) 在命令行中输入(0,0,0)并回车，命令行会提示"指定直线的端点或 [放弃(U)]"。

(3) 在命令行中输入(5,5,0)并回车，命令行会提示"指定直线的端点或 [放弃(U)]"。

(4) 在命令行中输入(10,10,5)并回车，命令行会提示"指定直线的端点或 [放弃(U)]"。

(5) 按 Esc 键结束绘制三维多段线命令。

7.3.3 绘制三维面

绘制三维面是指通过指定顶点来创建自定义多边形网格或多面网格。

网格密度可控制传统多边形网格和多面网格中的镶嵌面数。密度是根据 M 和 N 顶点(M 和 N 分别指定给定顶点的列和行的位置)的矩阵定义的，与由列和行组成的栅格类似。

网格可以是开放的，也可以是闭合的。如果网格的起始边和结束边不相连，则网格在给定方向上开放。

在 AutoCAD 中，执行绘制三维面命令的方法有以下几种。

- 命令行：执行 3DFACE 命令。
- 菜单栏：在菜单栏中，选择【绘图】|【建模】|【网格】|【三维面】命令。

执行上述操作之后，AutoCAD 会提示如下。

```
指定第一个点或 [不可见(I)]：(指定点 (1) 或输入 i)
指定第二点或 [不可见(I)]：(指定点 (2) 或输入 i)
指定第三点或 [不可见(I)]<退出>：(指定点 (3)，输入 i，或按 Enter 键)
指定第四点或 [不可见(I)]<创建三侧面>：(指定点 (4)，输入 i，或按 Enter 键)
```

命令行中将重复显示第三点和第四点的提示，直到按 Enter 键为止。

提示中各选项含义如下。

1) 第一点

此选项用于定义三维面的起点。在输入第一点后，可按顺时针或逆时针顺序输入其余的点，以创建普通三维面。如果将所有的四个顶点定位在同一平面上，那么将创建一个类似于面域对象的平整面。

2) 不可见

此选项用于控制三维面各边的可见性，以便建立有孔对象的正确模型。在边的第一点之前输入 i 或 invisible 可以使该边不可见。

7.4　利用二维图形创建三维、类三维实体模型

7.4.1　拉伸实体

实体建模中的拉伸命令可以拉伸二维对象以生成三维实体或曲面。该命令可以将闭合对象拉伸为三维实体，将开放对象拉伸为三维曲面。

在 AutoCAD 中，执行拉伸实体命令的方法有以下几种。

- 命令行：执行 EXTRUDE 命令。
- 菜单栏：在菜单栏中，选择【绘图】|【建模】|【拉伸】命令。
- 功能区：切换到【常用】选项卡，在【建模】面板中单击【拉伸】按钮。
- 工具栏：在【建模】工具栏中，单击【拉伸】按钮。

例 7-5　使用圆命令绘制直径为 50 的斜圆柱。

(1) 使用【圆】命令绘制如图 7-5 所示的圆。

(2) 绘制如图 7-6 所示的直线，顶点分别为(0,0,0)和(25,25,100)。

(3) 在菜单栏中，选择【绘图】|【建模】|【拉伸】命令，命令行提示如下。

```
命令：_extrude
当前线框密度：ISOLINES=4
选择要拉伸的对象：找到 1 个
```

(4) 鼠标在绘图区域选择要拉伸的圆,此时,命令行提示"指定拉伸的高度或 [方向(D)/路径(P)/倾斜角(T)]"。

(5) 输入 P,然后回车。此时,命令行提示 "选择拉伸路径或 [倾斜角(T)]"。

(6) 用鼠标在绘图区域选择直线,结果如图 7-7 所示。

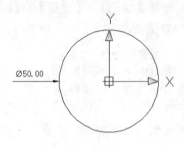

图 7-5 圆

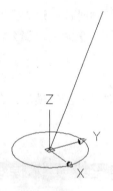

图 7-6 直线

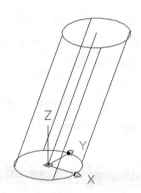

图 7-7 斜圆柱

7.4.2 扫掠

扫掠命令可通过沿指定路径拉伸轮廓形状(扫掠对象)来绘制实体或曲面对象。沿路径扫掠轮廓时,轮廓将被移动并与路径法向(垂直)对齐。

如果沿一条路径扫掠闭合的曲线,则将生成实体。如果沿一条路径扫掠开放的曲线,则将生成曲面。

在 AutoCAD 中,执行扫掠命令的方法有以下几种。

● 命令行:执行 SWEEP 命令。
● 菜单栏:在菜单栏中,选择【绘图】|【建模】|【扫掠】命令。
● 功能区:切换到【常用】选项卡,在【建模】面板中单击【扫掠】按钮 。
● 工具栏:在【建模】工具栏中,单击【扫掠】按钮 。

例 7-6 使用 SWEEP 命令扫掠出斜圆柱。

(1) 在菜单栏中,选择【绘图】|【建模】|【扫掠】命令,命令行提示如下。

```
命令: _sweep
```

当前线框密度：ISOLINES=4
选择要扫掠的对象：找到 1 个

(2) 用鼠标在绘图区域选择要扫掠的圆，然后回车。此时，命令行提示"选择扫掠路径或 [对齐(A)/基点(B)/比例(S)/扭曲(T)]"。

(3) 用鼠标在绘图区域选择直线，结果如图 7-8 所示。

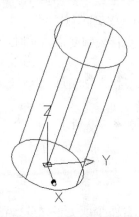

图 7-8　扫掠的斜圆柱

7.4.3　旋转实体

使用旋转实体命令，可以绕轴旋转开放对象或闭合对象。旋转对象可定义新实体或曲面的轮廓。如果旋转闭合对象，则生成实体。如果旋转开放对象，则生成曲面。一次可以旋转多个对象。

在 AutoCAD 中，执行旋转实体命令的方法有以下几种。

- 命令行：执行 REVOLVE 命令。
- 菜单栏：在菜单栏中，选择【绘图】|【建模】|【旋转】命令。
- 功能区：切换到【常用】选项卡，在【建模】面板中单击【旋转】按钮 。
- 工具栏：在【建模】工具栏中，单击【旋转】按钮 。

例 7-7　请对样条曲线进行旋转，得到如图 7-9 所示的图形。

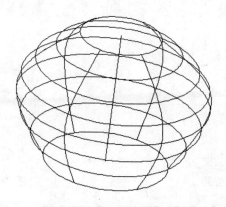

图 7-9　旋转样条曲线

(1) 在菜单栏中，选择【绘图】|【建模】|【扫掠】命令，命令行提示如下。

```
命令：_revolve
当前线框密度：ISOLINES=4
选择要旋转的对象：找到 1 个
```

(2) 用鼠标在绘图区域选择样条曲线，然后回车。此时，命令行提示"指定轴起点或根据以下选项之一定义轴 [对象(O)/X/Y/Z] <对象>"。

(3) 用鼠标在绘图区域选择一点作为轴起点。此时，命令行提示"指定轴端点：(选择直线的端点)"。

(4) 用鼠标在绘图区域选择一点作为轴端点。此时，命令行提示"指定旋转角度或 [起点角度(ST)]<360>"。

(5) 直接回车结束命令。结果如图 7-9 所示。

7.4.4　放样

使用放样命令，可以通过在包含两个或更多横截面轮廓的一组轮廓中对轮廓进行放样来创建三维实体或曲面。其中，横截面轮廓可定义结果实体或曲面对象的形状。必须至少指定两个横截面轮廓。

横截面轮廓可以为开放轮廓(例如圆弧)，也可以为闭合轮廓(例如圆)。 LOFT 命令可流过横截面之间的空间。如果对一组闭合的横截面曲线进行放样，则将生成实体对象。如果对一组开放的横截面曲线进行放样，则将生成曲面对象。

在 AutoCAD 中，执行放样命令的方法有以下几种。

● 命令行：执行 LOFT 命令。
● 菜单栏：在菜单栏中，选择【绘图】|【建模】|【放样】命令。
● 功能区：切换到【常用】选项卡，在【建模】面板中单击【放样】按钮。
● 工具栏：在【建模】工具栏中，单击【放样】按钮。

例 7-8　请对三个圆放样，得到如图 7-10 所示的图形。

(1) 使用【圆】命令绘制如图 7-11 所示的三个圆。

图 7-10　放样结果　　　　　　　　　　　　图 7-11　三个圆

(2) 在菜单栏中，选择【绘图】|【建模】|【放样】命令，命令行提示如下。

命令：_loft
按放样次序选择横截面：

(3) 按照曲面或实体将要通过的次序选择开放或闭合的曲线。此时，命令行提示"输入选项[引导(G)/路径(P)/仅横截面(C)]<仅横截面>"。

(4) 直接回车，系统弹出如图 7-12 所示的【放样设置】对话框。

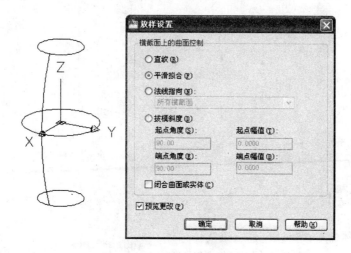

图 7-12 【放样设置】对话框

(5) 单击【确定】按钮。结果如图 7-10 所示。

7.5 绘制三维实体

7.5.1 绘制长方体

使用绘制长方体命令，可以创建三维实体长方体。

在 AutoCAD 中，执行绘制长方体命令的方法有以下几种。

- 命令行：执行 BOX 命令。
- 菜单栏：在菜单栏中，选择【绘图】|【建模】|【长方体】命令。
- 功能区：切换到【常用】选项卡，在【建模】面板中单击【长方体】按钮 。
- 工具栏：在【建模】工具栏中，单击【长方体】按钮 。

例 7-9 使用长方体命令绘制长宽高分别为 100、100、100 的长方体。

(1) 选择【绘图】|【建模】|【长方体】命令，此时，命令行提示如下。

命令：_box
指定第一个角点或 [中心(C)]：

(2) 在命令行中输入坐标(0,0,0)并回车，命令行会提示"指定其他角点或 [立方体(C)/

长度(L)]"。

(3) 在命令行中输入坐标(100,100,100)并回车,结束绘制长方体命令,结果如图 7-13 所示。

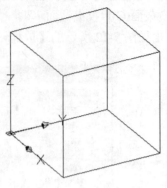

图 7-13　长方体

7.5.2　绘制球体

使用绘制球体命令,可以创建三维实体球体。

在 AutoCAD 中,执行绘制球体命令的方法有以下几种。

● 命令行:执行 SPHERE 命令。

● 菜单栏:在菜单栏中,选择【绘图】|【建模】|【球体】命令。

● 功能区:切换到【常用】选项卡,在【建模】面板中单击【球体】按钮◯。

● 工具栏:在【建模】工具栏中,单击【球体】按钮◯。

例 7-10　使用球体命令绘制直径为 100 的球体。

(1) 选择【绘图】|【建模】|【球体】命令,命令行提示如下。

命令: _sphere
指定中心点或 [三点(3P)/两点(2P)/切点、切点、半径(T)]:

(2) 在命令行中输入坐标(0,0,0)并回车,命令行会提示"指定半径或 [直径(D)]"。

(3) 在命令行中输入 50 并回车,结束绘制球体命令,结果如图 7-14 所示。

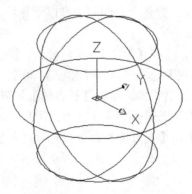

图 7-14　球体

7.5.3 绘制圆柱体

使用绘制圆柱体命令，可以创建三维实体圆柱体。

在 AutoCAD 中，执行绘制圆柱体命令的方法有以下几种。

- 命令行：执行 CYLINDER 命令。
- 菜单栏：在菜单栏中，选择【绘图】|【建模】|【圆柱体】命令。
- 功能区：切换到【常用】选项卡，在【建模】面板中单击【圆柱体】按钮 。
- 工具栏：在【建模】工具栏中，单击【圆柱体】按钮 。

例 7-11 使用圆柱体命令绘制直径为 50、高度为 100 的圆柱体。

(1) 选择【绘图】|【建模】|【圆柱体】命令，命令行提示如下。

命令： _cylinder
指定底面的中心点或 [三点(3P)/两点(2P)/切点、切点、半径(T)/椭圆(E)]：

(2) 在命令行中输入坐标(0,0,0)，然后回车。此时，命令行提示"指定底面半径或 [直径(D)] <0.0000>"。

(3) 在命令行中输入 25 并回车，命令行会提示"指定高度或 [两点(2P)/轴端点(A)] <0.0000>"。

(4) 在命令行中输入 100 并回车，结束绘制圆柱体命令，结果如图 7-15 所示。

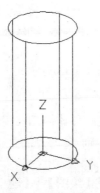

图 7-15 圆柱体

7.5.4 绘制圆锥体

使用绘制圆锥体命令，可以创建三维实体圆锥体。

在 AutoCAD 中，执行绘制圆锥体命令的方法有以下几种。

- 命令行：执行 CONE 命令。
- 菜单栏：在菜单栏中，选择【绘图】|【建模】|【圆锥体】命令。
- 功能区：切换到【常用】选项卡，在【建模】面板中单击【圆锥体】按钮 。
- 工具栏：在【建模】工具栏中，单击【圆锥体】按钮 。

例 7-12 使用圆锥体命令绘制直径为 50、高度为 100 的圆锥体。

(1) 选择【绘图】|【建模】|【圆锥体】命令，命令行提示如下。

命令：_cone
指定底面的中心点或 [三点(3P)/两点(2P)/切点、切点、半径(T)/椭圆(E)]：

(2) 在命令行中输入坐标(0,0,0)，然后回车。此时，命令行提示"指定底面半径或 [直径(D)] <0.0000>"。

(3) 在命令行中输入 25 并回车，命令行会提示"指定高度或 [两点(2P)/轴端点(A)/顶面半径(T)] <0.0000>"。

(4) 在命令行中输入 100 并回车，结束绘制圆锥体命令，结果如图 7-16 所示。

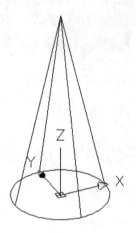

图 7-16 圆锥体

7.5.5 绘制圆环体

使用绘制圆环体命令，可以创建圆环体的三维实体。

在 AutoCAD 中，执行绘制圆环体命令的方法有以下几种。

● 命令行：执行 TORUS 命令。
● 菜单栏：在菜单栏中，选择【绘图】|【建模】|【圆环体】命令。
● 功能区：切换到【常用】选项卡，在【建模】面板中单击【圆环体】按钮◎。
● 工具栏：在【建模】工具栏中，单击【圆环体】按钮◎。

例 7-13 使用绘制圆环体命令绘制直径为 100，圆管半径为 5 的圆环体。

(1) 选择【绘图】|【建模】|【圆环体】命令，命令行提示如下，结果如图 7-15 所示。

命令：_torus
指定中心点或 [三点(3P)/两点(2P)/切点、切点、半径(T)]：

(2) 在命令行中输入坐标(0,0,0)并回车，命令行会提示"指定底面半径或[直径(D)]<0.0000>"。

(3) 在命令行中输入 50 并回车，命令行会提示"指定圆管半径或 [两点(2P)/直径(D)]"。

(4) 在命令行中输入 5 并回车，结束绘制圆环体命令，结果如图 7-17 所示。

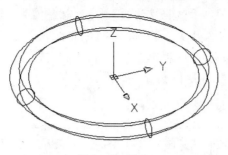

图 7-17　圆环

 ## 7.6　布尔运算

7.6.1　并集

使用并集命令可以将两个或多个三维实体、曲面或二维面域合并为一个组合三维实体、曲面或面域。必须选择类型相同的对象进行合并。

在 AutoCAD 中，执行并集命令的方法有以下几种。

- 命令行：执行 UNION 命令。
- 菜单栏：在菜单栏中，选择【修改】|【实体编辑】|【并集】命令。
- 功能区：切换到【常用】选项卡，在【实体编辑】面板中单击【并集】按钮⑩。
- 工具栏：在【建模】工具栏中，单击【并集】按钮⑩。

执行上述操作之后，AutoCAD 会提示如下。

选择对象：(选择要合并的三维实体、曲面或面域。完成对象选择后按 Enter 键)

> 提示：① 选择集可以包含位于任意多个不同平面中的对象。对于混合对象类型，将选择集分成分别合并的子集。实体被分组于第一个子集中。第一个选定面域和所有后续共面面域被分组于第二个子集中，以此类推。
> ② 得到的复合实体包括所有选定实体所封闭的空间。得到的复合面域包括子集中所有面域所封闭的面积。
> ③ 不能对网格对象使用 UNION 命令。但是，如果选择了网格对象，系统将提示用户将该对象转换为三维实体或曲面。

7.6.2　交集

使用交集命令可以从两个或两个以上现有三维实体、曲面或面域的公共体积创建三维实体。

在 AutoCAD 中，执行交集命令的方法有以下几种。

- 命令行：执行 INTERSECT 命令。

- 菜单栏：在菜单栏中，选择【修改】|【实体编辑】|【交集】命令。
- 功能区：切换到【常用】选项卡，在【实体编辑】面板中单击【交集】按钮 ⑩。
- 工具栏：在【建模】工具栏中，单击【交集】按钮 ⑩。

执行上述操作之后，AutoCAD 会提示如下。

选择对象：(指定要包括在干涉操作中的对象)

> 提示：选择集可包含位于任意多个不同平面中的面域、实体和曲面。INTERSECT 将选择集分成多个子集，并在每个子集中测试交集。第一个子集包含选择集中的所有实体和曲面。第二个子集包含第一个选定的面域和所有后续共面的面域。第三个子集包含下一个与第一个面域不共面的面域和所有后续共面面域，如此直到所有的面域分属各个子集为止。

7.6.3 差集

使用差集命令可以通过从另一个交叠集中减去一个现有的三维实体集来创建三维实体或曲面。可以对覆盖曲面或二维面域执行相同的操作。

在 AutoCAD 中，执行差集命令的方法有以下几种。

- 命令行：执行 SUBTRACT 命令。
- 菜单栏：在菜单栏中，选择【修改】|【实体编辑】|【差集】命令。
- 功能区：切换到【常用】选项卡，在【实体编辑】面板中单击【差集】按钮 ⑩。
- 工具栏：在【建模】工具栏中，单击【差集】按钮 ⑩。

执行上述操作之后，AutoCAD 会提示如下。

选择对象(从中减去)：(指定要通过差集修改的三维实体、曲面或面域)
选择对象(减去)：(指定要从中减去的三维实体、曲面或面域)

> 提示：① 执行减操作的两个面域必须位于同一平面上。但是，通过在不同的平面上选择面域集，可同时执行多个 SUBTRACT 操作。程序会在每个平面上分别生成减去的面域。如果没有其他选定的共面面域，则该面域将被拒绝。
> ② 不能对网格对象使用 SUBTRACT 命令。但是，如果选择了网格对象，系统将提示用户将该对象转换为三维实体或曲面。

7.7 编辑实体面

7.7.1 拉伸面

拉伸面是在 X、Y 或 Z 方向上延伸三维实体面。可以通过移动面来更改对象的形状。
在 AutoCAD 中，执行拉伸面命令的方法有以下几种。

- 命令行：执行 SOLIDEDIT 命令，选择【面(F)】|【拉伸(E)】选项。
- 菜单栏：在菜单栏中，选择【修改】|【实体编辑】|【拉伸面】命令。
- 功能区：切换到【常用】选项卡，在【实体编辑】面板中单击【拉伸面】按钮。
- 工具栏：在【实体编辑】工具栏中，单击【拉伸面】按钮。

例 7-14 使用【拉伸面】命令拉伸如图 7-18 所示的长方体的面。

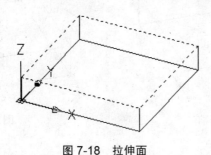

图 7-18 拉伸面

(1) 在菜单栏中，选择【修改】|【实体编辑】|【拉伸面】命令。

(2) 用鼠标在绘图区域选择要拉伸的面，然后回车。此时，命令行提示"指定拉伸高度或 [路径(P)]"。

(3) 在命令行中输入 20 并回车，结束拉伸面命令，结果如图 7-19 所示。

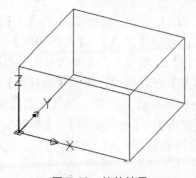

图 7-19 拉伸结果

7.7.2 移动面

移动面是沿指定的高度或距离移动选定的三维实体对象的面。一次可以选择多个面。

在 AutoCAD 中，执行移动面命令的方法有以下几种。

- 命令行：执行 SOLIDEDIT 命令，选择【面(F)】|【移动(M)】选项。
- 菜单栏：在菜单栏中，选择【修改】|【实体编辑】|【移动面】命令。
- 功能区：切换到【常用】选项卡，在【实体编辑】面板中单击【移动面】按钮。
- 工具栏：在【实体编辑】工具栏中，单击【移动面】按钮。

例 7-15 使用移动面命令移动如图 7-20 所示的长方体的圆柱面。

(1) 在菜单栏中，选择【修改】|【实体编辑】|【移动面】命令。

(2) 用鼠标在绘图区域选择要移动的面，然后回车。此时，命令行提示"指定基点或位移"。

(3) 用鼠标在绘图区域选择基点。此时，命令行提示"指定位移的第二点"。

(4) 用鼠标在绘图区域选择位移的第二个点。结果如图 7-21 所示。

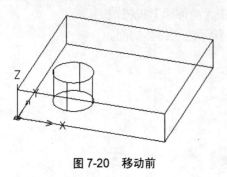 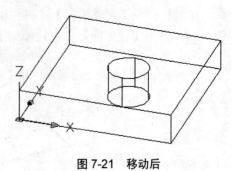

图 7-20 移动前　　　　　　　　　　　　图 7-21 移动后

7.7.3 偏移面

偏移面是按指定的距离或通过指定的点，将面均匀地偏移。正值会增大实体的大小或体积，负值会减小实体的大小或体积。

在 AutoCAD 中，执行偏移面命令的方法有以下几种。

- 命令行：执行 SOLIDEDIT 命令，选择【面(F)】|【偏移(O)】选项。
- 菜单栏：在菜单栏中，选择【修改】|【实体编辑】|【偏移面】命令。
- 功能区：切换到【常用】选项卡，在【实体编辑】面板中单击【偏移面】按钮 ⬚。
- 工具栏：在【实体编辑】工具栏中，单击【偏移面】按钮 ⬚。

例 7-16　使用偏移面命令偏移如图 7-22 所示的孔的圆柱面。

(1) 在菜单栏中，选择【修改】|【实体编辑】|【偏移面】命令。

(2) 用鼠标在绘图区域选择要偏移的面，然后回车。此时，命令行提示"指定偏移距离"。

(3) 在命令行中输入 10 并回车，结束偏移面命令，结果如图 7-23 所示。

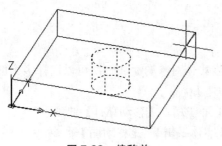 

图 7-22 偏移前　　　　　　　　　　　　图 7-23 偏移后

7.7.4 删除面

删除面，包括删除圆角和倒角边，并在稍后进行修改。如果更改生成无效的三维实体，将不删除面。

在 AutoCAD 中，执行删除面命令的方法有以下几种。

● 命令行：执行 SOLIDEDIT 命令，选择【面(F)】|【删除(D)】选项。

● 菜单栏：在菜单栏中，选择【修改】|【实体编辑】|【删除面】命令。

● 功能区：切换到【常用】选项卡，在【实体编辑】面板中单击【删除面】按钮。

● 工具栏：在【实体编辑】工具栏中，单击【删除面】按钮。

例 7-17　使用删除面命令删除如图 7-24 所示的孔的圆柱面。

(1) 在菜单栏中，选择【修改】|【实体编辑】|【删除面】命令。

(2) 用鼠标在绘图区域选择要删除的面。此时，命令行提示"选择面或 [放弃(U)/删除(R)/全部(ALL)]"。

(3) 直接回车，结束删除面命令，结果如图 7-25 所示。

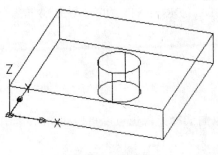 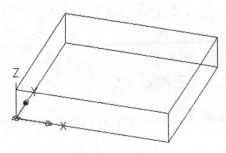

图 7-24　删除前　　　　　　　　　　　图 7-25　删除后

7.7.5　复制面

复制面命令用于将面复制为面域或体。如果指定两个点，复制面命令将使用第一个点作为基点，并相对于基点放置一个副本。如果指定一个点(通常输入为坐标)，然后按 Enter 键，复制面命令将使用此坐标作为新位置。

在 AutoCAD 中，执行复制面命令的方法有以下几种。

● 命令行：执行 SOLIDEDIT 命令，选择【面(F)】|【复制(C)】选项。

● 菜单栏：在菜单栏中，选择【修改】|【实体编辑】|【复制面】命令。

● 功能区：切换到【常用】选项卡，在【实体编辑】面板中单击【复制面】按钮。

● 工具栏：在【实体编辑】工具栏中，单击【复制面】按钮。

例 7-18　使用复制面命令复制长方体的一个面。

(1) 在菜单栏中，选择【修改】|【实体编辑】|【复制面】命令。

(2) 用鼠标在绘图区域选择要复制的面。此时，命令行提示"选择面或 [放弃(U)/删除(R)/全部(ALL)]"。

(3) 直接回车，此时命令行会提示"指定基点或位移"。

(4) 选择一个点作为基点，此时命令行会提示"指定位移的第二点"。

(5) 选择位移的第二个点，结果如图 7-26 所示。

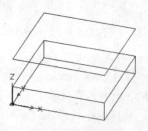

图 7-26　复制结果

 ## 7.8　编辑三维对象

编辑三维对象的命令有 3DMOVE、MIRROR3D、3DROTATE 和 3DARRAY 等。下面将分别介绍这些命令。

7.8.1　三维移动

使用三维移动命令可以自由移动对象和子对象的选择集，也可以将移动约束到轴或平面上。

在 AutoCAD 中，执行三维移动命令的方法有以下几种。

- 命令行：执行 3DMOVE 命令。
- 菜单栏：在菜单栏中，选择【修改】|【实体编辑】|【三维移动】命令。
- 功能区：切换到【常用】选项卡，在【实体编辑】面板中单击【三维移动】按钮⊕。
- 工具栏：在【建模】工具栏中，单击【三维移动】按钮⊕。

例 7-19　使用三维移动命令移动如图 7-27 所示的实体。

(1) 在菜单栏中，选择【修改】|【实体编辑】|【三维移动】命令，命令行提示如下。

```
命令：_3dmove
选择对象：找到 1 个
```

(2) 用鼠标在绘图区域选择要移动的实体，然后回车。此时，命令行提示"指定基点或[位移(D)] <位移>"。

(3) 输入或者选择一个点作为基点。此时，命令行提示"指定第二个点或 <使用第一个点作为位移>"。

(4) 选择位移的第二个点。结果如图 7-27 所示。

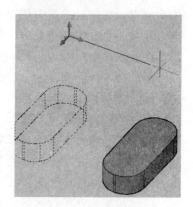

图 7-27　三维移动

7.8.2　三维镜像

使用三维镜像命令可以绕指定轴翻转对象，创建对称的镜像图像。镜像操作对创建对称的对象非常有用，因为可以快速地绘制半个对象，然后将其镜像，而不必绘制整个对象。

在 AutoCAD 中，执行三维镜像命令的方法有以下几种。

● 命令行：执行 MIRROR3D 命令。

● 菜单栏：在菜单栏中，选择【修改】|【实体编辑】|【三维镜像】命令。

● 功能区：切换到【常用】选项卡，在【修改】面板中单击【三维镜像】按钮%。

例 7-20 使用三维镜像命令绘制如图 7-28 所示的对称实体。

(1) 首先绘制如图 7-29 所示的实体。

(2) 在菜单栏中，选择【修改】|【实体编辑】|【三维镜像】命令，命令行提示如下。

```
命令：_mirror3d
选择对象：找到 1 个
```

(3) 用鼠标在绘图区域选择要镜像的实体，然后回车。此时，命令行提示"指定镜像平面(三点)的第一个点或[对象(O)/最近的(L)/Z 轴(Z)/视图(V)/XY 平面(XY)/YZ 平面(YZ)/ZX 平面(ZX)/三点(3)] <三点>"。

(4) 在命令行中输入 YZ 并回车，命令行会提示"指定 YZ 平面上的点 <0,0,0>"。

(5) 选择 YZ 平面上的一个点。此时命令行提示"是否删除源对象？[是(Y)/否(N)] <否>"。

(6) 在命令行中输入 N 并回车，结果如图 7-28 所示。

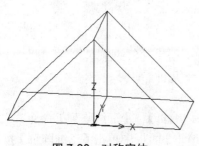

图 7-28 对称实体

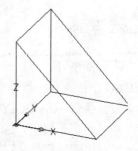

图 7-29 一半实体

7.8.3 三维旋转

使用三维旋转命令，用户可以自由旋转选定的对象和子对象，或将旋转约束到轴。

在 AutoCAD 中，执行三维旋转命令的方法有以下几种。

● 命令行：执行 3DROTATE 命令。

● 菜单栏：在菜单栏中，选择【修改】|【实体编辑】|【三维旋转】命令。

● 功能区：切换到【常用】选项卡，在【实体编辑】面板中单击【三维旋转】按钮⊕。

● 工具栏：在【建模】工具栏中，单击【三维旋转】按钮⊕。

例 7-21 使用三维旋转命令旋转如图 7-30 所示的实体。

(1) 在菜单栏中，选择【修改】|【实体编辑】|【三维旋转】命令，命令行提示如下。

```
命令：_3drotate
UCS 当前的正角方向： ANGDIR=逆时针  ANGBASE=0.00
选择对象：找到 1 个
```

(2) 用鼠标在绘图区域选择要旋转的实体并回车,此时命令行提示"指定基点"。

(3) 用鼠标在绘图区域选择实体上的一点并回车,此时命令行提示"拾取旋转轴"。

(4) 移动鼠标直至要选择的轴轨迹变为蓝色,然后单击以选择此轨迹,如图 7-30 所示。此时,命令行提示"指定角的起点或键入角度"。

(5) 输入角度,然后回车。结果如图 7-31 所示。

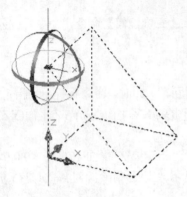

图 7-30 选择轴

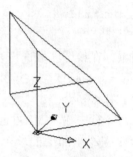

图 7-31 旋转结果

7.8.4 三维阵列

使用三维阵列命令可以在矩形或环形(圆形)阵列中创建对象的副本。

在 AutoCAD 中,执行三维阵列命令的方法有以下几种。

- 命令行:执行 3DARRAY 命令。
- 菜单栏:在菜单栏中,选择【修改】|【实体编辑】|【三维阵列】命令。
- 功能区:切换到【常用】选项卡,在【实体编辑】面板中单击【三维阵列】按钮 。
- 工具栏:在【建模】工具栏中,单击【三维阵列】按钮 。

例 7-22 使用三维阵列命令绘制如图 7-32 所示的实体。

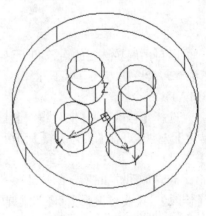

图 7-32 要绘制的实体

(1) 首先，绘制如图 7-33 所示的实体。

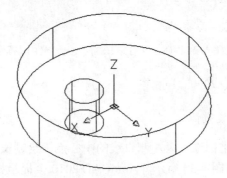

图 7-33 要阵列的实体

(2) 在菜单栏中，选择【修改】|【实体编辑】|【三维阵列】命令，命令行提示如下。

命令: _3darray
选择对象: 找到 1 个

(3) 用鼠标在绘图区域选择要阵列的实体，然后回车。此时，命令行提示"输入阵列类型 [矩形(R)/环形(P)] <矩形>"。

(4) 在命令行中输入 P 并回车，命令行提示"指定要填充的角度 (+=逆时针，-=顺时针)<360>"。

(5) 直接回车，此时命令行会提示"旋转阵列对象? [是(Y)/否(N)] <Y>"。

(6) 在命令行中输入 N 并回车，此时命令行提示"指定阵列的中心点"。

(7) 用鼠标在绘图区域选择阵列的中心点。此时，命令行提示"指定旋转轴上的第二点"。

(8) 用鼠标在绘图区域选择旋转轴上的第二点。结果如图 7-32 所示。

 ## 7.9 回到工作场景

通过 7.2～7.8 节内容的学习，读者应该掌握了拉伸、布尔运算、倒圆、三维镜像和圆柱体等命令的运用，此时足以完成设计虎钳的三维模型任务。下面我们将回到 7.1 节介绍的工作场景中，完成工作任务。

【工作过程 1】创建 AutoCAD 2010 新文件

启动 AutoCAD 2010，使用默认的绘图环境。选择【文件】|【绘制】命令，系统弹出【打开样板】对话框，单击【打开】按钮右侧的下拉按钮，以"无样板打开—公制(毫米)"方式建立新文件，将新文件命名为"虎钳底座.dwg"并保存。

【工作过程 2】设置视图方向

在菜单栏中选择【视图】|【三维视图】|【西南等轴测】命令，将当前视图方向设置为西南等轴测视图。在菜单栏中选择【工具】|【新建 UCS】| X 命令，或者在命令行中执

行 UCS 命令，AutoCAD 2010 会提示如下。

```
命令：UCS
当前 UCS 名称：*世界*
指定 UCS 的原点或 [面(F)/命名(NA)/对象(OB)/上一个(P)/视图(V)/世界(W)/X/Y/Z/Z 轴
(ZA)] <世界>：X
指定绕 X 轴的旋转角度 <90>：
```

【工作过程 3】 绘制长方体。

使用长方体命令，以坐标原点为左侧直线的中心点，绘制长度为 194、宽度为 110、高度为 40 的长方体，结果如图 7-34 所示，AutoCAD 2010 会提示如下。

```
命令：_box
指定第一个角点或 [中心(C)]：0,55,0
指定其他角点或 [立方体(C)/长度(L)]：194,-55,0
指定高度或 [两点(2P)]：40
```

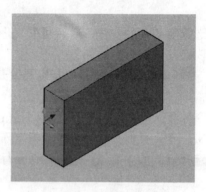

图 7-34　长方体

【工作过程 4】 指定新原点

在菜单栏中选择【工具】|【新建 UCS】|【原点】命令，AutoCAD 2010 会提示如下。

```
命令：_ucs
当前 UCS 名称：*没有名称*
指定 UCS 的原点或 [面(F)/命名(NA)/对象(OB)/上一个(P)/视图(V)/世界(W)/X/Y/Z/Z 轴(ZA)]
<世界>：_o
指定新原点 <0,0,0>：0,55,0
```

【工作过程 5】 旋转坐标系

在菜单栏中选择【工具】|【新建 UCS】|X 命令，或者在命令行中执行 UCS 命令。结果如图 7-35 所示。

【工作过程 6】 切换至平面视图绘制多边形

在菜单栏中执行【视图】|【三维视图】|【平面视图】|【当前 UCS】命令，切换到平面视图，然后绘制如图 7-36 所示的图形，AutoCAD 2010 的提示如下。

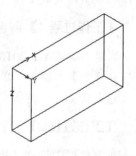

图 7-35　旋转坐标系

命令：_line 指定第一点：0,40
指定下一点或 [放弃(U)]：0,76
指定下一点或 [放弃(U)]：22,76
指定下一点或 [闭合(C)/放弃(U)]：22,50
指定下一点或 [闭合(C)/放弃(U)]：30,55
指定下一点或 [放弃(U)]：30,50
指定下一点或 [放弃(U)]：30,40
指定下一点或 [闭合(C)/放弃(U)]：0,40
指定下一点或 [闭合(C)/放弃(U)]：*取消*

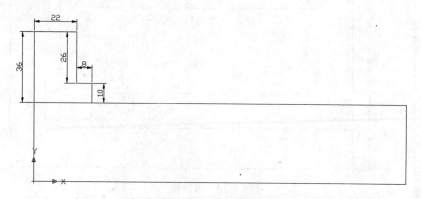

图 7-36　平面视图

【工作过程 7】 使用【拉伸】命令绘制实体

选择【绘图】|【边界】命令，将上一步所绘图形转换为面域。执行【拉伸】命令，选择刚绘制的图形，切换到西南等轴测视图，AutoCAD 2010 会提示如下。

命令：_extrude
当前线框密度：ISOLINES=8
选择要拉伸的对象：找到 1 个
选择要拉伸的对象：
指定拉伸的高度或 [方向(D)/路径(P)/倾斜角(T)] <110.0000>：110

绘图结果如图 7-37 所示。

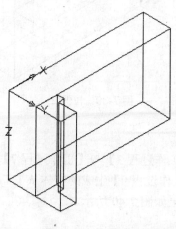

图 7-37　拉伸(1)

【**工作过程 8**】调整坐标系并绘制多段线

使用 UCS 命令将坐标原点移动至(30,40,0),然后绕 X 轴旋转 90 度,进入当前坐标系视图,用【多段线】命令绘制如图 7-38 所示图形。

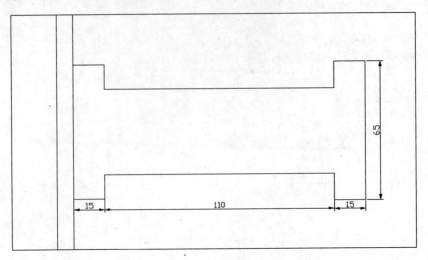

图 7-38　多段线

【**工作过程 9**】使用【拉伸】命令绘制实体

执行【拉伸】命令,选择刚绘制的图形,切换到东南等轴测视图,绘图结果如图 7-39 所示。

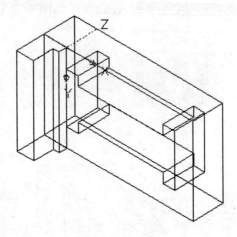

图 7-39　拉伸(2)

【**工作过程 10**】生成型腔

执行【并集】命令,将【工作过程 3】与【工作过程 7】生成的实体合并为一个实体,然后执行【差集】命令,将【工作过程 9】生成的实体从【工作过程 7】生成的实体中移除。切换到【概念】视觉样式,结果如图 7-40 所示。

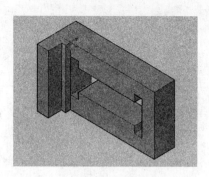

图 7-40　生成型腔

【工作过程 11】 调整坐标系并绘制长方体

执行 UCS 命令，将坐标系切换至世界坐标系。绕 X 轴旋转坐标系 90°，使用长方体命令绘制出长方体，AutoCAD 2010 会提示如下。

```
命令: _box
指定第一个角点或 [中心(C)]: 0,-30,0
指定其他角点或 [立方体(C)/长度(L)]: 194,30,0
指定高度或 [两点(2P)]: 2
```

【工作过程 12】 使用【差集】命令绘制实体

执行【差集】命令，将【工作过程 11】生成的长方体从【工作过程 10】生成的实体中移除。切换到西南等轴测视图，绘制结果如图 7-41 所示。

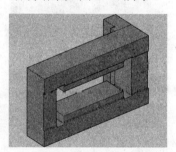

图 7-41　绘制实体

【工作过程 13】 绘制圆柱体

绕 Y 轴旋转坐标系-90°，使用圆柱体命令绘制出圆柱体，AutoCAD 2010 会提示如下。

```
命令: _cylinder
指定底面的中心点或 [三点(3P)/两点(2P)/切点、切点、半径(T)/椭圆(E)]: 18,0,0
指定底面半径或 [直径(D)]: 16
指定高度或 [两点(2P)/轴端点(A)] <2.0000>: 3
```

然后执行【并集】命令，将生成的实体与【工作过程 10】生成的实体合并为一个实体。切换到西北等轴测视图，结果如图 7-42 所示。

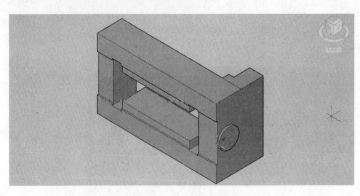

图 7-42 绘制圆柱体(1)

【工作过程 14】 绘制孔

将原点移动至(18,0,3)，利用【圆柱体】命令，以(0,0,0)为原点，生成底面半径为 12.5、高度为–33 的圆柱体，然后执行【差集】命令，切换到东北等轴测视图，结果如图 7-43 所示。

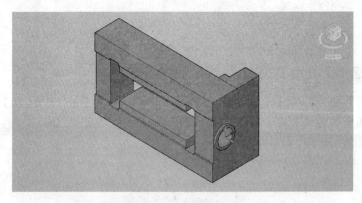

图 7-43 绘制孔(1)

【工作过程 15】 绘制圆柱体

将原点移动至(0,0,–200)，利用【圆柱体】命令，以(0,0,0)为原点，生成底面半径为 12.5、高度为 3 的圆柱体，然后执行【并集】命令，切换到东南等轴测视图，结果如图 7-44 所示。

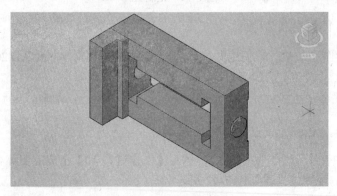

图 7-44 绘制圆柱体(2)

【工作过程 16】 绘制孔

利用圆柱体命令，以(0,0,0)为原点，生成底面半径为 8.5、高度为 33 的圆柱体，然后执行【差集】命令，切换到东南等轴测视图，结果如图 7-45 所示。

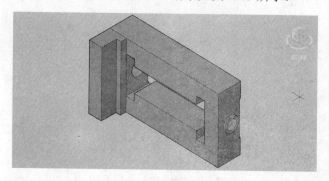

图 7-45　绘制孔(2)

【工作过程 17】 调整坐标系

将坐标系切换至世界坐标系，令坐标系绕 X 轴旋转 90°，进入当前坐标系视图，绘制如图 7-46 所示的图形。

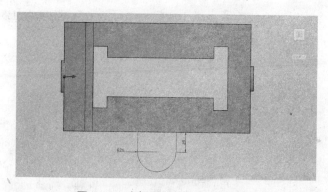

图 7-46　坐标系切换至世界坐标系

【工作过程 18】 绘制凸台

将如图 7-46 所示的图形转换为面域，使用拉伸命令对其拉伸 22mm，结果如图 7-47 所示。

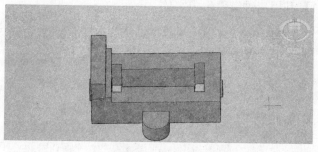

图 7-47　拉伸(3)

【工作过程 19】 绘制孔

将原点移动至(97,-75,22)，利用圆柱体命令，以(0,0,0)为原点，生成底面半径为 6.5、高度为 22 的圆柱体，然后执行【差集】命令，结果如图 7-48 所示。

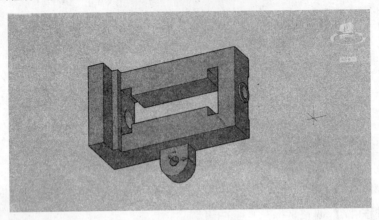

图 7-48　绘制孔(3)

【工作过程 20】 绘制台阶

利用圆柱体命令，以(0,0,0)为原点，生成底面半径为 15、高度为 1.5 的圆柱体，然后执行【差集】命令，结果如图 7-49 所示。

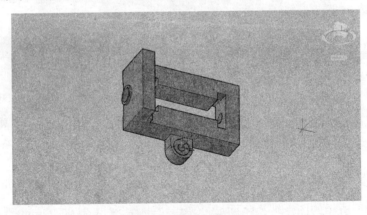

图 7-49　绘制台阶

【工作过程 21】 利用三维镜像生成实体

选择【修改】|【实体编辑】|【三维镜像】命令，结果如图 7-50 所示，AutoCAD 2010 会提示如下。

```
命令: _mirror3d
选择对象: 找到 1 个
选择对象:
指定镜像平面（三点）的第一个点或
    [对象(O)/最近的(L)/Z 轴(Z)/视图(V)/XY 平面(XY)/YZ 平面(YZ)/ZX 平面(ZX)/三点(3)] <
三点>: 3
```

在镜像平面上指定第一点：0,75,0
在镜像平面上指定第二点：20,75,0
在镜像平面上指定第三点：0,75,20
是否删除源对象？[是(Y)/否(N)]〈否〉：

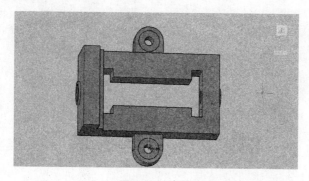

图 7-50　虎钳

【工作过程 22】倒圆

执行【并集】命令，将所有实体连接成一个整体。然后选择【修改】|【倒圆】命令，
AutoCAD 2010 会提示如下。

命令：_fillet
当前设置：模式 = 修剪，半径 = 0.0000
选择第一个对象或 [放弃(U)/多段线(P)/半径(R)/修剪(T)/多个(M)]：
输入圆角半径：10
选择边或 [链(C)/半径(R)]：
已拾取到边。
选择边或 [链(C)/半径(R)]：
选择边或 [链(C)/半径(R)]：
选择边或 [链(C)/半径(R)]：
选择边或 [链(C)/半径(R)]：
选择边或 [链(C)/半径(R)]：
选择边或 [链(C)/半径(R)]：
已选定 6 个边用于圆角。

结果如图 7-51 所示。

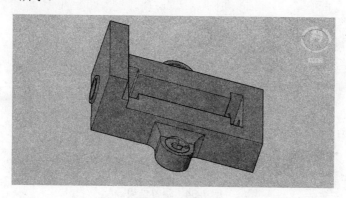

图 7-51　倒圆

【工作过程 23】 移动坐标系

将坐标系移动至如图 7-52 所示的位置。

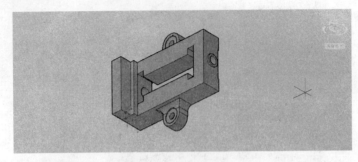

图 7-52　坐标系移动

【工作过程 24】 绘制侧孔

利用圆柱体命令，以 (13,17,0) 为原点，生成底面半径为 2.5、高度为 19 的圆柱体，然后执行【差集】命令，结果如图 7-53 所示。

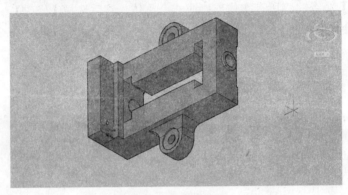

图 7-53　生成侧孔

【工作过程 25】 利用三维镜像生成实体。

选择【修改】|【实体编辑】|【三维镜像】命令，绘制结果如图 7-54 所示。

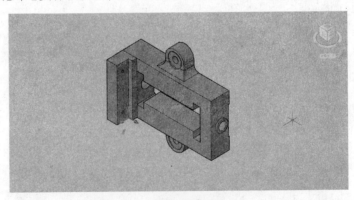

图 7-54　最终结果

7.10 工作实训营

7.10.1 训练实例

1. 训练内容

绘制如图 7-55 所示的轴承端盖。

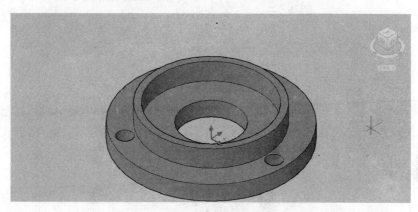

图 7-55 轴承端盖

2. 训练目的

通过实例训练能熟练掌握圆柱体、并集、差集和三维阵列等命令的运用。

3. 训练过程

(1) 创建新文件。启动 AutoCAD 2010，使用默认的绘图环境。选择【文件】|【绘制】命令，系统弹出【打开样板】对话框，单击【打开】按钮右侧的卜拉按钮，以"无样板打开—公制(毫米)"方式建立新文件，将新文件命名为"轴承端盖.dwg"并保存。

(2) 设置视图方向。在菜单栏中选择【视图】|【三维视图】|【西南等轴测】命令，或者在【视图】工具栏中单击【西南等轴测】按钮 ◈，将当前视图方向设置为西南等轴测视图。

(3) 绘制圆柱体。在菜单栏中选择【绘图】|【建模】|【圆柱体】命令 ▣，AutoCAD 2010会提示如下。

```
命令: _cylinder
指定底面的中心点或 [三点(3P)/两点(2P)/切点、切点、半径(T)/椭圆(E)]: 0,0,0
指定底面半径或 [直径(D)] <0.0000>: 27
指定高度或 [两点(2P)/轴端点(A)] <-5.0000>: 5
```

绘制结果如图 7-56 所示。

(4) 绘制圆柱体。重复执行【圆柱体】命令，AutoCAD 2010 会提示如下。

```
命令: _cylinder
```

指定底面的中心点或 [三点(3P)/两点(2P)/切点、切点、半径(T)/椭圆(E)]: 0,0,5
指定底面半径或 [直径(D)] <27.0000>: 20
指定高度或 [两点(2P)/轴端点(A)] <5.0000>: 6

结果如图 7-57 所示。

图 7-56　圆柱体(1)

图 7-57　圆柱体(2)

(5)　绘制圆柱体。重复执行【圆柱体】命令，AutoCAD 2010 会提示如下。

命令: _cylinder
指定底面的中心点或 [三点(3P)/两点(2P)/切点、切点、半径(T)/椭圆(E)]: 0,0,0
指定底面半径或 [直径(D)] <20.0000>: 9.5
指定高度或 [两点(2P)/轴端点(A)] <6.0000>: 5

(6)　绘制型腔。在菜单栏中，选择【修改】|【实体编辑】|【并集】命令，将步骤(3)和步骤(4)生成的实体合并，然后选择【修改】|【实体编辑】|【差集】命令，将步骤(5)生成的圆柱体从刚刚生成的实体中除去，　AutoCAD 2010 会提示如下。

命令: _union
选择对象:
选择对象: 找到 1 个
选择对象: 找到 1 个,总计 2 个
命令: _subtract
选择要从中减去的实体、曲面和面域...
选择对象: 找到 1 个
选择对象:
选择要减去的实体、曲面和面域...
选择对象: 找到 1 个

结果如图 7-58 所示。

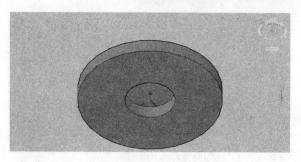

图 7-58　绘制型腔

(7)　绘制孔。执行【圆柱体】命令，AutoCAD 2010 会提示如下。

命令: _cylinder
指定底面的中心点或 [三点(3P)/两点(2P)/切点、切点、半径(T)/椭圆(E)]: 0,0,5
指定底面半径或 [直径(D)] <9.5000>: 18
指定高度或 [两点(2P)/轴端点(A)] <5.0000>: 6

再执行【差集】命令，结果如图 7-59 所示。

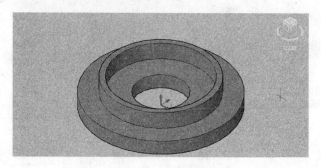

图 7-59　基本轮廓

(8)　绘制外圈的 3 个小圆孔。

①　执行【圆柱体】命令，绘制一个小圆柱，AutoCAD 2010 会提示如下。

命令: _cylinder
指定底面的中心点或 [三点(3P)/两点(2P)/切点、切点、半径(T)/椭圆(E)]: 0,0,5
指定底面半径或 [直径(D)] <9.5000>: 18
指定高度或 [两点(2P)/轴端点(A)] <5.0000>: 6

结果如图 7-60 所示。

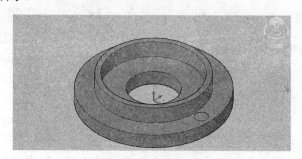

图 7-60　小圆柱体

② 在菜单栏中选择【修改】|【三维操作】|【三维阵列】命令，AutoCAD 2010 会提示如下。

```
命令: _3darray 正在初始化...  已加载 3DARRAY。
选择对象: 找到 1 个
选择对象:
输入阵列类型[矩形(R)/环形(P)] <矩形>:P
输入阵列中的项目数目: 3
指定要填充的角度(+=逆时针, -=顺时针) <360>:
旋转阵列对象? [是(Y)/否(N)] <Y>:
指定阵列的中心点: 0,0,0
指定旋转轴上的第二点: 0,0,1
```

结果如图 7-61 所示。

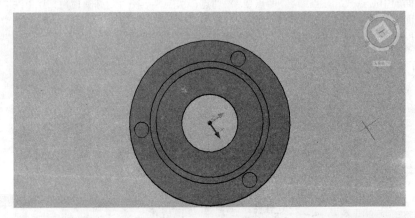

图 7-61　三维阵列

③ 执行【差集】命令，将生成的三个圆柱体从整体中除去。最终结果如图 7-62 所示。

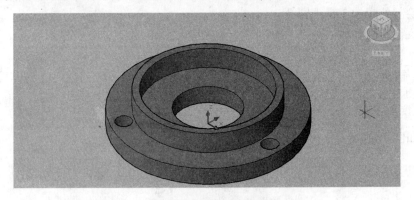

图 7-62　移除小圆柱体

4．技术要点

(1) 在绘制圆柱体时，不使用【圆柱体】命令也能绘制出圆柱体。可以使用【圆】命令先绘制一个圆，然后使用【拉伸】命令对绘制的圆进行拉伸操作，效果与使用【圆柱体】命令绘制出圆柱体是一样的。使用【拉伸】命令还可以将圆拉伸成圆台或圆锥体。

(2) 使用【差集】命令时，执行减操作的两个面域必须位于同一平面上。但是，通过在不同的平面上选择面域集，可同时执行多个 SUBTRACT 操作。程序会在每个平面上分别生成减去的面域。

7.10.2　常见问题解析

【问题 1】不理解面域、块、实体的概念，且不确定能否把几个实体合成一个实体，以便在选择的时候能一次性选择这个合并的实体？

【答】面域是用闭合的外形或环创建的二维区域。块是可组合起来形成单个对象(或称为块定义)的对象集合（一张图在另一张图中一般可作为块）。实体有两个概念，其一是构成图形的有形的基本元素，其二是指三维物体。对于三维实体，可以使用"布尔运算"使之联合，对于广义的实体，可以使用"块"或"组(group)"进行"联合"。

【问题 2】在动态观察图形时不知道如何回到标准的显示模式。

【答】在三维视图中用动态观察器改变了坐标显示的方向后，可以在命令行中输入 VIEW 命令，命令行显示"VIEW 输入选项[正交(O)/删除(D)/恢复(R)/保存(S)/UCS(U)/窗口(W)]"，然后输入 O 再按 Enter 键，就可以回到标准显示模式了。

 本章小结

在 AutoCAD 2010 中，创建三维模型主要有两种方式，即实体模型方式和曲面模型方式。曲面模型用面描述三维对象，它不仅定义了三维对象的边界，而且具有面的特征，可以通过基本三维曲面工具和网格工具创建。实体模型不仅具有线和面的特征，而且具有体的特征，可利用基本实体工具创建，或利用二维图形通过拉伸、旋转等工具生成三维实体。创建完三维基本实体后，还要对三维实体进行编辑，从而更加准确、有效地创建出复杂的三维实体。

本章主要介绍了三维坐标系、三维实体的各种绘制和编辑方法。其中利用二维图形创建三维、类三维实体模型的相关命令和各种三维实体、三维对象的绘制与编辑方法是本章的重点，读者应该重点掌握。通过本章的学习，读者应该能够熟练地掌握三维实体的绘制和编辑方法，快速、准确地绘制出三维实体。

 习题

一、选择题

1. 下列命令中，不是【修改】|【实体编辑】命令的是＿＿＿＿＿＿＿＿。

　　A. 并集　　　　　　　　　　B. 干涉

　　C. 交集　　　　　　　　　　D. 差集

2. 在使用【拉伸】命令拉伸对象时，拉伸角度可正可负，如果要产生内锥度效果，角度应为_____。

    A. 0 度   B. 正   C. 负   D. 以上都不对

3. 在使用【修改】|【三维操作】|【三维阵列】命令进行矩形阵列复制对象时，需要依次指定_____。

    A. 阵列的行数、阵列的列数、阵列的层数

    B. 阵列的列数、阵列的行数、阵列的层数

    C. 阵列的行数、阵列的层数、阵列的列数

    D. 以上都不对

4. 在对齐三维对象时，最多可以选择_____组对齐点。

    A. 1   B. 2   C. 3   D. 4

5. 不属于编辑三维实体面的操作是_____。

    A. 拉伸面   B. 删除面

    C. 剪切面   D. 复制面

二、简述题

1. 在 AutoCAD 2010 中，用户可以通过哪些方式创建三维图形？

2. 在 AutoCAD 2010 中，如何对三维基本实体进行并集、差集和交集 3 种布尔运算？

三、上机操作题

1. 绘制如图 7-63 所示的零件。

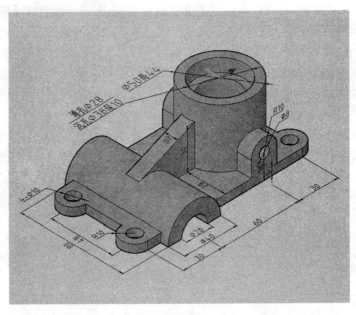

图 7-63　零件(1)

2. 绘制如图 7-64 所示的零件。

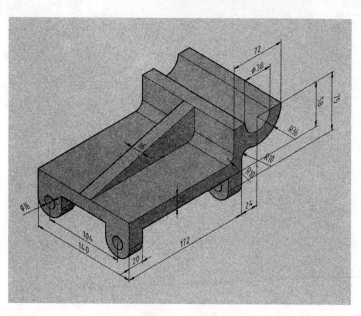

图 7-64　零件(2)

第 8 章

观察与渲染三维图形

 本章要点

- 视点设置、正交和轴测视图以及 UCS 平面视图的设置。
- 三维视图的观察方法。
- 视觉样式的使用和管理。
- 渲染的种类和使用方法。

技能目标

- 熟悉设置视点、视图的方法。
- 掌握各种观察三维视图的方法。
- 掌握视觉样式的使用和管理方法。
- 掌握渲染的一些基本操作方法。

8.1 工作场景导入

【工作场景】

公司 A 是一家从事生产减速箱的企业,最近研发生产了一种新型减速箱,为了宣传这种新型减速箱,准备参加某一展览会,因此需要设计制作展板。公司 B 是一家 AutoCAD 设计公司,与公司 A 签订了此项业务。公司 B 要按照如图 8-1 所示的要求对这种新型减速箱的三维模型进行渲染,再把渲染后的三维模型制作成展板。

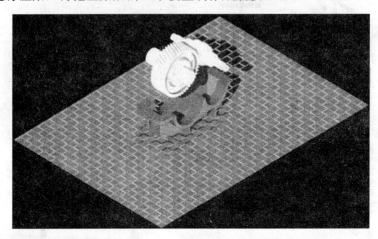

图 8-1 减速器渲染效果

【引导问题】

(1) 设置视点有哪几种方法?如何设置视点?如何设置正交视图、轴测视图和 UCS 平面视图?

(2) 什么是三维视图?观察三维视图有哪几种方法?

(3) 什么是视觉样式?视觉样式有哪几种类型?如何设置视觉样式?

(4) 什么是渲染?渲染对象的方法有哪几种?

8.2 视点

对于任何一个物体,只有观察图形的方向合适时,才能达到观察效果。在 AutoCAD 中绘制三维立体图形时,经常需要变换到各个视觉角度去观察三维模型,以便清楚地检查所生成的模型是否正确。因此 AutoCAD 提供了功能强大的三维立体显示功能,用户可以通过各种视角来观察所绘制的三维图形,随时查看绘图效果,以便及时修改和调整。例如,绘制盖板时,如图 8-2 所示,如果使用平面坐标系即 Z 轴垂直于屏幕,此时仅能看到盖板在 XY 平面上的投影。如果调整视点至当前坐标系的左上方,则将看到一个三维盖板,如图 8-3 所示。在 AutoCAD 2010 中,可以使用多种方法设置视点,下面我们将具体讲解。

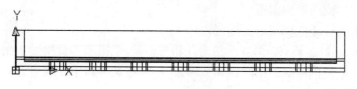

图 8-2　平面视图

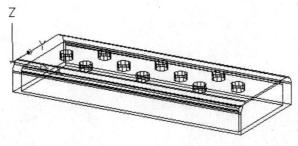

图 8-3　三维视图

8.2.1　用 VPOINT 命令设置视点

视点就是观察者在某个位置上观察图形。在 AutoCAD 2010 中，通过调用 VPOINT 命令来设置视点的方法有以下几种。

- 命令：执行 VPOINT 命令。
- 菜单栏：在菜单栏中，选择【视图】|【三维视图】|【视点】命令。

执行上述操作，AutoCAD 会提示如下。

```
命令：VPOINT    (设置视点命令)
当前视图方向：VIEWDIR=0.0000,0.0000,1.0000
当前视点或[旋转(R)]<显示指南针和三轴架>：(指定点、输入 R 或回车显示坐标球和三轴架)
```

提示中各选项的含义如下。

1)　指定视点

输入 X，Y 和 Z 坐标，可定义视点的位置。例如，将视点设为(1,1,1)，屏幕上显示的视图，即视线在 XOY 平面上的投影与 X 轴的夹角为 45°，视点在坐标(1,1,1)处观察原点(0,0,0)的结果。当然，视点可以设在任何 X、Y、Z 坐标值处。

2)　旋转(R)

这是以两个角度的方式确定视点的位置。第一个角度是视点在 XOY 平面内的投影与 X 轴的顺时针或逆时针夹角；第二个角度是视点与 XOY 平面的夹角。选择此选项，AutoCAD 会提示如下。

```
当前视点或[旋转(R)]<显示指南针和三轴架>：R   (选择"旋转"选项)
输入 XY 平面中与 X 轴的夹角 <当前>：(指定第一个角度)
输入与 XY 平面的夹角 <当前>：(指定第二个角度)
```

第一个角度指定为在 XY 平面中与 X 轴的夹角，第二个角度指定为与 XY 平面的夹角，位于 XY 平面的上方或下方，如图 8-4 所示。角度确定后，图形将重新生成，显示出从新视点位置观察到的三维图形。

3) 显示指南针和三轴架

在"当前视点或[旋转(R)]<显示指南针和三轴架>"提示下直接回车则选择此选项,这时屏幕上显示一个罗盘形状的指南针和三轴架,用来定义视口中的观察方向,如图 8-5 所示。

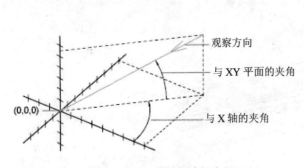

图 8-4　通过旋转创建视点

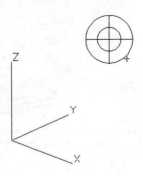

图 8-5　指南针和三轴架

此时可利用指南针和三轴架确定视点。在图 8-5 中,位于屏幕上方的指南针是球体的二维表现方式。圆心是北极(0,0,n),相当于视点在 Z 轴上。内环是赤道(n,n,0),整个外环是南极(0,0,-n)。 可以使用定点设备将指南针上的小十字光标移动到球体的任意位置上。要选择观察方向,请将定点设备移动到球体上的某个位置并单击。如果十字光标是在内环里,那么就是从 XOY 平面上方向下观察模型;如果十字光标是在外环里,便是从 XOY 平面下方向上观察。移动十字光标时,三轴架根据坐标球指示的观察方向旋转,以显示在罗盘上的视点位置。当获得满意的视点时回车,图形将重新生成。

对于不同的视点,其对应的视图、在 XY 平面上的角度及夹角各不相同,并且是唯一的,如表 8-1 所示。

表 8-1　特殊视点位置

视　点	视　图	在 XY 平面上的角度	和 XY 平面的夹角
0,0,1	俯视图	270	90
0,0,-1	仰视图	270	-90
0,0,-1	左视图	180	0
1,0,0	右视图	0	0
0,-1,0	前视图	270	0
0,1,0	后视图	90	0
-1,-1,1	西南等轴测视图	225	45
1,-1,1	东南等轴测视图	315	45
1,1,1	东北等轴测视图	45	45
-1,1,1	西北等轴测视图	135	45

8.2.2 用 DDVPOINT 命令设置视点

AutoCAD 2010 还专门提供了利用【视点预设】对话框来设置视点的方法。打开【视点预设】对话框的方法有以下几种。

● 命令：执行 DDVPOINT 命令。
● 菜单栏：在菜单栏中，选择【视图】|【三维视图】|【视点预设】命令。

执行上述操作后，AutoCAD 将弹出【视点预设】对话框，如图 8-6 所示。

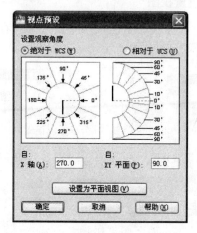

图 8-6 【视点预设】对话框

下面介绍设置【视点预设】对话框的具体操作步骤。

(1) 确定视点方向时，指明相对于当前的 UCS 还是 WCS，默认时，AutoCAD 通常参照 WCS 而不是当前的 UCS。实际绘图时，若需要参照当前的 UCS，只要选中【相对于 UCS】单选按钮即可。

(2) 在【X 轴】文本框中输入原点和视点之间的连线在 XY 平面的投影与 X 轴正向的角度；在【XY 平面】文本框中输入原点和视点之间的连线与其在 XY 平面的投影之间的角度。

(3) 单击【设置为平面视图】按钮，将坐标系设置为平面视图。

(4) 设置完成后，单击【确定】按钮。

8.2.3 设置正交和轴测视图

在三维操作环境中，可以通过正交和轴测视点观测当前模型。其中正交（俯视、仰视、前视、左视、右视和后视）视图是从坐标系统的正交方向(正上、正下、正南、正西、正东、正北)观察所得到的视图；而等轴测(西南等轴测、东南等轴测、东北等轴测、西北等轴测)视图是从坐标系统的轴测方向(西南轴测、东南轴测、东北轴测、西北轴测)观察所得到的视图。

在 AutoCAD 2010 中选择预定义的标准正交视图和等轴测视图的方法有以下几种。

1. 使用【三维视图】菜单设置视图

在菜单栏中，选择【视图】|【三维视图】命令，将显示【俯视】、【仰视】、【前视】、【左视】、【右视】、【后视】、【西南轴测】、【东南轴测】、【东北轴测】、【西北轴测】等命令，选择指定的命令，即可切换到相应的视图方式。

2. 使用【功能区】设置视图

切换到【视图】选项卡，在【视图】面板中，即可选择指定的命令，如图 8-7 所示。

3. 使用【三维导航器】设置视图

切换到【常用】选项卡，在【视图】面板中单击【未保存的视图】下拉列表框，即可选择指定的命令，如图 8-8 所示。

图 8-7　使用【功能区】设置视图

图 8-8　使用【三维导航器】设置视图

8.2.4　设置 UCS 的平面视图

UCS 的平面视图是指通过视点(0,0,1)观察图形时得到的视图，也就是使对应 UCS 的 XY 面与绘图屏幕平行，此时观察方向垂直指向 XY 平面，X 轴指向右、Y 轴指向上。创建平面视图时，选取的平面可以是基于当前 UCS、以前保存的 UCS 或 WCS，平面视图仅影响当前视口中的图像。平面视图在三维绘图中非常有用，因为在很多情况下，三维绘图是在当前 UCS 的 XY 面或与 XY 面平行的平面上进行的。当根据需要建立了新 UCS 后，用户利用平面视图可以方便地进行绘图操作。

在 AutoCAD 2010 中，创建平面视图的方法有以下几种。

● 命令行：执行 PLAN 命令。
● 菜单栏：在菜单栏中，选择【视图】|【三维视图】|【平面视图】(对应的子菜单)命令。

执行 PLAN 命令，AutoCAD 会提示如下。

输入选项 [当前 UCS(C)/UCS(U)/世界(W)]<当前 UCS>：(输入选项或直接回车)

提示中各选项含义如下。

(1) 当前 UCS(C)：选择此选项表示生成相对于当前 UCS 的平面视图。
(2) UCS(U)：选择此选项表示恢复命名保存的 UCS 的平面视图。
(3) 世界(W)：选择此选项表示生成相对于 WCS 的平面视图。

8.3　视图

使用三维观察和导航工具，可以在图形中导航、为指定视图设置相机以及创建动画以便与其他人共享设计。用户可以围绕三维模型进行动态观察、回旋、漫游和飞行，设置相机，创建预览动画以及录制运动路径动画，用户还可以将这些分发给其他人以从视觉上传达设计意图。

8.3.1　三维视图

三维视图是在三维空间中从不同视点方向上观察到的三维模型的投影，指定不同的视点可以得到不同的三维视图。根据视点位置的不同，可以把投影视图分为标准视图、等轴测视图和任意视图。

标准视图即为制图学中所说的"正投影视图"，分别指俯视图(将视点设置在上面)、仰视图(将视点设置在下面)、左视图(将视点设置在左面)、右视图(将视点设置在右面)、主视图(将视点设置在前面)、后视图(将视点设置在后面)。等轴测视图是指将视点设置为等轴测方向，即从 45°方向观测对象，分别有西南等轴测、东南等轴测、东北等轴测和西北等轴测。任意视图是在空间内任意设置一个视点得到的视图。

AutoCAD 2010 的默认显示视图为 XY 平面视图，是从 Z 轴正方向无穷远处向 Z 轴负无穷远处看去得到的投影图，也就是俯视图。图 8-9 所示为【视图管理器】对话框，其中 10个立方体图标分别代表 6 个标准视图和 4 个等轴测视图，阴影面表示投影平面。

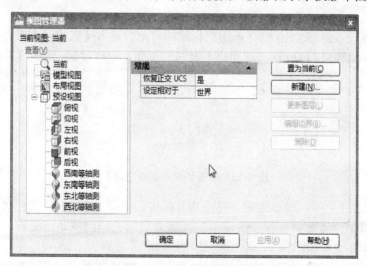

图 8-9　【视图管理器】对话框

在视图工具条上你可以通过以下方式来设置一个三维视图。

- 设置视点。
- 动态视点控制。

● 平面视图。

读者可以通过改变视图的方式来实现从不同的视点观察图形，或从不同方位对三维模型进行操作。

8.3.2 动态观察

AutoCAD 2010 提供了具有交互控制功能的三维动态观测器，用户可以使用三维动态观测器实时地控制和改变当前视口中创建的三维视图，以得到用户自己所期望的效果。

1. 受约束的动态观察

受约束的动态观察即为沿 XY 平面或 Z 轴约束三维动态观察。在 AutoCAD 2010 中，执行受约束的动态观察命令的方法有以下几种。

● 命令行：执行 3DORBIT 命令。
● 工具栏：在【动态观察】工具栏中，单击【受约束的动态观察】按钮 ✛，或者在【三维导航】工具栏中，单击【受约束的动态观察】按钮 ✛，如图 8-10 所示。

图 8-10　【动态观察】工具栏和【三维导航】工具栏

● 快捷菜单：启动任意三维导航命令，在绘图区域中右击，然后在弹出的快捷菜单中选择【其他导航模式】|【受约束的动态观察(C)1】命令。
● 菜单栏：在菜单栏中，单击【视图】|【动态观察】|【受约束的动态观察】命令。
● 功能区：切换到【视图】选项卡，在【导航】面板中单击【动态观察】下拉式菜单，从中选择【动态观察】命令。
● 定点设备：按 Shift 键并单击鼠标滚轮可临时进入【三维动态观察】模式。

执行上述操作后，可以在当前视口中激活三维动态观察视图。绘图屏幕的显示如图 8-11 所示。

图 8-11　【受约束的动态观察】显示

当 3DORBIT 处于活动状态时，视图的目标将保持静止，而相机的位置(或视点)将围绕目标移动。但是，看起来好像三维模型正在随着鼠标光标的拖动而旋转。用户可以用此方式指定模型的任意视图。

AutoCAD 2010 可显示三维动态观察光标 ⁕。如果水平拖动光标，相机将平行于世界坐标系(WCS)的 XY 平面移动。如果垂直拖动光标，相机将沿 Z 轴移动。

例 8-1　使用 3DORBIT 命令对如图 8-12(a)所示的棘轮进行受约束的动态观察。

(1) 在菜单栏中，选择【视图】|【动态观察】|【受约束的动态观察】命令。

(2) 此时命令行提示"命令：_3dorbit 按 Esc 或 Enter 键退出，或者右击显示快捷菜单"，在绘图区按住鼠标左键并拖动鼠标可旋转棘轮进行受约束的动态观察，如图 8-12(b)所示。

(3)　按 Esc 或 Enter 键结束受约束的动态观察命令。

|　(a)　原始图形　|　(b)　拖动鼠标　|

图 8-12　对棘轮的受约束动态观察

2. 自由动态观察

自由动态观察即为不参照平面，在任意方向上进行动态观察，且沿 XY 平面和 Z 轴进行动态观察时，视点不受约束。在 AutoCAD 2010 中执行自由动态观察命令的方法有以下几种。

- 命令行：执行 3DFORBIT 命令。
- 菜单栏：在菜单栏中，选择【视图】|【动态观察】|【自由动态观察】命令。
- 工具栏：在【动态观察】工具栏中，单击【自由动态观察】按钮 ，或者在【三维导航】工具栏中，单击【自由动态观察】按钮 ，如图 8-9 所示。
- 定点设备：按 Shift+Ctrl 组合键并单击鼠标滚轮以暂时进入 3DFORBIT 模式。
- 功能区：切换到【视图】选项卡，在【导航】面板中单击【动态观察】下拉式菜单，从中选择【自由动态观察】命令。
- 快捷菜单：启动任意三维导航命令，在绘图区域中右击，然后在弹出的快捷菜单中选择【其他导航模式】|【自由动态观察(F)2】命令。

执行上述操作后，可以在当前视口中激活二维自由动态观察视图。绘图屏幕上的显示如图 8-13 所示。

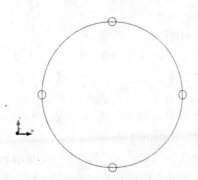

图 8-13　【自由动态观察】显示

图 8-12 所示的三维自由动态观察视图显示一个导航球，它被更小的圆分成 4 个区域。

例 8-2　使用 3DFORBIT 命令对棘轮进行自由动态观察。

(1) 在菜单栏中，选择【视图】|【动态观察】|【自由动态观察】命令。

(2) 此时命令行提示"命令：_3DFOrbit 按 Esc 或 Enter 键退出，或者单击鼠标右键显示快捷菜单"，在绘图区按住鼠标左键并拖动鼠标或单击导航球并拖动鼠标，均可旋转棘轮进行自由动态观察，如图 8-14 所示。

图 8-14　对棘轮的自由动态观察

(3) 按 Esc 或 Enter 键结束自由动态观察命令。

提示：在进行操作步骤(2)时，如果右击，然后从弹出的快捷菜单中取消选中【启用动态观察自动目标】命令时，视图的目标将保持固定不变，相机位置或视点将绕目标移动。目标点是导航球的中心，而不是正在查看的对象的中心。在导航球的不同部分之间移动光标时，光标的表现形式是不同的，视图旋转的方向也不同。视图的旋转是由光标的表现形式和其位置决定的。光标在不同的位置有不同的表现形式，拖动这些图标，分别对对象进行不同形式的旋转。

与【受约束的动态观察】不同，【自由动态观察】不约束沿 XY 轴或 Z 方向的视图变化。

3. 连续动态观察

连续动态观察即为连续地进行动态观察，在要连续动态观察移动的方向上单击并拖动鼠标然后释放，轨道沿该方向继续移动。在 AutoCAD 2010 中，执行连续动态观察命令的方法有以下几种。

- 命令行：执行 3DCORBIT 命令。
- 菜单栏：在菜单栏中，选择【视图】|【动态观察】|【连续动态观察】命令。
- 工具栏：在【动态观察】工具栏中，单击【连续动态观察】按钮 ⌘，或者在【三维导航】工具栏中，单击【连续动态观察】按钮 ⌘，如图 8-9 所示。
- 功能区：切换到【视图】选项卡，在【导航】面板中单击【动态观察】下拉式菜单，从中选择【连续动态观察】命令。
- 快捷菜单：启动任意三维导航命令，在绘图区域中右击，然后在弹出的快捷菜单中选择【其他导航模式】|【连续动态观察(0)3】命令。

执行上述操作后，可以启用交互式三维视图并将对象设置为连续运动。绘图屏幕上有如图 8-15 所示的显示。

例 8-3　使用 3DCORBIT 命令对棘轮进行连续动态观察。

(1)　在菜单栏中，选择【视图】|【动态观察】|【连续动态观察】命令。

(2)　此时命令行提示"命令：_3dcorbit 按 Esc 或 Enter 键退出，或者右击显示快捷菜单"，在绘图区单击鼠标左键或导航球可旋转棘轮进行连续动态观察。

(3)　在绘图区按住鼠标左键并拖动鼠标，图形按鼠标拖动的方向开始旋转，接着释放光标，图形在指定的方向上继续进行它们的轨迹运动，如图 8-16 所示。

图 8-15　【连续动态观察】显示

图 8-16　对棘轮的连续动态观察

(4)　按 Esc 或 Enter 键结束自由动态观察命令。

8.3.3　漫游与飞行

在 AutoCAD 2010 中，用户可以在漫游或飞行模式下，通过键盘和鼠标控制视图显示，或创建导航动画。

1. 漫游

使用漫游功能可以交互式更改图形中的三维视图以创建在模型中漫游的外观。在 AutoCAD 2010 中，调用漫游命令的方法有以下几种。

- 命令行：执行 3DWALK 命令。
- 菜单栏：在菜单栏中，选择【视图】|【漫游和飞行】|【漫游】命令。
- 快捷菜单：启动任意三维导航后，在绘图区域中右击，然后在弹出的快捷菜单中选择【其他导航模式】|【漫游(W) 6】命令。
- 工具栏：在【漫游和飞行】工具栏中，单击【漫游】按钮，或者在【三维导航】工具栏中，单击【漫游】按钮，如图 8-9 所示。

执行上述操作后，AutoCAD 2010 在当前视口中激活漫游模式，会打开【定位器】选项板，并同时在当前视图上显示一个绿色的十字形表示当前的漫游位置。在键盘上，使用四个箭头键或 W(前)、A(左)、S(后) 和 D(右) 键和鼠标可确定漫游的方向。要指定视图的方向，请沿要进行观察的方向拖动鼠标。也可以直接通过【定位器】选项板调节目标指示器来设置漫游位置，如图 8-17 所示。

2. 飞行

使用飞行功能可以交互式更改图形中的三维视图以创建在模型中飞行的外观。在 AutoCAD 2010 中，调用飞行命令的方法有以下几种。

- 命令行：执行 3DFLY 命令。

- 菜单栏：在菜单栏中，选择【视图】|【漫游和飞行】|【飞行】命令。
- 快捷菜单：启动任意三维导航后，在绘图区域中右击，然后在弹出的快捷菜单中选择【其他导航模式】|【飞行(L)7】命令。
- 工具栏：在【漫游和飞行】工具栏中，单击【飞行】按钮 ，或者在【三维导航】工具栏中，单击【飞行】按钮 ，如图 8-9 所示。

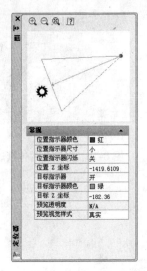

图 8-17　漫游设置

执行上述操作后，AutoCAD 2010 在当前视口中激活飞行模式，同时打开【定位器】选项板。可以离开 XY 平面，就像在模型中飞越或环绕模型飞行一样。在键盘上使用四个箭头键或 W(前)、A(左)、S(后)、D(右)键和鼠标可确定飞行的方向，如图 8-18 所示。

图 8-18　飞行设置

3. 漫游和飞行设置

使用漫游和飞行设置功能可以控制漫游和飞行导航设置。在 AutoCAD 2010 中，设置漫游和飞行的方法有以下几种。

- 命令行：执行 WALKFLYSETTINGS 命令。
- 菜单栏：在菜单栏中，选择【视图】|【漫游和飞行】|【漫游和飞行设置】命令。
- 快捷菜单：启动任意三维导航后，在绘图区域中右击，然后在弹出的快捷菜单中选择【其他导航模式】|【飞行(L)7】命令。
- 功能区：切换到【渲染】选项卡，在【动画】面板中单击【漫游和飞行】下拉式菜单，从中选择【漫游和飞行设置】命令。
- 工具栏：在【漫游和飞行】工具栏中，单击【漫游和飞行设置】按钮，或者在【三维导航】工具栏中，单击【漫游和飞行设置】按钮，如图8-9所示。

下面介绍设置【漫游和飞行设置】对话框的具体操作步骤。

(1) 在菜单栏中，单击【视图】|【漫游和飞行】|【漫游和飞行设置】命令，弹出【漫游和飞行设置】对话框，如图8-19所示。

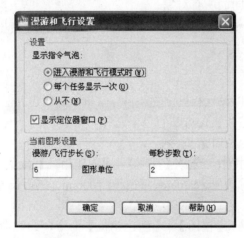

图8-19　【漫游和飞行设置】对话框

(2) 在【显示指令气泡】选项组中，如果选中【进入漫游和飞行模式时】单选按钮，则指定每次进入漫游或飞行模式时显示"漫游和飞行导航映射"气泡；如果选中【每个任务显示一次】单选按钮，则指定当在每个 AutoCAD 任务中首次进入漫游或飞行模式时显示"漫游和飞行导航映射"气泡；如果选中【从不】单选按钮，则指定从不显示"漫游和飞行导航映射"气泡。

(3) 选中【显示定位器窗口】复选框时，则指定进入漫游模式时打开定位器窗口。

(4) 在【当前图形设置】选项组的【漫游/飞行步长】文本框中按图形单位设置每步的大小，在【每秒步数】文本框中设置每秒发生的步数。

(5) 单击【确定】按钮，完成【漫游和飞行设置】对话框的设置。

8.3.4　相机

在 AutoCAD 2010 中，可以使用相机功能在图形中创建单个或多个相机，从而可以使用相机视图在视点相对图形位置不发生变化的情况下，对图形不同方位进行观察。这与动态观察是不同的，动态观察时视点相对图形位置发生变化。

1. 相机概述

用户可以在图形中放置相机以定义三维视图；可以在图形中打开或关闭相机并使用夹点来编辑相机的位置、目标或焦距；可以通过位置 XYZ 坐标、目标 XYZ 坐标和视野/焦距(用于确定倍率或缩放比例)定义相机；还可以定义剪裁平面，以建立关联视图的前后边界。用户可以设置的相机属性如下。

- 位置：设置要观察三维模型的起点。
- 目标：通过设置视图中心的坐标来定义要观察的点。
- 焦距：设置相机镜头的比例特性。焦距越大，视野越窄。
- 前向和后向剪裁平面：设置剪裁平面的位置。剪裁平面是设置(或剪裁)视图的边界。在相机视图中，将隐藏相机与前向剪裁平面之间的所有对象，同样将隐藏后向剪裁平面与目标之间的所有对象。

默认情况下，已保存相机的名称为 Camera1、Camera2 等。用户可以重命名相机以更好地描述相机视图。

2. 创建相机

使用创建相机功能可以设置相机位置和目标位置，以创建并保存对象的三维透视视图。在 AutoCAD 2010，中创建相机的方法有以下几种。

- 命令行：执行 CAMERA 命令。
- 菜单栏：在菜单栏中，选择【视图】|【创建相机】命令。

例 8-4 创建一个名称为 my camera、高度为 100mm、焦距长度为 78mm 的相机来观察棘轮。

(1) 在菜单栏中，选择【视图】|【创建相机】命令，此时命令行会提示"指定相机位置"。

(2) 用鼠标在绘图区指定相机位置，此时命令行会提示"指定目标位置"。

(3) 用鼠标在绘图区指定目标位置，此时命令行会提示"输入选项[?/名称(N)/位置(LO)/高度(H)/目标(T)/镜头(LE)/剪裁(C)/视图(V)/退出(X)]<退出>"。

(4) 在命令行中输入 N 并回车，则命令行会提示"输入新相机名称<相机 1>"，在命令行中输入 my camera 并回车，此时命令行会提示"输入选项[?/名称(N)/位置(LO)/高度(H)/目标(T)/镜头(LE)/剪裁(C)/视图(V)/退出(X)]<退出>"。

(5) 在命令行中输入 H 并回车，此时命令行会提示"指定相机高度<0>："，在命令行中输入 100 并回车，此时命令行会提示"输入选项[?/名称(N)/位置(LO)/高度(H)/目标(T)/镜头(LE)/剪裁(C)/视图(V)/退出(X)]<退出>"。

(6) 在命令行中输入 LE 并回车，此时命令行会提示"以毫米为单位指定焦距<50>"，在命令行中输入 78 并回车，此时命令行会提示"输入选项[?/名称(N)/位置(LO)/高度(H)/目标(T)/镜头(LE)/剪裁(C)/视图(V)/退出(X)]<退出>"。

(7) 直接回车结束创建相机命令，结果如图 8-20 所示。

提示： ① "镜头"选项用于更改相机的焦距。焦距越大，视野越窄。

② "剪裁"选项用于定义前后剪裁平面并设置它们的值，剪裁范围内的对象是不可见的。选择此选项，AutoCAD 会提示如下。

是否启用前向剪裁平面？［是(Y)/否(N)］＜否＞：（指定"是"启用前向剪裁）
指定从目标平面的前向剪裁平面偏移 ＜当前＞：（输入距离）
是否启用后向剪裁平面？［是(Y)/否(N)］＜否＞：（指定"是"启用后向剪裁）
指定从目标平面的后向剪裁平面偏移 ＜当前＞：：（输入距离）

③ "视图"选项用于设置当前视图，以匹配相机设置。

图 8-20 创建相机

3. 相机预览

在视图中创建了相机后，当选中相机符号并单击时，将打开【相机预览】对话框。其中，在预览框中显示了使用相机观察到的视图效果。【视觉样式】下拉列表框中的选项可以调整相机视图的预览视觉样式，如图 8-21 所示。

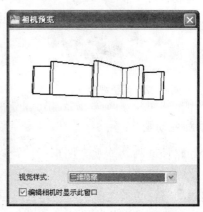

图 8-21 相机预览

4. 调整视距

调整视距功能可以启动交互式三维视图，并使对象显示得更近或更远。在 AutoCAD 2010 中，调用调整视距命令的方法有以下几种。

● 命令行：执行 3DDISTANCE 命令。
● 菜单栏：在菜单栏中，选择【视图】|【相机】|【调整视距】命令。
● 快捷菜单：启动任意三维导航后，在绘图区域中右击，然后在弹出的快捷菜单中选择【其他导航模式】|【调整视距(D)4】命令。

● 工具栏：在【相机调整】工具栏中，单击【调整视距】按钮🔍，或者在【三维导航】工具栏中，单击【调整视距】按钮🔍，如图 8-9 所示。

执行上述操作后，AutoCAD 2010 会将光标更改为具有上箭头和下箭头的直线。单击并向屏幕顶部垂直拖动光标使相机靠近对象，从而使对象显示得更大，反之则更小，如图 8-22 所示。

5. 回旋

回旋功能可以在拖动方向上更改视图的目标。在 AutoCAD 2010 中，调用回旋命令的方法有以下几种。

● 命令行：执行 3DSWIVEL 命令。
● 菜单栏：在菜单栏中，选择【视图】|【相机】|【回旋】命令。
● 快捷菜单：启动任意三维导航后，在绘图区域中单击鼠标右键，然后在弹出的快捷菜单中选择【其他导航模式】|【回旋(S)4】命令。
● 定点设备：按住 Ctrl 键，然后单击鼠标滚轮以暂时进入 3DSWIVEL 模式。
● 工具栏：在【相机调整】工具栏中，单击【回旋】按钮🔍，或者在【三维导航】工具栏中，单击【回旋】按钮🔍，如图 8-9 所示。

执行上述操作后，AutoCAD 2010 会在拖动方向上模拟平移相机，查看的目标将更改。可以沿 XY 平面或 Z 轴回旋视图，如图 8-23 所示。

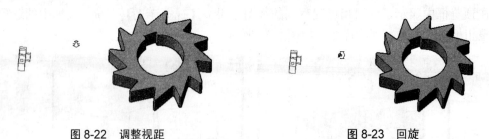

图 8-22　调整视距　　　　　　　　　　　　　　　　图 8-23　回旋

6. 运动路径动画

使用运动路径动画功能观察图形时，可以将相机及其目标链接到点或路径来控制相机和观察对象之间的距离以及方位，从而进行图形的动态观察。相机或目标链接的路径，必须是在创建运动路径动画之前创建的路径对象。路径对象可以是直线、圆弧、椭圆弧、圆、多段线、三维多段线或样条曲线。

在 AutoCAD 2010 中，创建运动路径动画的方法有以下几种。

● 命令行：执行 ANIPATH 命令。
● 菜单栏：在菜单栏中，选择【视图】|【运动路径动画】命令。

例 8-5　使用 ANIPATH 命令对棘轮创建运动路径动画。

(1) 在菜单栏中，选择【视图】|【运动路径动画】命令，弹出【运动路径动画】对话框。

(2) 在【相机】选项组中选中【路径】单选按钮，单击【相机】按钮🔍，选择如图 8-24 左图所示的样条曲线为路径。

(3) 在【目标】选项组中选中【点】单选按钮，单击【目标】按钮 ，选择如图 8-24 右图所示的棘轮上的一点为目标点。

(4) 选中【角减速】复选框，设置相机转弯时，以较低的速率移动相机。

(5) 单击【预览时显示相机预览】按钮将显示【动画预览】对话框，从而可以在保存动画之前进行预览，如图 8-25 所示。

图 8-24 路径与目标

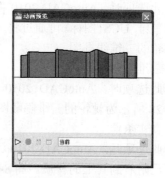

图 8-25 动画预览

> **提示：** 在【运动路径动画】对话框中，【相机】和【目标】选项组分别有【点】和【路径】两个单选按钮，可以分别设置相机或目标链接至图形中的静态点或路径。如果将相机链接至点，则必须将目标链接至路径。如果将相机链接至路径，可以将目标链接至点或路径。【动画设置】选项组用于设置动画的帧频、帧数、分辨率、动画输出格式等选项。

8.4 视觉样式

8.4.1 视觉样式的类型

视觉样式是一组设置，用来控制视口中边和着色的显示。应用视觉样式可以方便地观察特征模型的生成过程及效果，一定程度上还可以辅助特征的创建。在 AutoCAD 2010 中，选择某种视觉样式的方法有以下几种。

- 命令行：执行 VSCURRENT 命令。
- 功能区：切换到【常用】选项卡，在【视图】面板中单击【二维线框】下拉列表框，从中选择相应的视觉样式。
- 菜单栏：在菜单栏中，选择【视图】|【视觉样式】命令，从中可以选择相应的视觉样式。

执行 VSCURRENT 命令后，AutoCAD 2010 会提示如下。

输入选项 [二维线框(2)/三维线框(3)/三维隐藏(H)/真实(R)/概念(C)/其他(O)]<当前>:

提示中各选项含义如下。

1) 二维线框(2)

选择此选项时，AutoCAD 2010 将显示用直线和曲线表示的边界的对象。光栅和 OLE 对象、线型和线宽都是可见的。即使将 COMPASS 系统变量的值设置为 1，它也不会出现在二维线框视图中。图 8-26 所示为棘轮的二维线框图。

2) 三维线框(3)

选择此选项时，AutoCAD 2010 将显示用直线和曲线表示的边界的对象，同时显示一个已着色的三维 UCS 图标。可通过将 COMPASS 系统变量设置为 1 来查看坐标球。图 8-27 所示为棘轮的三维线框图。

3) 三维隐藏(H)

选择此选项时，AutoCAD 2010 将显示用三维线框表示的对象并隐藏表示后向面的直线。图 8-28 所示为棘轮的三维隐藏图。

4) 真实(R)

选择此选项时，AutoCAD 2010 将着色多边形平面间的对象，并使对象的边平滑化。对象将显示已附着到其上的材质。图 8-29 所示为棘轮的真实图。

图 8-26　二维线框图　　图 8-27　三维线框图　　图 8-28　三维隐藏图　　图 8-29　真实图

5) 概念(C)

选择此选项时，AutoCAD 2010 将着色多边形平面间的对象，并使对象的边平滑化。着色使用冷色和暖色之间的过渡，其效果缺乏真实感，但是可以更方便地查看模型的细节。图 8-30 所示为棘轮的概念图。

图 8-30　概念图

6) 其他(O)

选择此选项时，AutoCAD 2010 会提示如下。

输入视觉样式名称 [?]:(输入当前图形中的视觉样式的名称或输入 ? 以显示名称列表并重复该提示)

8.4.2　视觉样式管理器

用户可以使用【视觉样式管理器】选项板来控制线型颜色、面样式、背景显示、材质和纹理以及模型显示精度等特性。在 AutoCAD 2010 中，调用【视觉样式管理器】选项板的方法有以下几种。

- 命令行：执行 VISUALSTYLES 命令。
- 菜单栏：在菜单栏中，选择【视图】|【视觉样式】|【视觉样式管理器】命令，或者选择【工具】|【选项板】|【视觉样式】命令。
- 工具栏：在【视觉样式】工具栏中单击【视觉样式管理器】按钮 ，如图 8-31 所示。

下面介绍通过【视觉样式管理器】选项板设置五种视觉样式的具体步骤。

(1) 在菜单栏中，选择【视图】|【视觉样式】|【视觉样式管理器】命令，弹出【视觉样式管理器】选项板，如图 8-32 所示。

图 8-31　【视觉样式】工具栏　　　　图 8-32　【视觉样式管理器】选项板

(2) 在选项板中选择【二维线框】样式，在【二维线框】选项组中设置轮廓素线的显示、线型的颜色、光晕间隔百分比以及线条的显示精度。

(3) 将选项板的【二维线框】样式切换至【三维线框】样式，在【三维线框】选项组中，在【面样式】下拉列表框中设置面上的着色模式，在【背景】下拉列表框中设置绘图背景在视口中的显示，在【边模式】下拉列表框中将边显示设置为【镶嵌面边】、【素线】或【无】。

(4) 将选项板的【三维线框】样式切换至【三维隐藏】样式，在【三维隐藏】选项组中，单击【折痕角】微调按钮设置面内的镶嵌面边不显示的角度，以达到平滑的效果，折痕角越大，表面越光滑；单击【光晕间隔】微调按钮设置一个对象被另一个对象遮挡处要显示的间隔的大小。其他选项的设置方法与【三维线框】选项组基本相同。

提示：选择概念视觉样式或三维隐藏视觉样式或者基于二者的视觉样式时，【光晕间隔】微调按钮可用。如果光晕间隔值大于 0(零)，将不显示轮廓边。【三维隐藏】视觉样式是将边线镶嵌于面，以显示出面的效果。

(5) 将选项板的【三维隐藏】样式切换至【概念】样式，在【概念】选项组中，在【亮显强度】文本框中设置亮显在无材质的面上的大小；在【不透明度】文本框中设置面在视口中的不透明度或透明度。其他选项的设置方法与【三维隐藏】选项组基本相同。

 提示：【概念】选项组与【三维隐藏】选项组基本相同，区别在于【概念】视觉样式是通过着色显示面的效果，【三维隐藏】视觉样式则是无面样式显示。此外，【概念】选项组可以通过亮显强度、不透明度以及材质和颜色等特性对比显示较强的模型效果。

(6) 将选项板的【概念】样式切换至【真实】样式，设置【真实】选项组的方法与设置【概念】选项组一样。

提示：【真实】选项组与【概念】选项组基本相同，它真实显示模型的构成，并且每一条轮廓线都清晰可见，它由于是真实着色显示出模型结构，因此相对于【概念】视觉样式来说，不存在折痕角、光晕间隔等特性，如果赋予其特殊材质特性，材质效果清晰可见。

(7) 完成各种视觉样式的设置，关闭【视觉样式管理器】选项板。

8.5 渲染对象

渲染是利用材质、光源和环境设置为三维图形着色，它能够更真实地表达三维图形的外观和纹理。

8.5.1 设置光源

创建任何一个场景时，都离不开灯光，灯光可以对整个场景进行着色或渲染，可以对整个场景提供照明，从而呈现出各种真实的效果。光源由强度和颜色两个因素决定。在 AutoCAD 2010 中，调用光源命令的方法有以下几种。

- 命令行：执行 LIGHT 命令。
- 菜单栏：在菜单栏中，选择【视图】|【渲染】|【光源】命令，再选择相应的命令。
- 功能区：切换到【渲染】选项卡，在【光源】面板中单击【创建光源】下拉列表框，从中选择相应的命令。
- 工具栏：在【渲染】工具栏中，单击【光源】按钮 ，或者打开【光源】工具栏如图 8-33 所示。

图 8-33　【渲染】工具栏和【光源】工具栏

执行 LIGHT 命令后，AutoCAD 2010 会提示如下。

输入光源类型 [点光源(P)/聚光灯(S)/光域(W)/目标点光源(T)/自由聚光灯(F)/自由光域(B)/平行光(D)]<点光源>：

提示中各个选项的含义如下。

1) 点光源(P)

此选项用于创建可从所在位置向所有方向发射光线的点光源。选择此选项，AutoCAD 2010 会提示如下。

指定源位置<0,0,0>：(输入坐标值或使用定点设备)

如果将 LIGHTINGUNITS(光源与光学单位)系统变量设置为 0，AutoCAD 2010 会提示如下。

输入要更改的选项[名称(N)/强度(I)/状态(S)/阴影(W)/衰减(A)/颜色(C)/退出(X)]<退出>：

如果将 LIGHTINGUNITS(光源与光学单位)系统变量设置为 1 或 2，AutoCAD 2010 会提示如下。

输入要更改的选项[名称(N)/强度因子(I)/状态(S)/光度(P)/阴影(W)/衰减(A)/过滤颜色(C)/退出(X)]<退出>：

上面各选项含义如下。

(1) 名称。

此选项用于指定光源的名称。名称中可以使用大小写字母、数字、空格、连字符(-)和下划线 (_)。最大长度为 256 个字符。选择选项，AutoCAD 2010 会提示如下。

输入光源名称：

(2) 强度/强度因子。

此选项用于设置光源的强度或亮度。其取值范围为 0.00 到系统支持的最大值。选择此选项，AutoCAD 2010 会提示如下。

输入强度(0.00 至最大浮点数)<1.0000>：

(3) 状态。

此选项用于打开和关闭光源。如果图形中没有启用光源，则该设置没有影响。选择此选项，AutoCAD 2010 会提示如下。

输入状态[开(N)/关(F)]<开>：

(4) 光度。

此选项用于测量可见光源的照度。当 LIGHTINGUNITS 系统变量设置为 1 或 2 时，光度可用。在光度中，照度是指对光源沿特定方向发出的可感知能量的测量。选择此选项，AutoCAD 2010 会提示如下。

输入要更改的光度控制选项[强度(I)/颜色(C)/退出(X)] <I>：

(5) 阴影。

此选项用于使光源投射阴影。选择此选项，AutoCAD 2010 会提示如下。

输入阴影设置[关(O)/锐化(S)/已映射柔和(F)/已采样柔和(A)]<锐化>：

其中各选项含义如下。

① 关：关闭光源阴影的显示和计算。关闭阴影可以提高性能。

② 锐化：显示带有强烈边界的阴影。选择该选项可以提高性能。

③ 已映射柔和：显示带有柔和边界的真实阴影。

④ 已采样柔和：显示真实阴影和基于扩展光源的较柔和的阴影(半影)。

(6) 衰减。

此选项用于设置系统的衰减特性。选择此选项，AutoCAD 2010 会提示如下。

输入要更改的选项[衰减类型(T)/使用界限(U)/衰减起始界限(L)/衰减结束界限(E)/退出(X)]<退出>:

其中各选项含义如下。

① 衰减类型：控制光线如何随距离增加而减弱。对象距点光源越远，则越暗。选择此选项，AutoCAD 2010 会提示如下。

输入衰减类型 [无(N)/线性反比(I)/平方反比(S)] <线性反比>:

选项"无"用于设置无衰减，此时对象不论距离点光源是远还是近，明暗程度都一样。选项"线性反比"用于将衰减设置为与距离点光源的线性距离成反比。选项"平方反比"用于将衰减设置为与距离点光源的距离的平方成反比。

② 使用界限：指定是否使用界限。选择此选项，AutoCAD 2010 会提示如下。

界限 [开(N)/关(F)] <关>:

③ 衰减起始界限：指定一个点，光线的亮度相对于光源中心的衰减于该点开始。默认值为 0。选择此选项，AutoCAD 2010 会提示如下。

指定起始界限偏移 <1.0000>:

④ 衰减结束界限：指定一个点，光线的亮度相对于光源中心的衰减于该点结束。没有光线投射在此点之外。在光线的效果很微弱，以致计算将浪费处理时间的位置处，设置结束界限将可以提高性能。选择此选项，AutoCAD 2010 会提示如下。

指定结束界限偏移 <10.0000>:

(7) 颜色/过滤颜色。

此选项用于控制光源的颜色。

2) 聚光灯(S)

此选项用于创建可发射定向圆锥形光柱的聚光灯。选择此选项，AutoCAD 2010 会提示如下。

指定源位置 <0,0,0>: (输入坐标值或使用定点设备)
指定目标位置 <1,1,1>: (输入坐标值或使用定点设备)

如果将 LIGHTINGUNITS 系统变量设置为 0，AutoCAD 2010 会提示如下。

输入要更改的选项 [名称(N)/强度(I)/状态(S)/聚光角(H)/照射角(F)/阴影(W)/衰减(A)/颜色(C)/退出(X)] <退出>:

如果将 LIGHTINGUNITS 系统变量设置为 1 或 2，AutoCAD 2010 会提示如下。

输入要更改的选项 [名称(N)/强度因子(I)/光度(P)/状态(S)/聚光角(H)/照射角(F)/阴影(W)/过滤颜色(C)/退出(X)] <退出>:

上面大部分选项的含义与"点光源"选项相同,不同的选项含义如下。

(1) 聚光角。

此选项用于定义最亮光锥的角度,也称为光束角。该值的范围从 0°～160°或基于 AUNITS(角度单位)系统变量的等价值。选择此选项,AutoCAD 2010 会提示如下。

输入聚光角角度 (0.00 至 160.00) <45.0000>:

(2) 照射角。

此选项用于定义完整光锥的角度,也称为现场角。照射角的取值范围为 0°～160°。默认值为 50°或基于 AUNITS 系统变量的等价值。照射角角度必须大于或等于聚光角角度。选择此选项,AutoCAD 2010 会提示如下。

输入照射角角度 (0.00 至 160.00) <50>:

3) 光域(W)

此选项用于创建光域灯光。选择此选项,AutoCAD 2010 会提示如下。

指定源位置<0,0,0>: (输入坐标值或使用定点设备)
指定目标位置<1,1,1>: (输入坐标值或使用定点设备)
输入要更改的选项 [名称(N)/强度因子(I)/状态(S)/光度(P)/光域(B)/阴影(W)/过滤颜色(C)/退出(X)] <退出>:

上面大部分选项的含义与"点光源"选项相同,用户可以参考"点光源"选项,不同选项的含义如下。

光域:此选项用于指定球面栅格上的点的光源强度。执行此选项,AutoCAD 2010 会提示如下。

输入要更改的光域选项 [文件(F)/X/Y/Z/退出(E)] <退出>:

选项"文件"指定用于定义光域特性的光域文件,光域文件的扩展名为 .ies。选项"X"、"Y"、"Z"分别指定光域的 X、Y、Z 旋转。

4) 目标点光源(T)

此选项用于创建目标点光源。选择此选项,AutoCAD 2010 会提示如下。

指定源位置<0,0,0>: (输入坐标值或使用定点设备)
指定目标位置<0,0,0>: (输入坐标值或使用定点设备)
如果将 LIGHTINGUNITS 系统变量设置为 0,AutoCAD 2010 会提示如下。
输入要更改的选项[名称(N)/强度(I)/状态(S)/阴影(W)/衰减(A)/颜色(C)/退出(X)]<退出>:

如果将 LIGHTINGUNITS 系统变量设置为 1 或 2,AutoCAD 2010 会提示如下。

输入要更改的选项[名称(N)/强度因子(I)/状态(S)/光度(P)/阴影(W)/衰减(A)/过滤颜色(C)/退出(X)]<退出>:

上面选项的含义与"点光源"选项相同,用户可以参考"点光源"选项。

5) 自由聚光灯(F)

此选项用于创建与未指定目标的聚光灯相似的自由聚光灯。选择此选项,AutoCAD

2010 会提示如下。

指定源位置 <0,0,0>: (输入坐标值或使用定点设备)

如果将 LIGHTINGUNITS 系统变量设置为 0，AutoCAD 2010 会提示如下。

输入要更改的选项 [名称(N)/强度(I)/状态(S)/聚光角(H)/照射角(F)/阴影(W)/衰减(A)/颜色(C)/退出(X)] <退出>:

如果将 LIGHTINGUNITS 系统变量设置为 1 或 2，AutoCAD 2010 会提示如下。

输入要更改的选项 [名称(N)/强度因子(I)/光度(P)/状态(S)/聚光角(H)/照射角(F)/阴影(W)/过滤颜色(C)/退出(X)] <退出>:

上面选项的含义与"聚光灯"选项相同，用户可以参考"聚光灯"选项。

6) 自由光域(B)

此选项用于创建与光域灯光相似但未指定目标的自由光域灯光。选择此选项，AutoCAD 2010 会提示如下。

指定源位置 <0,0,0>: (输入坐标值或使用定点设备)
输入要更改的选项 [名称(N)/强度因子(I)/状态(S)/光度(P)/光域(B)/阴影(W)/过滤颜色(C)/退出(X)] <退出>:

上面选项的含义与"光域"选项相同，用户可以参考"光域"选项。

7) 平行光(D)

此选项用于创建平行光。执行此选项，AutoCAD 2010 会提示如下。

指定光源方向 FROM <0,0,0> 或[矢量(V)]: (指定点或输入 v)
指定光源方向 TO <1,1,1>: (指定点)

如果输入"矢量"选项，AutoCAD 2010 会提示如下。

指定矢量方向 <0.0000,-0.0100,1.0000>: (输入矢量)

指定光源方向后，如果将 LIGHTINGUNITS 系统变量设置为 0，AutoCAD 2010 会提示如下。

输入要更改的选项[名称(N)/强度(I)/状态(S)/阴影(W)/颜色(C)/退出(X)]<退出>:

如果将 LIGHTINGUNITS 系统变量设置为 1 或 2，AutoCAD 2010 会提示如下。

输入要更改的选项[名称(N)/强度因子(I)/状态(S)/光度(P)/衰减(A)/过滤颜色(C)/退出(X)]<退出>:

上面选项的含义与"点光源"选项相同，用户可以参考"点光源"选项。

8.5.2 材质

创建三维图形后，将材质添加到图形中的对象上，可以展现图形的完美真实效果。例如添加图形的颜色、材料、反光特性、透明度等，这些属性都是依靠材质来实现的。

1. 材质库

材质库集中了 AutoCAD 2010 软件中的所有材质。该库用来控制材质操作的面板，可执行多个图形的材质指定操作，并包含该软件操作的所有工具。

选择【工具】|【选项板】|【工具选项板】命令，可打开【材质库】选项板，如图 8-34 所示。根据需要打开相应的选项卡，从中选择需要的材质类型并拖动材质，并将其应用到要附着材质的图形上。当将视觉样式转换成"真实"时，即会显示出附着材质后的图形。

2. 设置材质

设置材质时不仅需要选择不同的材质、颜色对比效果，还需要通过环境光、自发光等光条件设置来点缀其效果显示。在 AutoCAD 2010 中，调用材质命令的方法有以下几种。

- 命令行：执行 MATERIALS 命令。
- 菜单栏：在菜单栏中，选择【视图】|【渲染】|【材质】命令。
- 工具栏：在【渲染】工具栏中，单击【材质】按钮⬜，如图 8-33 所示。

执行上述操作后，AutoCAD 2010 会打开【材质】选项板，如图 8-35 所示。通过该选项板可以对材质的有关参数进行设置。

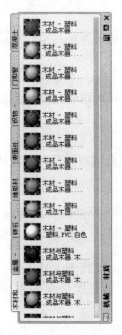

图 8-34 【材质库】选项板

图 8-35 【材质】选项板

8.5.3 贴图

贴图是增加材质复杂性的一种方式，其功能是在实体附着带纹理的材质后，可以调整实体或面上纹理贴图的方向。当材质被映射后，用户可以调整材质以适应对象的形状。将合适的材质贴图类型应用到对象可以使之更加适合对象。在 AutoCAD 2010 中，调用贴图命令的方法有以下几种。

- 命令行：执行 MATERIALMAP 命令。
- 菜单栏：在菜单栏中，选择【视图】|【渲染】|【贴图】命令。
- 工具栏：在【渲染】工具栏中，单击【贴图】按钮，如图 8-33 所示。

执行 MATERIALMAP 命令后，AutoCAD 2010 会提示如下。

选择选项[长方体(B)/平面(P)/球面(S)/圆柱体(C)/复制贴图至(Y)/重置贴图(R)] <当前>:

提示中各选项含义如下。

1) 长方体(B)

此选项用于将图像映射到类似长方体的实体上。该图像将在对象的每个面上重复使用。

2) 平面(P)

此选项用于将图像映射到对象上，就像将其从幻灯片投影器投影到二维曲面上一样。图像不会失真，但是会被缩放以适应对象。该贴图最常用于面。

3) 球面(S)

此选项用于在水平和垂直两个方向上同时使图像弯曲。纹理贴图的顶边在球体的"北极"压缩为一个点；同样，底边在"南极"压缩为一个点。

4) 圆柱体(C)

此选项用于将图像映射到圆柱形对象上，水平边将一起弯曲但顶边和底边不会弯曲。图像的高度将沿圆柱体的轴进行缩放。

5) 复制贴图至(Y)

此选项用于将贴图从原始对象或面应用到选定对象。这可以轻松复制纹理贴图以及对其他对象所做的所有调整。

6) 重置贴图(R)

此选项用于将 UV 坐标重置为贴图的默认坐标。使用此选项可反转先前通过贴图小控件对贴图的位置和方向所做的所有调整。

8.5.4 渲染环境

在渲染图形时，可以添加雾化效果。雾化和景深效果处理属于大气效果，可以使对象随着距相机距离的增大而显示得越浅。雾化使用白色，而景深效果处理使用黑色。在 AutoCAD 2010 中，调用贴图命令的方法有以下几种。

- 命令行：执行 RENDERENVIRONMENT 命令。
- 菜单栏：在菜单栏中，选择【视图】|【渲染】|【渲染环境】命令。
- 工具栏：在【渲染】工具栏中，单击【渲染环境】按钮，如图 8-33 所示。

下面介绍通过【渲染环境】对话框设置渲染环境的具体步骤。

(1) 在菜单栏中，选择【视图】|【渲染】|【渲染环境】命令，弹出【渲染环境】对话框，如图 8-36 所示。

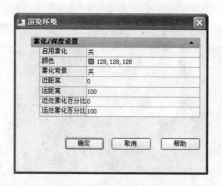

图 8-36　【渲染环境】对话框

(2) 从【启用雾化】下拉列表框中设置是否添加雾化效果，从【颜色】下拉列表框中设置雾化使用的颜色。

(3) 在【雾化背景】下拉列表框中不仅可以设置对背景的雾化，也可以设置对几何图形的雾化。

(4) 单击【近距离】微调按钮设置雾化开始处到相机的距离，单击【远距离】微调按钮设置雾化结束处到相机的距离。

(5) 单击【近处雾化百分比】微调按钮设置近距离处雾化的不透明度，单击【远处雾化百分比】微调按钮设置远距离处雾化的不透明度。

(6) 单击【确定】按钮，完成渲染环境的设置。

8.5.5　渲染

1. 在渲染窗口中快速渲染对象

使用渲染功能可以显示当前模型的渲染输出。在 AutoCAD 2010 中，调用渲染命令的方法有以下几种。

- 命令行：执行 RENDER 命令。
- 菜单栏：在菜单栏中，选择【视图】|【渲染】|【渲染】命令。
- 工具栏：在【渲染】工具栏中，单击【渲染】按钮 ，如图 8-33 所示。

执行上述操作后，AutoCAD 2010 会打开【渲染】显示框，如图 8-37 所示，此显示框显示的是棘轮的渲染结果。渲染窗口分为以下三个窗格：①【图像】窗格，显示渲染图像；②【统计信息】窗格，此窗格位于右侧，显示用于渲染的当前设置；③【历史记录】窗格，此窗格位于底部，提供当前模型的渲染图像的近期历史记录以及进度条以显示渲染进度。

2. 高级渲染设置

高级渲染设置功能可以显示或隐藏【高级渲染设置】选项板。在 AutoCAD 2010 中，调用高级渲染设置命令的方法有以下几种。

- 命令行：执行 RPREF 命令。
- 菜单栏：在菜单栏中，选择【视图】|【渲染】|【高级渲染设置】命令。
- 工具栏：在【渲染】工具栏中，单击【高级渲染设置】按钮 ，如图 8-33 所示。

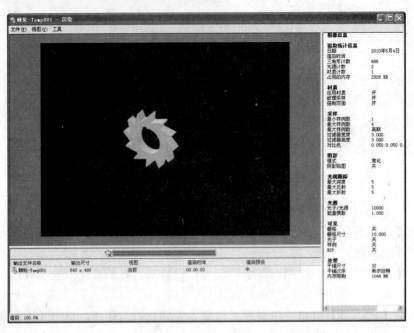

图 8-37 【渲染】显示框

执行上述操作后，AutoCAD 2010 会打开【高级渲染设置】选项板，如图 8-38 所示。用户可以通过该选项板对渲染的有关参数进行设置。

图 8-38 【高级渲染设置】选项板

 ## 8.6 回到工作场景

通过 8.2～8.5 节内容的学习，读者应该掌握了材质、贴图、设置光源和渲染等命令的

运用，此时可以完成渲染减速器的任务。下面我们将回到 8.1 节介绍的工作场景中，完成工作任务。

【工作过程 1】 打开文件并切换视觉样式

打开已有的素材文件"减速箱.dwg"(位于"素材\第八章素材\渲染减速箱\目录中")，全部选择该模型并右击，在弹出的面板中修改颜色，并将减速箱切换至【真实】视觉样式，如图 8-39 所示。

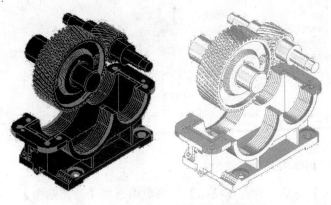

图 8-39　打开文件并切换视觉样式

【工作过程 2】 创建和添加新材质

选择【视图】|【渲染】|【材质】命令，打开【材质】选项板。单击【创建材质】按钮创建新材质，再单击【将材质应用到对象】按钮将材质应用到对象，如图 8-40 所示。接着选择底部的减速箱模型，并利用【分解】工具将其分解。重复以上方法创建新材质并将其应用到减速器内面，结果如图 8-41 所示。

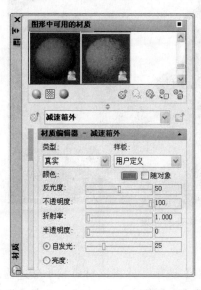

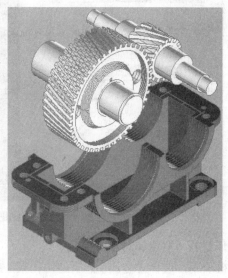

图 8-40　创建并应用材质(1)

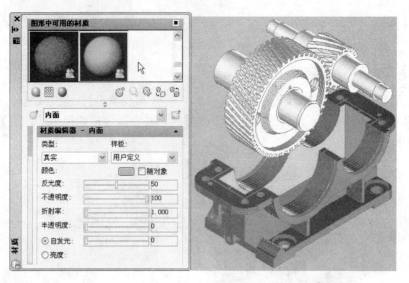

图 8-41　应用材质

【工作过程 3】 贴图并观察效果

选择【轮廓外】材质，并在【贴图】选项组中选择【凹凸贴图】类型，然后从【贴图类型】下拉列表框中选择大理石花纹，单击【设置】按钮 🔍 进入【大理石】选项组调整贴图参数，在【渲染】面板中单击【渲染】的下拉按钮 ▾，从其下拉菜单中选择【渲染面域】按钮 🗹 渲染面域，观察其贴图效果，如图 8-42 所示。

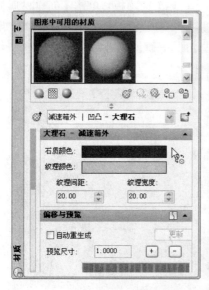

图 8-42　设置贴图并查看效果

【工作过程 4】 添加材质并配色

打开材质库，选择【金属. 金属结构构架. 钢】选项，并将该材质赋予减速器的轴上，如图 8-43 所示。接着打开【材质】选项板，选择【金属钢】材质，然后单击【颜色】选项的色块，打开【选择颜色】对话框，给轴配色，如图 8-44 所示。

图 8-43　打开材质库并赋予材质

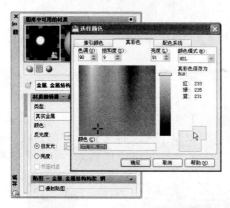

图 8-44　改变金属颜色

【工作过程 5】添加材质并配色

　　重复打开材质库选择【金属钢】材质，在【材质】选项板中创建该【金属钢】的副本，然后单击【颜色】选项的色块，打开【选择颜色】对话框，给斜齿轮配色，如图 8-45 所示。接着利用【分解】工具将较大的斜齿轮分解。然后创建【齿轮侧轮廓】材质，将其应用到侧轮廓，如图 8-46 所示。

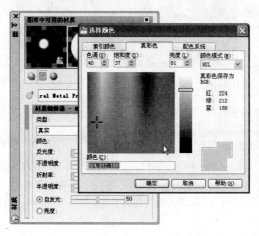

图 8-45　配色

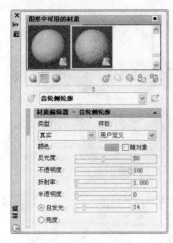 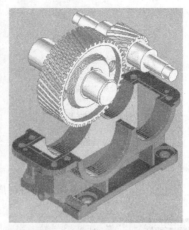

图 8-46 创建并应用材质(2)

【工作过程 6】 贴图并观察效果

在【材质】选项板的【贴图】选项组中选择【凹凸类型】，从下拉列表中选择【斑点图案】，单击【设置】按钮 进入【斑点图案】选项组调整贴图参数，在【渲染】面板中单击【渲染】的下拉按钮 ，从其下拉菜单中选择【渲染面域】按钮 渲染面域，观察其贴图效果，如图 8-47 所示。

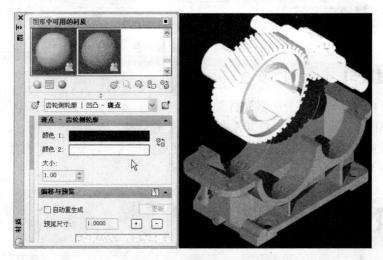

图 8-47 设置贴图并查看效果

【工作过程 7】 创建平行光并观察效果

单击【光源】选项板中的【创建光源】下拉按钮 ，从其下拉菜单中选择【平行光】按钮 平行光，然后选取点位置放置该平行光，如图 8-48 所示。切换至东南等轴测视图方向，在【渲染】面板中单击【渲染】的下拉按钮 ，从其下拉菜单中选择【渲染面域】按钮 渲染面域，观察效果，如图 8-49 所示。

图 8-48　创建平行光

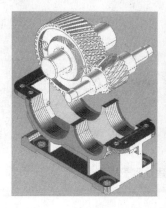

图 8-49　观察平行光效果

【工作过程 8】绘制矩形

切换至西南等轴测方向，单击【坐标】选项板中的【绕 X】按钮 ，将 UCS 坐标绕 X 轴旋转 90°，切换至仰视方向，单击【矩形】按钮 绘制矩形，如图 8-50 所示。

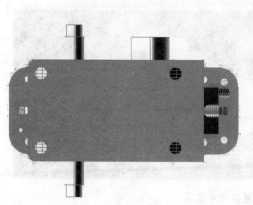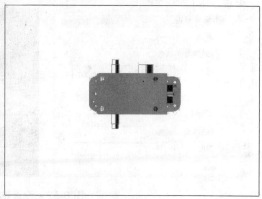

图 8-50　调整 UCS 并绘制矩形

【工作过程 9】绘制面域并贴图

切换回西南等轴测方向，选择【绘图】|【面域】命令，将矩形转换成面域。打开【材

质】选项板，新建材质并将材质赋予该面域，如图 8-51 所示。接着在【材质】选项板的【贴图】选项组中选择【凹凸】方式，并从其下拉列表中选择【方格】类型，进入【方格】选项组调整贴图参数。然后在【渲染】面板中单击【渲染】的下拉按钮 ▾ ，从其下拉菜单中选择【渲染面域】按钮 渲染面域，观察效果，如图 8-52 所示。

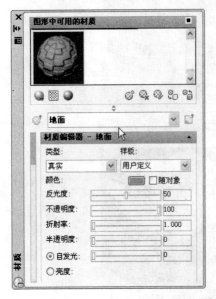

图 8-51　创建并赋予材质

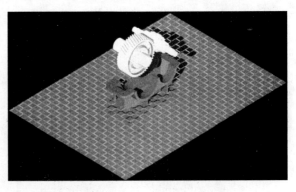

图 8-52　设置贴图并观察效果

【工作过程 10】渲染减速器

切换视图方向，单击【渲染】按钮 ，渲染创建的减速器模型，如图 8-1 所示。此时已完成了减速器模型渲染设置。

8.7 工作实训营

8.7.1 训练实例

1. 训练内容

对安全阀进行渲染操作，真实地表达安全阀的外观和纹理，如图 8-53 所示。

图 8-53 安全阀渲染效果

2. 训练目的

通过实例训练能熟练掌握材质、设置光源、贴图、渲染等一些操作的运用。

3. 训练过程

(1) 打开文件并切换视觉样式。打开"安全阀.dwg"文件(位于"素材\第八章素材\渲染安全阀\"目录中)，全部选择该模型并右击，在弹出的面板中修改颜色，并将安全阀切换至【真实】视觉样式，如图 8-54 所示。

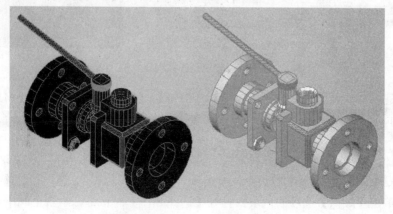

图 8-54 打开文件并切换视觉样式

(2) 创建材质并观察渲染效果。选择【视图】|【渲染】|【材质】命令，打开【材质】选项板。单击【创建材质】按钮，创建名称为"安全阀法兰"的新材质，再单击【将材质应用到对象】按钮，将材质应用到安全阀两端部分，如图 8-55 所示。选择【安全阀法兰】材质，并在【贴图】选项组中选择【凹凸贴图】类型，然后从其下拉列表框中选择大理石花纹，单击【设置】按钮进入【大理石】选项组调整贴图参数，在【渲染】面板中单击【渲染】的下拉按钮，从其下拉菜单中选择【渲染面域】按钮，观察其贴图效果，如图 8-56 所示。

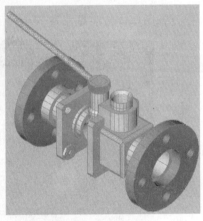

图 8-55　创建材质并赋予材质(1)

图 8-56　设置贴图并观察效果

(3) 创建新材质并应用。选择【视图】|【渲染】|【材质】命令，打开【材质】选项板。单击【创建材质】按钮，创建名称为"安全阀摇臂"的新材质，再单击【将材质应用到对象】按钮，将材质应用到安全阀摇臂上，如图 8-57 所示。

(4) 添加新材质并配色。打开材质库，选择【金属. 金属结构构架. 钢】选项，并将该材质赋予到安全阀中间部分上，如图 8-58 所示。接着打开【材质】选项板，选择【金属钢】材质，然后单击【颜色】选项的色块，打开【选择颜色】对话框，给安全阀中间部分配色，如图 8-59 所示。

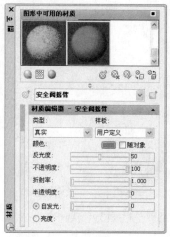

图 8-57 创建材质并赋予材质(2)

图 8-58 打开材质并赋予材质

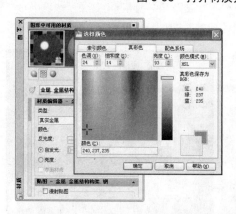

图 8-59 改变金属颜色

(5) 添加新材质并配色。重复打开材质库选择【金属. 金属结构构. 架钢】材质,在【材质】选项板中创建该【金属钢】的副本,然后单击【颜色】选项的色块,打开【选择颜色】对话框,给螺栓配色,并把【反光度】选项设置为 8,效果如图 8-60 所示。

(6) 创建平行光并观察效果。单击【光源】选项板中的【创建光源】下拉按钮,从其下拉菜单中选择【平行光】按钮,然后选取点位置放置该平行光,如图 8-61 所示。在【渲染】面板中单击【渲染】的下拉按钮,从其下拉菜单中选择【渲染面域】按钮,观察效果,如图 8-62 所示。

图 8-60 创建材质并赋予材质(3)

图 8-61 创建平行光

图 8-62 观察效果

(7) 绘制矩形。切换至西南等轴测方向，单击【坐标】选项板中的【绕 X】按钮，将 UCS 坐标绕 X 轴旋转 90°，切换至仰视方向，单击【矩形】按钮绘制矩形，如图 8-63 所示。

 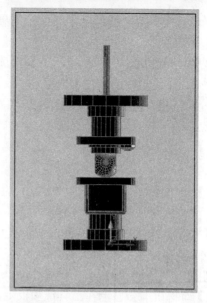

图 8-63　调整 UCS 并绘制矩形

（8）创建面域并添加材质。切换回西南等轴测方向，选择【绘图】|【面域】命令，将矩形转换成面域。打开【材质】选项板，新建材质并将材质赋予该面域，如图 8-64 所示。接着打开【材质】选项组，并选择金属材质，设置【反光度】为 15。

图 8-64　创建材质并赋予材质(4)

（9）渲染完成。切换视图方向，在【渲染】面板中单击【渲染】按钮，渲染创建的安全阀模型，结果如图 8-53 所示。

4. 技术要点

（1）在【渲染】面板中单击【渲染】的下拉按钮 ，从其下拉菜单中选择【渲染面域】按钮 渲染面域，接着在绘图区使用光标选取要修剪的窗口，建议所选取的窗口应包含整个图形，选取完窗口后在所拾取窗口区出现渲染效果，其背景为黑色，按住鼠标滚轮移动一下即可取消渲染效果。

（2）创建平行光之后，切换至【渲染】选项板，在【光源】面板中单击【模型中的光源】按钮 ，弹出【模型中的光源】选项卡，双击平行光名称弹出【特性】选项卡，在【常规】选项组中将【开/关状态】设置为关，即可关闭平行光。

8.7.2 常见问题解析

【问题1】可将【三维线框】特性面板中的【面样式】设置为【实时】样式或【古氏】样式，但是不清楚这两种样式有什么区别？

【答】【实时】样式中，物体面非常接近于面在现实中的表现方式；【古氏】样式使用冷色和暖色而不是暗色和亮色来增强面的显示效果，这些面可以附加阴影并且很难在真实显示中看到。

【问题2】新材质不会显示在工具选项板上，也不会参照纹理贴图，这是为什么，怎样解决这个问题？

【答】材质库在安装 AutoCAD 软件时，将作为组件选择性安装。当选择安装此组件时，将始终安装到默认位置。如果在安装材质库之前更改路径，则新材质不会显示在工具选项板上，也不会参照纹理贴图。此时，需要将新安装的文件复制到所需要的位置，或者将路径重新更改为默认路径。

 本章小结

在工程图中，二维图形的直观性比较差，有时无法观察产品的设计效果，这样给实际的交流和生产带来了极大的不便，因此往往需要通过三维图形来表达图形的效果。在创建和编辑三维模型过程中，调整模型显示方式和视图位置是非常重要的辅助操作。此外，AutoCAD 软件提供了光源、材质、贴图等辅助渲染功能，能够模拟产品逼真、生动的真实效果。

本章主要介绍了观察与渲染图形的一些基本操作方法，其中视点、正交、轴测视图和 UCS 平面视图的设置方法以及渲染的种类及使用方法是本章的重点，读者应该特别注意。通过本章的学习，读者能够掌握三维图形的观察和渲染方法，能够绘制出有真实效果的三维图形。

 习题

一、选择题

1. 在 AutoCAD 2010 中，使用 _____ 可在视点相对图形位置不发生变化的情况下，对图形不同方位进行观察。

  A. 受约束的动态观察   B. 连续动态观察

  C. 自由动态观察   D. 相机

 2. 当将视觉样式转换成＿＿＿＿＿＿＿＿时，会显示出附着材质后的图形。

  A. 三维线框   B. 三维隐藏

  C. 概念   D. 真实

 3. 在【材质】选项板的【材质编辑器】卷展栏中，根据不同类型的材质，其特性选项也不相同，下面＿＿＿＿＿＿＿＿是仅在高级和高级金属材质中才显示的选项。

  A. 折射率   B. 反光度

  C. 不透明度   D. 环境光

 4. 在【材质】选项板中的＿＿＿＿＿＿＿＿，仅在"真实"和"真实金属"材质类型时显示。

  A. 反光度   B. 不透明度

  C. 折射率   D. 自发光

 5. 在控制视图显示时，为了隐藏图形的前半部分，可以设置动态视图的＿＿＿＿＿＿＿＿。

  A. 前向剪裁   B. 后向剪裁

  C. 无   D. 多视口显示

二、简答题

 1. 在 AutoCAD 中，漫游与飞行各有什么特点？

 2. 在 AutoCAD 中，如何设置光源？

三、上机操作题

 1. 使用相机观察阀体。

  打开"阀体.dwg"文件(位于"素材\第八章素材\目录中")，使用相机观察阀体，如图 8-65 所示。其中，设置相机的名称为 my camera，相机高度为 100mm，焦距长度为 78mm。

图 8-65 创建相机并预览

提示:

(1) 在菜单栏中选择【视图】|【创建相机】命令。

(2) 根据命令行的提示设置相机的名称、相机的高度、焦距长度等。

(3) 在绘图区指定相机的位置。

(4) 单击相机图标,查看相机预览。

2. 渲染轴承座。

打开"轴承座.dwg"文件(位于"素材\第八章素材\"目录中),对轴承座进行渲染,
如图 8-66 所示。

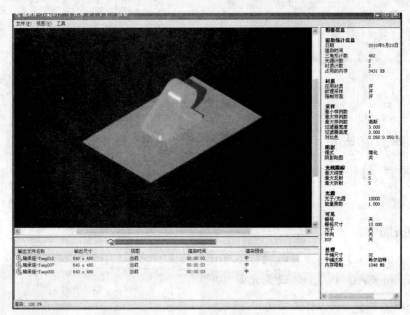

图 8-66　轴承座渲染效果

提示:

(1) 打开【材质】库,将【金属.金属结构构架.钢】材质赋予轴承座。

(2) 打开【材质】面板,修改轴承座的颜色。

(3) 创建平行光。

(4) 绘制一个矩形,并使用【面域】命令把它转换成面域。

(5) 打开【材质】面板,选择【金属.金属结构构架.钢】材质,调整反光度和自发光。

(6) 渲染轴承座。

第 9 章

图形输出与打印

 **本章要点**

- 输入和输出图形的方法。
- 模型空间与图纸空间的概念，布局的创建与设置。
- 浮动视口的删除、新建、调整、缩放和旋转方法。
- 打印样式表的类型和创建方法。
- 打印预览和打印设置。

 **技能目标**

- 掌握图形的输入和输出方法。
- 掌握创建和设置布局的方法。
- 掌握浮动视口的使用方法。
- 掌握创建打印样式表的方法。
- 掌握打印预览和打印设置的方法。

9.1 工作场景导入

【工作场景】

公司 B 设计了虎钳的三维模型后，还需要按如图 9-1 所示的要求对虎钳进行打印，机械厂 A 的加工人员才能根据打印出来的图纸加工出正确的虎钳零件。

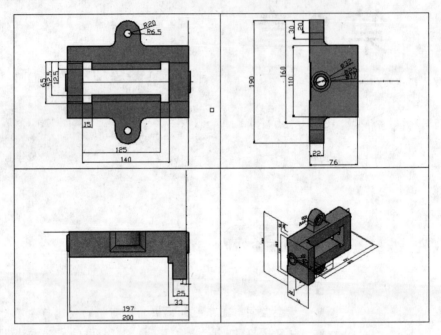

图 9-1 虎钳三维模型的打印要求

【引导问题】

(1) 如何导入和输出图形？如何插入 OLE 对象？

(2) 什么是模型空间与图纸空间？如何创建布局？如何进行页面设置？

(3) 什么是浮动视口？如何删除、新建和调整浮动视口？如何缩放和旋转视图？

(4) 打印样式表有哪几种类型？如何创建打印样式表？

(5) 如何进行打印设置？

9.2 图形的输入和输出

AutoCAD 2010 除了可以打开和保存 DWG 格式的图形文件外，还可以导入或导出其他格式的图形。

9.2.1　导入图形

在 AutoCAD 2010 中，导入图形的方法有以下几种。

- 菜单栏：在菜单栏中，选择【插入】|【Windows 图元文件】、【插入】|【ACIS 文件】、【插入】|【3D Studio】等命令，分别输入上述 3 种格式的图形文件，或者在菜单栏中选择【文件】|【输入】命令。
- 工具栏：在【插入点】工具栏中，单击【输入】按钮，如图 9-2 所示。

图 9-2　【插入点】工具栏

- 功能区：切换到【插入】选项卡，在【输入】面板中单击【输入】按钮。

执行上述操作后，AutoCAD 2010 会弹出【输入文件】对话框，如图 9-3 所示。在其中的【文件类型】下拉列表框中可以看到，AutoCAD 2010 允许输入 Windows 图元文件、ACIS 文件、3D Studio 图形格式的文件等。

图 9-3　【输入文件】对话框

9.2.2　插入 OLE 对象

在 AutoCAD 2010 中，插入 OLE 对象的方法有以下几种。

- 菜单栏：在菜单栏中，选择【插入】|【OLE 对象】命令。
- 工具栏：在【插入点】工具栏中，单击【OLE 对象】按钮，如图 9-2 所示。
- 功能区：切换到【插入】选项卡，在【数据】面板中单击【OLE 对象】按钮。

执行上述操作后，AutoCAD 2010 会弹出【插入对象】对话框，如图 9-4 所示，可以插入对象链接或者嵌入对象。

图 9-4 【插入对象】对话框

9.2.3 输出图形

下面介绍输出图形的具体步骤。

(1) 在菜单栏中，选择【文件】|【输出】命令，AutoCAD 2010 会弹出【输出数据】对话框，如图 9-5 所示。

图 9-5 【输出数据】对话框

(2) 在【保存于】下拉列表框中设置文件输出的路径，在【文件名】文本框中输入文件名称，在【文件类型】下拉列表框中选择文件的输出类型，例如图元文件、ACIS、平板印刷、封装 PS、DXX 提取、位图、块等。

（3）单击对话框中的【保存】按钮，将切换到绘图窗口中，可以选择需要以指定格式保存的对象。

9.3 打印与布局

9.3.1 模型空间与图纸空间

AutoCAD 提供了两个不同的空间：模型空间和图纸空间。用户可在模型空间中设计图形主题，在图纸空间中进行打印准备。下面将分别对它们进行介绍。

1. 模型空间

模型空间是一个三维坐标空间，主要用来设计零件和图形的几何形状，同时也是一个无限大的设计领域。前面各个章节中的内容都是在模型空间中进行的。

在模型空间中可以快捷地完成二维和三维物体的造型，并且可以根据需求用多个二维或三维视图来表示物体，同时配有必要的尺寸标注和注释等来完成所需要的全部绘图工作。在模型空间中，用户可以创建多个不重叠的(平铺)视口以展示图形的不同视图。如果图形不需要打印多个视口，可直接从【模型】选项卡中打印图形。

2. 图纸空间

在 AutoCAD 中，图纸空间是以布局的形式来表现的。一个图形文件可以包含多个布局，每个布局代表一张单独的打印输出图纸，它主要用于标注图形、添加标题栏和明细栏、添加注释、图形排列、创建最终的打印布局，而不用于绘图或设计工作。

通过移动或改变视口的尺寸，可在图纸空间中排列视图。在图纸空间中，视口被作为对象来看待，并且可用 AutoCAD 的标准编辑命令对其进行编辑。这样就可以在同一绘图页进行不同视图的放置和绘制。每个视口能展现模型不同部分的视图或不同视点的视图。

视图可以独立编辑，画成不同的比例，冻结和解冻特定的图层，调整视图，绘出不同的标注或注释。在图纸空间中，用户还可以用 MSPACE 命令和 PSPACE 命令在模型空间与图纸空间之间切换。这样，在图纸空间中就可以更灵活、更方便地编辑、安排及标注视图。

3. 在模型空间和图纸空间之间切换

使用系统变量 TILEMODE 可以控制模型空间和图纸空间之间的切换。当系统变量 TILEMODE 设置为 1 时，将切换到【模型】选项卡，用户工作在模型空间中。当系统变量 TILEMODE 设置为 0 时，将打开【布局】选项卡，用户工作在图纸空间中。用户还可以通过单击状态托盘中的【快速查看布局】按钮打开【快速查看布局】对话框，从中选择【模型】选项卡和【布局】选项卡。

在打开【布局】选项卡后，可以按以下方式在图纸空间和模型空间之间切换。

（1）通过使一个视口成为当前视口而切换至模型空间。要使一个视口成为当前视口，双击该视口即可。要使图纸空间成为当前状态，可双击浮动视口外布局内的任何地方。

（2）通过单击状态托盘中的【模型与图纸空间】按钮来切换模型空间和图纸空间。当通过此方法由图纸空间切换到模型空间时，最后活动的视口成为当前视口。

(3) 使用 MSPACE 命令可从图纸空间切换到模型空间，使用 PSAPCE 命令可从模型空间切换到图纸空间。

9.3.2 创建布局和页面设置

在 AutoCAD 2010 中，可以创建多种布局，每个布局都代表一张单独的打印输出图纸。创建新布局后就可以在布局中创建浮动视口，视口中的各个视图可以使用不同的打印比例，并能够控制视口中图层的可见性。

1. 创建布局

在 AutoCAD 2010 中，创建布局的方法有以下两种。

1) 使用【新建布局】命令创建布局。

调用新建布局命令的方式有以下两种。

- 菜单栏：在菜单栏中，选择【插入】|【布局】|【新建布局】命令。
- 工具栏：在【布局】工具栏中，单击【新建布局】按钮 ，如图 9-6 所示。

图 9-6 【布局】工具栏

例 9-1 使用【新建布局】命令创建"机械图纸"布局。

(1) 在菜单栏中，选择【插入】|【布局】|【新建布局】命令，此时命令行会提示如下。

输入布局选项 [复制(C)/删除(D)/新建(N)/样板(T)/重命名(R)/另存为(SA)/设置(S)/?] <设置>: _new
输入新布局名<布局 3>:

(2) 在命令行中输入新的布局名"机械图纸"后，AutoCAD 2010 就创建了一个新的布局。

2) 使用【创建布局向导】创建布局

例 9-2 使用【创建布局向导】创建名称为"布局 3"、打印机为 DWF6 ePlot.pc3、打印图纸大小为 ISO A4(297.00 毫米×210 毫米)、打印方向为纵向的布局。

(1) 在菜单栏中，选择【插入】|【布局】|【创建布局向导】命令，弹出【创建布局-开始】对话框，如图 9-7 所示，在对话框中输入新的布局名称后，单击【下一步】按钮。

(2) 选择当前配置的打印机为 DWF6 ePlot.pc3，单击【下一步】按钮。

(3) 设置打印图纸的大小为 ISO A4(297.00 毫米×210 毫米)，所用的单位为毫米，单击【下一步】按钮。

(4) 设置打印的方向为纵向，单击【下一步】按钮。

(5) 选择图纸的边框和标题栏的样式，在【类型】选项组中可以指定所选择的标题栏图形文件是作为块还是作为外部参照插入到当前图形中。设置完后单击【下一步】按钮。

(6) 指定新创建布局的默认视口的设置和比例等，在【视口设置】选项组中选中【单个】单选按钮，在【视口比例】下拉列表框中选择【按图纸空间缩放】选项。设置完后单击【下一步】按钮。

(7) 单击【选择位置】按钮，切换到绘图窗口，用鼠标在绘图区指定视口的大小和位置。

(8) 单击【下一步】按钮，然后单击【完成】按钮，完成新布局及默认的视口创建。

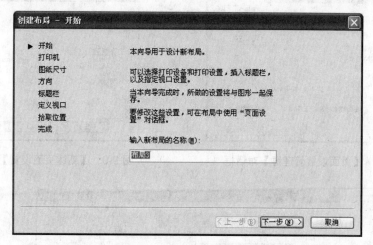

图 9-7　创建布局向导

2. 布局的页面设置

页面设置是打印设备和其他影响最终输出的外观和格式的设置的集合。用户可以修改这些设置，并将其应用到其他布局中。

在 AutoCAD 2010 中，执行页面设置命令的方法有以下几种。

- 命令行：执行 PAGESETUP 命令。
- 菜单：单击菜单浏览器按钮，在弹出的应用程序菜单中选择【打印】|【页面设置】命令。
- 功能区·切换到【输出】选项板，在【打印】面板中单击【页面设置管埋器】按钮。
- 快捷菜单：在【模型】选项卡或某个布局选项卡上右击，然后在弹出的快捷菜单中选择【页面设置管理器】命令。
- 工具栏：在【布局】工具栏中，单击【页面设置管理器】按钮，如图 9-6 所示。

执行上述操作后，AutoCAD 2010 会弹出【页面设置管理器】对话框，如图 9-8 所示。单击【新建】按钮，打开【新建页面设置】对话框，可在其中创建新的布局，如图 9-9 所示。在【页面设置管理器】对话框中单击【修改】按钮，打开【页面设置】对话框，如图 9-10 所示。

下面介绍使用【页面设置】对话框进行页面设置的具体步骤。

(1) 打开【页面设置】对话框，在【打印机/绘图仪】选项组中，在【名称】下拉列表框中选择可用的 PC3 文件或系统打印机，以打印或发布当前布局或图纸。如果要查看或修改打印机的配置信息，可以单击【特性】按钮，在弹出的【绘图仪配置编辑器】对话框中进行设置，如图 9-11 所示。

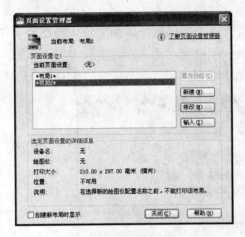

图 9-8 【页面设置管理器】对话框   图 9-9 【新建页面设置】对话框

图 9-10 【页面设置】对话框

图 9-11 【绘图仪配置编辑器】对话框

(2) 在【打印机/绘图仪】选项组中，【绘图仪】选项显示当前所选页面设置中指定的打印设备；【位置】选项显示当前所选页面设置中指定的输出设备的物理位置；【说明】选项显示当前所选页面设置中指定的输出设备的说明文字；【局部预览】选项精确显示相对于图纸尺寸和可打印区域的有效打印区域。

(3) 【图纸尺寸】下拉列表框中显示所选打印设备可用的标准图纸尺寸，如果未选择绘图仪，则该下拉列表框中将显示全部标准图纸尺寸列表，可从列表中选择合适的图纸尺寸。

(4) 在【打印区域】选项组的【打印范围】下拉列表框中可选择要打印的图形区域，包括布局、窗口、范围和显示。

> **提示：** 默认设置为布局，表示针对【布局】选项卡，打印图纸尺寸边界内的所有图形，或表示针对【模型】选项卡，打印绘图区中所显示的几何图形。

(5) 在【打印偏移】选项组中，在 X 文本框中输入正值或负值可设置 X 方向上的打印原点，在 Y 文本框中输入正值或负值可设置 Y 方向上的打印原点。选中【居中打印】复选框时，可以自动计算 X 偏移和 Y 偏移值。当【打印范围】设置为【布局】时，【居中打印】复选框不可用。

> **提示：** 【打印偏移】选项组用来指定打印区域相对于可打印区域左下角或图纸边界的偏移。图纸的可打印区域由所选输出设备决定，在布局中以虚线表示。修改为其他输出设备时，可能会修改可打印区域。通过在 X 和 Y 文本框中输入正值或负值，可以偏移图纸上的几何图形。

(6) 在【打印比例】选项组中，从【模型】选项卡打印时，默认设置为布满图纸，如果在【打印范围】下拉列表框中选择了【布局】选项，则无论在【比例】中指定了何种设置，都将以 1∶1 的比例打印布局。如果要按打印比例缩放线宽，可选中【缩放线宽】复选框。如果要缩小为原尺寸的一半，则打印比例为 1∶2，线宽也随比例缩放。

> **提示：** 【打印比例】选项组用来控制图形单位与打印单位之间的相对尺寸。打印布局时，默认缩放比例设置为 1∶1。

(7) 在【打印样式表】选项组中，在【打印样式表】下拉列表框中可选择设置、编辑打印样式表，或者创建新的打印样式表，如果选择【新建】选项，将弹出【添加颜色相关打印样式表】对话框，如图 9-12 所示，使用该对话框可添加颜色相关打印样式表。

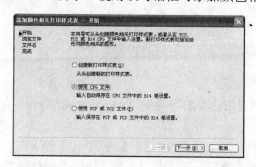

图 9-12　【添加颜色相关打印样式表】对话框

(8) 在【着色视口选项】选项组中，在【着色打印】下拉列表框中可指定视图的打印方式，要为布局选项卡上的视口指定此设置，可以选择该视口，然后在【工具】菜单栏中选择【特性】；在【质量】下拉列表框中可指定着色和渲染视口的打印分辨率；如果在【质量】下拉列表框中选择了【自定义】选项，则可以在 DPI 文本框中设置渲染和着色视图的每英寸点数，最大可为当前打印设备分辨率的最大值。

(9) 在【打印选项】选项组中，如果没有选中【按样式打印】复选框，可通过【打印对象线宽】复选框来设置是否打印指定给对象和图层的线宽；【按样式打印】复选框可用于设置是否打印应用于对象和图层的打印样式，如果选中此复选框，也将自动选中【打印对象线宽】复选框；选中【最后打印图纸空间】复选框时，可以先打印模型空间几何图形，通常先打印图纸空间几何图形，然后再打印模型空间几何图形；【隐藏图纸空间对象】复选框用于设置【消隐】操作应用于图纸空间视口中的对象。

提示：【隐藏图纸空间对象】复选框仅在布局选项卡中可用，此设置的效果反映在打印预览中，而不反映在布局中。

(10) 在【图形方向】选项组中，通过选中【纵向】或【横向】单选按钮，可指定图形在图纸上的打印方向为纵向或横向；选中【上下颠倒复印】复选框可颠倒图形进行打印。

(11) 单击【确定】按钮，完成页面设置。

9.4 使用浮动视口

在构造布局图时，可以将浮动视口视为图纸空间的图形对象，并对其进行移动和调整。浮动视口的形状可以为矩形、任意多边形或圆形等，各视口之间可以相互重叠或分离，并能同时打印。在图纸空间中，因为浮动窗口是 AutoCAD 对象，所以在图纸空间中排放布局时不能编辑模型，如果要编辑模型，必须激活浮动视口，进入浮动模型空间。激活浮动视口的方法有多种，如执行 MSPACE 命令、单击状态托盘上的【模型与图纸空间】按钮或双击浮动视口区域中的任意位置。

9.4.1 删除、新建和调整浮动视口

1. 删除浮动视口

在布局图中，选择浮动视口边界，然后按 Del 键即可删除浮动视口。

2. 新建浮动视口

删除浮动视口后，可以创建新的浮动视口。在 AutoCAD 中，创建新的浮动视口的方法有以下几种。

- 菜单栏：在菜单栏中选择【视图】|【视口】|【新建视口】命令。
- 功能区：切换到【视图】选项卡，单击【视口】面板中的【新建】按钮。

● 工具栏：在【视口】工具栏中单击【显示视口对话框】按钮 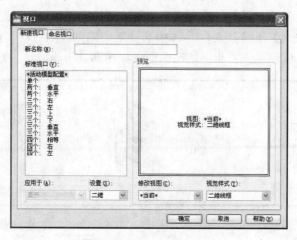。

例 9-3　如果要新建东南等轴测、俯视和左视 3 个浮动视口，其操作步骤如下。

(1)　打开"轴承座.dwg"文件(见光盘\素材\第八章素材\轴承座.dwg)，切换至【布局】空间，在布局图中，选择浮动视口边界，然后按 Del 键即可删除浮动视口。

(2)　在菜单栏中选择【视图】|【视口】|【新建视口】命令，弹出【视口】对话框，如图 9-13 所示。

图 9-13　【视口】对话框

(3)　在【视口】对话框的【新名称】文本框中输入"轴承座"，在【标准视口】列表框中选择【三个：上】选项，按照如图 9-14 所示对【视口】对话框进行设置。

(4)　单击【确定】按钮，此时【视口】对话框关闭返回到绘图区，命令行提示"指定第一个角点或[布满]<布满>"。

(5)　用鼠标在绘图区指定第一个角点，此时命令行会提示"指定对角点"，接着用鼠标在绘图区指定对角点，即可创建新的视口，如图 9-15 所示。

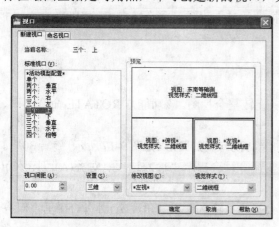

图 9-14　【视口】对话框

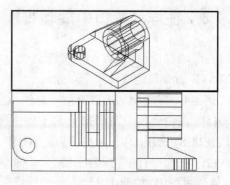

图 9-15　浮动视口

3. 调整浮动视口

相对于图纸空间，浮动视口和一般的图形没什么区别。每个浮动视口均被绘制在当前层上，且采用当前层的颜色和线型。因此，可使用通常的图形编辑方法来编辑浮动视口。例如，可以通过拉伸和移动夹点来调整浮动视口的边界。

9.4.2 相对图纸空间比例缩放视图

如果布局图中使用了多个浮动视口，就可以为这些视口中的视图建立相同的缩放比例。这时首选将【模型与图纸空间】切换至模型空间，然后选择要修改其缩放比例的浮动视口，在状态栏的【视口比例】下拉列表框 中选择某一比例，然后对其他的所有浮动视口执行同样的操作，就可以设置一个相同的比例值，如图 9-16 所示。

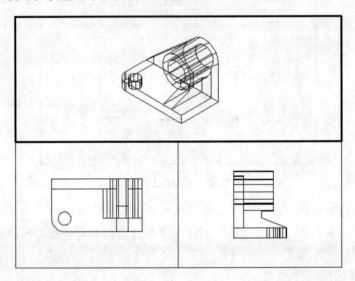

图 9-16　缩放视图

在 AutoCAD 中，通过对齐两个浮动视口中的视图，可以排列图形中的元素。采用角度、水平和垂直对齐方式，可以相对一个视口中指定的基点平移另一个视口中的视图。

9.4.3 在浮动视口中旋转视图

在浮动视口中，执行 MVSETUP 命令可以旋转整个视图。该功能与 ROTATE 命令不同，ROTATE 命令只能旋转单个对象。

例 9-4　使用 MVSETUP 命令将轴承座的浮动视口中的图形（如图 9-17 所示）旋转 30°。

(1) 在命令行中输入 MVSETUP 并回车，命令行会提示"输入选项［对齐(A)/创建(C)/缩放视口(S)/选项(O)/标题栏(T)/放弃(U)]"。

(2) 在命令行中输入 A 并回车，命令行会提示"输入选项［角度(A)/水平(H)/垂直对齐(V)/旋转视图(R)/放弃(U)]"。

(3) 在命令行中输入 R 并回车，命令行会提示"指定视口中要旋转视图的基点"，用鼠标在绘图区指定基点，此时命令行会提示"指定相对基点的角度"。

(4) 在命令行中输入 30 并连续回车两次结束 MVSETUP 命令，结果如图 9-18 所示。

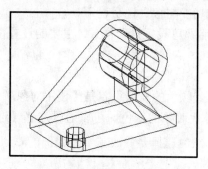

图 9-17　旋转前效果图

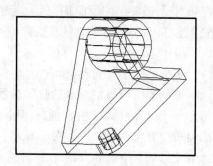

图 9-18　旋转后效果图

 ## 9.5　打印样式表

为了在打印图纸时能够按照设计者的要求进行打印，可在 AutoCAD 2010 中创建和编辑打印样式表。打印样式表是指定给【布局】选项卡或【模型】选项卡的打印样式的集合。

9.5.1　打印样式表的类型

打印样式表有两种类型，一种是颜色相关打印样式表(CTB)，它实际上是一种根据对象颜色设置的打印方案；另一种是命名打印样式表，主要在相同颜色的对象需要进行不同的打印设置时应用。下面分别介绍这两种不同的打印样式表。

1. 颜色相关打印样式表

颜色相关打印样式表(CTB)用对象的颜色来确定打印特征（例如线宽）。用户可参照 9.3.2 小节所叙述的方法打开【页面设置管理器】对话框，接着在该对话框中单击【修改】按钮，打开【页面设置】对话框。在【打印样式表】选项组中的【打印样式表】下拉列表框中选择一个打印样式后单击【编辑】按钮，打开【打印样式表编辑器】对话框，如图 9-19 所示。

图 9-19　【打印样式表编辑器】对话框

在该对话框中可编辑打印样式。其中各选项的功能与含义说明说下。

先在【打印样式】列表框中选择一种样式，然后即可设置打印样式。主要的设置在【特性】选项组中进行。

1) 【颜色】下拉列表框

该下拉列表框可指定对象的打印颜色。打印样式颜色的默认设置是【使用对象颜色】。如果指定一个打印样式颜色，则打印时该颜色会替代对象的颜色。可以通过选择【选择颜色】选项来打开【选择颜色】对话框。

2) 【抖动】下拉列表框

如果在该下拉列表框中选择【开】选项，打印机采用抖动来靠近点图案的颜色，从而使打印图形的色彩表现比 AutoCAD 颜色索引(ACI)更为丰富。如果打印机不支持抖动，则抖动设置被忽略。通常情况下，抖动功能是关闭的，以避免由于细矢量抖动所产生的假线显示。关闭抖动也会使暗淡的颜色变得更清楚。当关闭了抖动时，AutoCAD 将颜色映射到最接近的颜色，这样打印时可以使用的颜色会减少。不论使用对象颜色还是指定打印样式颜色，都可以使用抖动。

3) 【灰度】下拉列表框

如果打印机支持灰度，当在【灰度】下拉列表框中选择【开】选项时，则将对象颜色转换为灰度；当灰度设为【关】时，AutoCAD 将使用对象颜色的 RGB 值。

4) 【笔号】微调框

该微调框仅使用于笔式绘图仪，用来指定打印对象(使用该打印样式)时使用的笔。可用的笔的范围是 1~32。如果打印样式颜色设置为【使用对象颜色】，或者正在编辑的打印样式是颜色相关打印样式表中的样式，则不能修改指定的笔号，该值被设置为【自动】。如果指定 0，该值更新为【自动】。AutoCAD 使用在【对象配置编辑器】的【物理笔特性】中提供的信息确定与打印机对象颜色最相近的笔。

5) 【虚拟笔号】微调框

该微调框用来指定范围为 1~255 的虚拟笔号。许多非笔式绘图仪可以使用虚拟笔来模拟笔式绘图仪。

6) 【淡显】微调框

该微调框用来指定颜色强度以确定打印用墨的量。有效范围是 0~100。选择 0 将使颜色变为白色，选择 100 将使颜色以最浓的方式显示。要启用淡显，在【抖动】下拉列表框中选择【开】选项。

7) 【线型】下拉列表框

该下拉列表框用来显示每种线型的样例和说明列表。打印样式线型的默认设置是【使用对象线型】。如果指定了打印样式线型，在打印时该线型将替代对象线型。

8) 【自适应】下拉列表框

该下拉列表框用来调整线型的比例以完成线型图案。如果线型比例比较重要，则应关闭【自适应调整】选项。如果完成线型图案比正确的线型比例还重要，则应启用【自适应调整】选项。

9) 【线宽】下拉列表框

该下拉列表框用来显示线宽的样例和数字值。可以用毫米为单位指定线宽的数字值。

打印样式线宽的默认设置是【使用对象线宽】。如果指定了打印样式线宽，则在打印时该线宽将替代对象线宽。

10)　【端点】下拉列表框

该下拉列表框提供的线条端点样式为柄形、方形、圆形和菱形。线条端点样式的默认设置是【使用对象端点样式】。如果指定了线条端点样式，则在打印时该线条端点样式将替代对象端点样式。

11)　【连接】下拉列表框

该下拉列表框提供的线条连接样式为斜接、斜角、圆形和菱形。线条连接样式的默认设置是【使用对象连接样式】。如果指定了一个线条连接样式，则在打印时该线条连接样式将替代对象连接样式。

12)　【填充】下拉列表框

该下拉列表框提供的填充样式为实心、棋盘形、交叉线、菱形、水平线、左斜线、右斜线、方形点和垂直线。填充样式的默认设置是【使用对象填充样式】。如果指定了一个填充样式，则在打印时该填充样式将替代对象填充样式。

2. 命名打印样式表

命名打印样式表包括用户定义的打印样式。使用命名打印样式表时，具有相同颜色的对象可能会以不同方式打印，这取决于指定给对象的打印样式。命名打印样式表的数量取决于用户的需要。可以将命名打印样式像所有其他特性一样指定给对象或布局。

在菜单栏中选择【文件】|【打印样式管理器】命令，将打开如图 9-20 所示的 Plot Styles 对话框。在该打印样式文件夹中，与颜色相关的打印样式表都被保存在以.ctb 为扩展名的文件中，命名打印样式表被保存在以.stb 为扩展名的文件中。

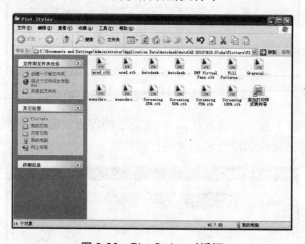

图 9-20　Plot Styles 对话框

9.5.2　创建打印样式表

在 9.3.2 小节使用【页面设置】对话框进行页面设置的第(7)步骤时，若【打印样式表】选项组没有合适的打印样式，可进行打印样式的设置，创建新的打印样式，使其符合设计者要求。

下面介绍创建打印样式表的具体步骤。

(1) 双击 Plot Styles 对话框中的【添加打印样式表向导】图标 ，系统弹出【添加打印样式表】对话框，如图 9-21 所示。

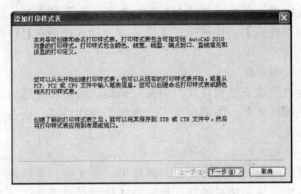

图 9-21 【添加打印样式表】对话框

(2) 单击【下一步】按钮，进入如图 9-22 所示的界面，选中【创建新打印样式表】单选按钮。

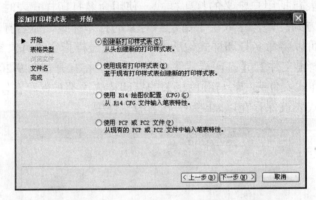

图 9-22 【添加打印样式表-开始】对话框

(3) 单击【下一步】按钮，进入如图 9-23 所示的界面，提示选择表格类型，即选择创建颜色相关的打印样式表或创建命名相关的打印样式表。

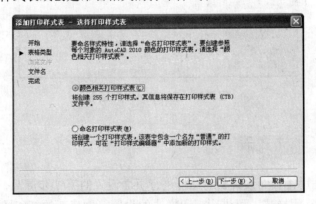

图 9-23 【添加打印样式表-选择打印样式表】对话框

(4)　单击【下一步】按钮，在下一个界面中输入新文件名，接着单击【下一步】按钮，进入如图 9-24 所示的界面，再单击【打印样式表编辑器】按钮，这时将弹出如图 9-25 所示的对话框。

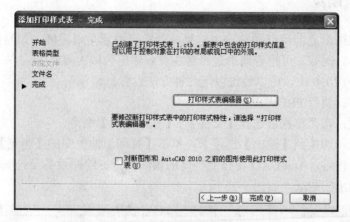

图 9-24　【添加打印样式表-完成】对话框

图 9-25　【打印样式表编辑器】对话框

(5)　设置完成后，如果希望将打印样式表另存为其他文件，可单击【另存为】按钮；如果想修改后将结果直接保存在当前打印样式表文件中，则单击【保存并关闭】按钮，返回到【添加打印样式表-完成】对话框。最后单击【完成】按钮即可创建新的打印样式。

9.6　打印输出

使用 AutoCAD 2010 创建完图形之后，通常要打印到图纸上，也可以生成一份电子图纸，以便从互联网上进行访问。打印的图形可以包含图形的单一视图，或者更为复杂的视图排列。根据不同的需要，可以打印一个或多个视口，或设置选项以决定打印的内容和图像在图纸上的布置。

9.6.1 打印预览

在打印输出图形之前可以预览输出结果，以检查设置是否正确。预览打印效果是一种十分有用的操作。例如，可检查图形是否都在有效输出区域内等。

在 AutoCAD 2010 中，可以通过以下几种方法设置打印预览。

- 命令行：执行 PREVIEW 命令。
- 菜单栏：在菜单栏中选择【文件】|【打印预览】命令。
- 功能区：切换到【输出】选项卡，单击【打印】面板中的【预览】按钮。

执行上述操作后，AutoCAD 将按照当前的页面设置、绘图设备及绘图样式表等在屏幕上显示最终要输出的图纸，如图 9-26 所示。

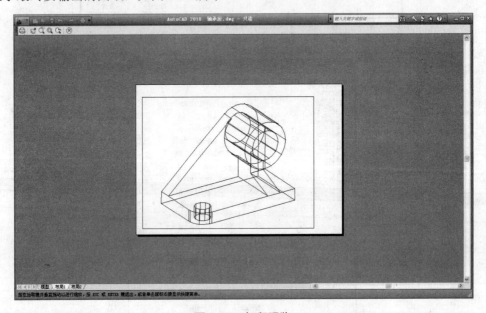

图 9-26 打印预览

在预览窗口中，光标变成了带有加号和减号的放大镜状，单击并向上拖动光标可以放大图像，单击并向下拖动光标可以缩小图像。直接按 Esc 键可结束全部的预览操作。

9.6.2 打印设置

在 AutoCAD 2010 中，可以使用【打印】对话框打印图形。当在绘图窗口中选择一个【布局】选项卡后，可以通过以下几种方法进行打印设置。

- 菜单栏：在菜单栏中选择【文件】|【打印】命令，
- 功能区：切换至【输出】选项卡，在【打印】面板中单击【打印】按钮。

执行上述操作后，将会打开【打印】对话框，如图 9-27 所示。

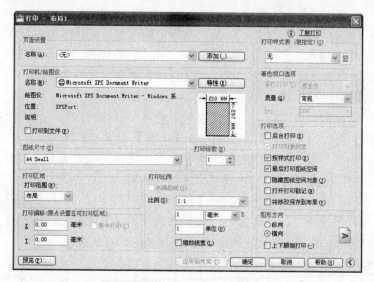

图 9-27　【打印】对话框

下面介绍使用【打印】对话框进行打印设置的具体步骤。

(1) 打开【打印】对话框，在【页面设置】选项组的【名称】下拉列表框中可以选择打印设置，并能够随时保存、命名和恢复【打印】和【页面设置】对话框中的所有设置。单击【添加】按钮，打开【添加页面设置】对话框，可以从中添加新的页面设置，如图 9-28 所示。

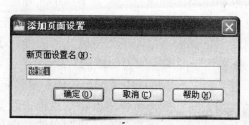

图 9-28　【添加页面设置】对话框

(2) 在【打印机/绘图仪】选项组中，在【名称】下拉列表框中选择可用的 PC3 文件或系统打印机，以打印或发布当前布局或图纸。如果要查看或修改打印机的配置信息，可以单击【特性】按钮，在弹出的【绘图仪配置编辑器】对话框中进行设置。

(3) 在【打印机/绘图仪】选项组中，【绘图仪】选项显示当前所选页面设置中指定的打印设备；【位置】选项显示当前所选页面设置中指定的输出设备的物理位置；【说明】选项显示当前所选页面设置中指定的输出设备的说明文字；【局部预览】选项精确显示相对于图纸尺寸和可打印区域的有效打印区域，工具提示显示图纸尺寸和可打印区域；选中【打印到文件】复选框，可以指示将选定的布局发送到打印文件，而不是发送到打印机。

(4) 【图纸尺寸】下拉列表框中显示所选打印设备可用的标准图纸尺寸，如果未选择绘图仪，则该下拉列表框中将显示全部标准图纸尺寸列表，可从列表中选择合适的图纸尺寸。

(5) 【打印份数】微调框用于设置每次打印图纸的份数。

(6) 在【打印区域】选项组的【打印范围】下拉列表框中可选择要打印的图形区域，

包括布局、窗口、范围和显示。

(7) 在【打印偏移】选项组中，在 X 文本框中输入正值或负值可设置 X 方向上的打印原点，在 Y 文本框中输入正值或负值可设置 Y 方向上的打印原点。选中【居中打印】复选框时，可以自动计算 X 偏移和 Y 偏移值。当【打印范围】设置为【布局】时，【居中打印】复选框选项不可用。

(8) 在【打印比例】选项组中，从【模型】选项卡打印时，默认设置为布满图纸，如果将【打印范围】设置为【布局】，则无论在【比例】中指定了何种设置，都将以 1：1 的比例打印布局。如果要按打印比例缩放线宽，可选中【缩放线宽】复选框。如果要缩小为原尺寸的一半，则打印比例为 1：2，线宽也随比例缩放。

(9) 在【打印样式表】选项组中，在【打印样式表】下拉列表框中可选择设置、编辑打印样式表，或者创建新的打印样式表，如果选择【新建】选项，将弹出【添加颜色相关打印样式表】对话框，使用该对话框可添加颜色相关打印样式表。

(10) 在【着色视口选项】选项组中，在【着色打印】下拉列表框中可指定视图的打印方式，要为布局选项卡上的视口指定此设置，可以选择该视口，然后在【工具】菜单中选择【特性】命令；在【质量】下拉列表框中可指定着色和渲染视口的打印分辨率；如果在【质量】下拉列表框中选择了【自定义】选项，则可以在 DPI 文本框中设置渲染和着色视图的每英寸点数，最大可为当前打印设备分辨率的最大值。

(11) 在【打印选项】选项组中，如果没有选中【按样式打印】复选框，那么可通过【打印对象线宽】复选框设置是否打印指定给对象和图层的线宽；【按样式打印】复选框可用于设置是否打印应用于对象和图层的打印样式，如果选中此复选框，也将自动选中【打印对象线宽】复选框；选中【最后打印图纸空间】复选框时，可以先打印模型空间几何图形，通常先打印图纸空间几何图形，然后再打印模型空间几何图形；【隐藏图纸空间对象】复选框用于设置【消隐】操作应用于图纸空间视口中的对象。

(12) 在【打印选项】选项组中，如果选中【后台打印】复选框，可以在后台打印图形；如果选中【将修改保存到布局】复选框，可以将打印对话框中改变的设置保存到布局中；如果选中【打开打印戳记】复选框，可以在每个输出图形的某个角落上显示绘图标记，以及生成日志文件。

(13) 在【图形方向】选项组中，通过选中【纵向】或【横向】单选按钮，可指定图形在图纸上的打印方向为纵向或横向；选中【上下颠倒复印】复选框可颠倒图形进行打印。

(14) 各部分都设置完成之后，在【打印】对话框中单击【确定】按钮，AutoCAD 2010 将开始输出图形并动态显示绘图进度。如果图形输出时出现错误或要中断绘图，可按 Esc 键，AutoCAD 2010 将结束图形输出。

 ## 9.7 回到工作场景

通过 9.2～9.6 节内容的学习，读者应该已经掌握了模型空间和布局空间的概念，以及创建布局、创建视口、打印设置、打印图形等命令的运用。下面我们将回到 9.1 节介绍的工作场景中，完成工作任务。

【工作过程 1】打开文件并切换布局空间

打开"虎钳底座.dwg"文件(位于"素材\第九章素材\虎钳底座\"目录中)，单击状态托盘中的【模型】按钮或在绘图区下方单击【布局 1】标签，切换到布局空间，如图 9-29 所示。

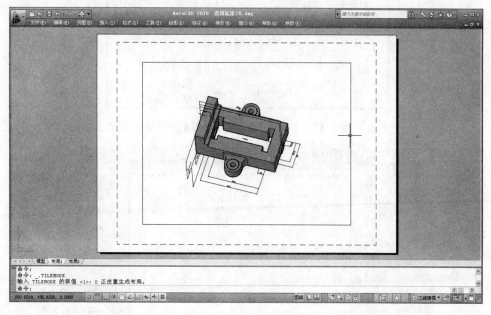

图 9-29　切换到布局空间

【工作过程 2】创建布局

在菜单栏中选择【插入】|【布局】|【创建布局向导】命令，AutoCAD 2010 会弹出【创建布局-开始】对话框，如图 9-30 所示。在【创建布局】对话框中输入新布局的名称为"虎钳底座"、指定打印设备为 DWF6 ePlot.pc3、确定图纸尺寸为 A0(841.00 毫米×1189.00 毫米)和图形的打印方向为纵向、选择布局中使用的标题栏。接着在【创建布局-拾取位置】对话框中单击【选择位置】按钮，如图 9-31 所示，此时 AutoCAD 2010 会关闭【创建布局】对话框，用户可在绘图区拾取视口位置，如图 9-32 所示，最后单击【完成】按钮，即创建了【虎钳底座】布局，如图 9-33 所示。

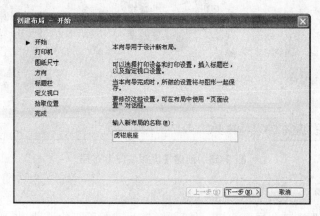

图 9-30　创建布局向导

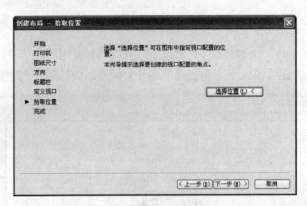

图 9-31 　【创建布局-拾取位置】对话框

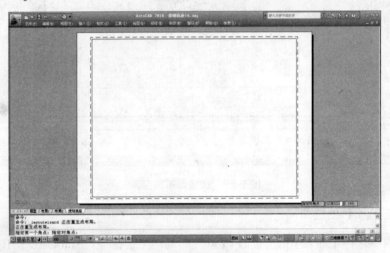

图 9-32 　拾取位置

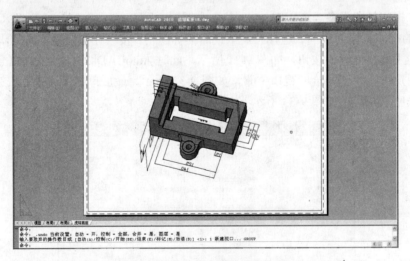

图 9-33 　创建【虎钳底座】布局

【工作过程 3】 创建新视口

在布局图中，选择浮动视口边界，然后按 Del 键即可删除浮动视口。在菜单栏中选择

【视图】|【视口】|【新建视口】命令，AutoCAD 2010 会弹出【视口】对话框，如图 9-34 所示。在该对话框中选择【四个：相等】标准视口并设置相关参数，然后单击【确定】按钮创建新的视口，如图 9-35 所示。

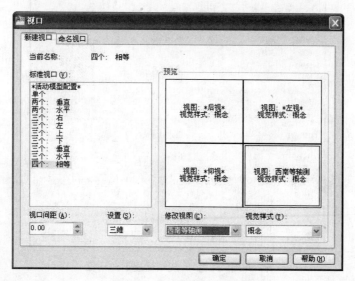

图 9-34　【视口】对话框

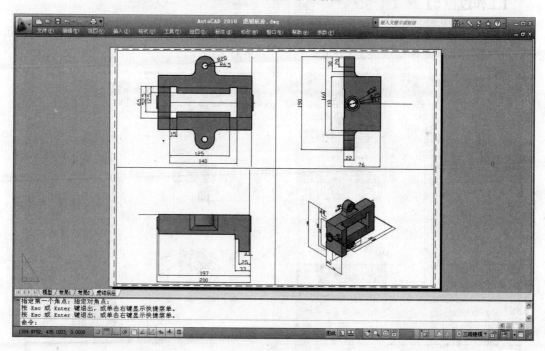

图 9-35　创建视口

【工作过程 4】 设置打印

切换至【输出】选项卡，在【打印】面板中单击【打印】按钮，打开【打印-虎钳底座】对话框，如图 9-36 所示。

图 9-36　【打印-虎钳底座】对话框

【工作过程 5】 选取打印区域

在【打印-虎钳底座】对话框的【打印范围】下拉列表框中选择【窗口】选项，进入布局空间，利用十字光标选取要打印的区域，如图 9-37 所示。

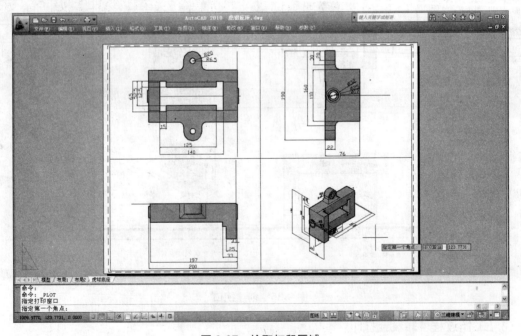

图 9-37　拾取打印区域

【工作过程 6】打印预览

在【打印-虎钳底座】对话框中单击【预览】按钮，可以预览和确认打印图形效果，从而保证打印图形质量，如图 9-38 所示。

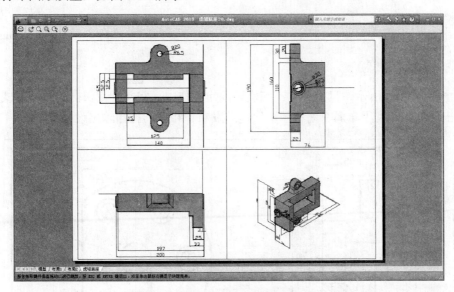

图 9-38 打印预览

【工作过程 7】完成打印输出设置

在查看预览效果后，若发现需要修改的地方，可单击【关闭预览窗口】按钮 ⊗，返回模型空间进行修改；若预览合适，可单击【打印】按钮 🖨，执行打印操作，打开如图 9-39 所示的【浏览打印文件】对话框，选择保存路径后单击【保存】按钮，即可输出打印信息，完成打印输出设置。

图 9-39 【浏览打印文件】对话框

9.8 工作实训营

9.8.1 训练实例

1. 训练内容

输出如图 9-40 所示的盘类零件。在实际输出工作中，常常利用快捷的打印方式来完成图形输出任务，即利用布局空间将图形快速地发布于相应的打印输出设备中。

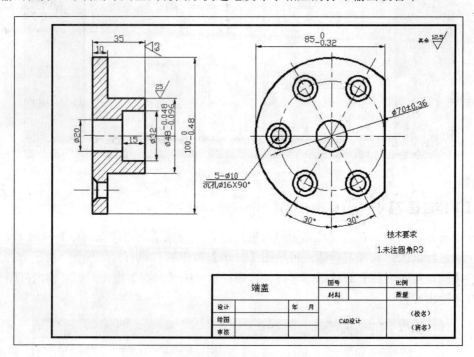

图 9-40　打印端盖

2. 训练目的

通过实例训练能熟练模型空间和布局空间，以及打印设置、打印图形等命令的运用。

3. 训练过程

(1) 打开【模型】和【布局 2】选项卡。打开"端盖.dwg"文件(位于"素材\第九章素材\"目录中)，单击状态托盘中的【模型与图纸空间】按钮或在绘图区下方单击【布局 2】标签，切换到布局空间，如图 9-41 所示。

(2) 设置打印模式。切换至【输出】选项卡，在【打印】面板中单击【打印】按钮，或在菜单栏中选择【文件】|【打印】命令，打开【打印-布局 2】对话框，在【打印机/绘图仪】选项组的【名称】下拉列表框中选择 DWF6 ePlot.pc3 选项，并将图纸尺寸设置为"ISO expand A4(210.00×297.00 毫米)"，如图 9-42 所示。

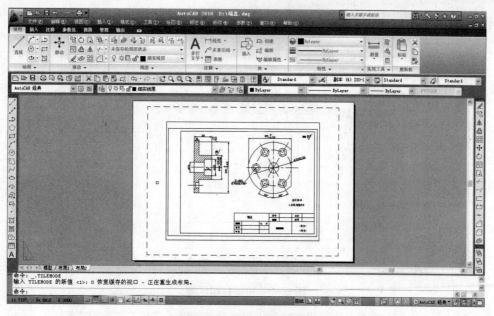

图 9-41 切换布局空间

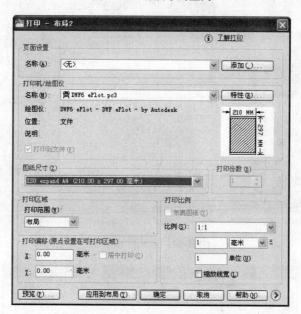

图 9-42 【打印-布局 2】对话框

(3) 设置打印区域。在【打印-布局 2】对话框中的【打印范围】下拉列表框中选择【窗口】命令，进入布局空间，利用十字光标选取要打印的区域，如图 9-43 所示。

(4) 预览打印效果。在【打印-布局 2】对话框中单击【预览】按钮，可以预览和确认打印图形效果，从而保证打印图形质量，如图 9-44 所示。

(5) 保存打印视图。在查看预览效果后，若发现需要修改的地方，可单击【关闭预览窗口】按钮⊗，返回模型空间进行修改；若预览合适，可单击【打印】按钮，执行打印操作，打开如图 9-45 所示的对话框，选择保存路径后单击【保存】按钮，即可输出打印信息，完成打印输出设置。

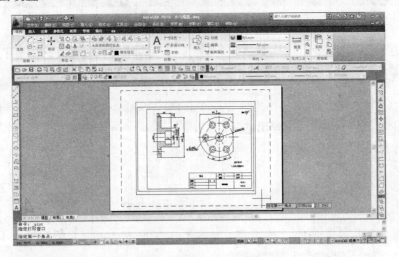

图 9-43　拾取打印区域

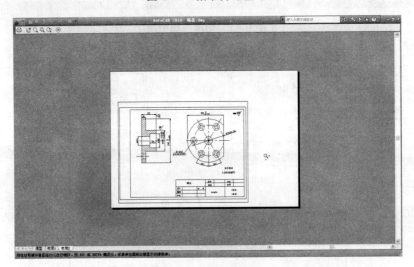

图 9-44　预览打印效果

图 9-45　【浏览打印文件】对话框

4. 技术要点

（1）切换至布局空间后，可以在布局图中选择浮动视口边界，然后按 Del 键即可删除浮动视口。然后在菜单栏中选择【视图】|【视口】|【新建视口】命令，根据弹出的【视口】对话框设置参数，创建新的视口。

（2）如果创建新布局并在【创建布局-打印机】对话框中选择 DWF6 ePlot.pc3，在【创建布局-图纸尺寸】对话框中将图纸尺寸设置为"ISO expand A4(210.00×297.00 毫米)"，然后单击【打印】按钮🖶，在弹出的【打印】对话框中就不需要再设置【打印机/绘图仪】选项组中的【名称】和【图纸尺寸】选项了。

9.8.2　常见问题解析

【**问题 1**】默认图纸的打印尺寸不符合打印需要，怎样设置图纸的打印尺寸以达到要求？

【**答**】图纸的打印尺寸可以在【页面设置管理器】对话框中进行设置。在菜单栏中选择【文件】|【页面设置管理器】命令，打开【页面设置管理器】对话框，在该对话框中单击【新建】按钮，可以打开【新建页面设置】对话框。在【新页面设置名】文本框中输入新页面设置名称后，单击【确定】按钮，创建一个新的页面设置，将打开【页面设置-模型】对话框，在【图纸尺寸】下拉列表框中，可以选择不同的打印图纸，并根据需要设置图纸的打印尺寸。

【**问题 2**】为什么将图打印出来时效果非常差，线条居然有灰度的差异？

【**答**】这种情况大多与打印机或绘图仪的配置、驱动程序以及操作系统有关。通常从以下几点考虑，就可以解决问题。配置打印机或绘图仪时，抖动开关是否关闭；打印机或绘图仪的驱动程序是否正确，是否需要升级；如果把 AutoCAD 配置成以系统打印机方式输出，可换用 AutoCAD 为各类打印机和绘图仪提供的 ADI 驱动程序重新配置 AutoCAD 打印机；对个同型号的打印机或绘图仪，AutoCAD 都提供了相应的命令，可以进一步详细配置。

【**问题 3**】想把多个 PLT 文件直接拖动到【打印机】图标里，以实现批打印，为什么打印机不工作？

【**答**】因为 PLT 文件只能在 DOS 环境里执行复制该文件到打印机的命令，才能驱动打印机工作。

 ## 本章小结

AutoCAD 2010 提供了图形输入与输出接口，不仅可以将其他应用程序中处理好的数据传送给 AutoCAD 2010 以显示图形，还可以将绘制好的图形通过布局或模型空间直接打印和传递信息给其他应用程序。

本章主要介绍了图形输出与打印的相关内容，其中布局的创建与设置、浮动视口的使用方法以及打印设置等内容是本章的重点，读者应该重点掌握。通过本章的学习，读者可以熟练掌握图形的打印与输出方法，能将绘制好的图形打印出来或者传递信息给其他应用程序。

习题

一、选择题

1. 实际应用中，经常使用_____打印样式来进行打印的设置。
   - A. 颜色
   - B. 表格
   - C. 视图
   - D. 格式

2. 下面说法不正确的是_____。
   - A. 模型空间是一个三维坐标空间，主要用来设计零件和图形的几何形状，同时也是一个无限大的设计领域
   - B. 图纸空间又称为布局空间
   - C. 图纸空间用来在绘图之前或之后安排图形的位置
   - D. 图纸空间与模型空间相同

3. 在打印输出时以光标选择输出范围的选项为_____。
   - A. 显示
   - B. 范围
   - C. 界限
   - D. 窗口

4. 图形以 1 : 1 的比例绘制，在打印时则将打印比例设置为"按图纸空间缩放"，输出图形时_____。
   - A. 以样板比例输出
   - B. 缩放以适合指定的图纸
   - C. 以 1 : 1 的比例输出
   - D. 以上都不对

5. 打印时可以定义整个绘图区的选项是_____。
   - A. 显示
   - B. 视图
   - C. 范围
   - D. 界限

二、简答题

1. 在打印图形时，打印样式表有什么作用？怎么创建和修改打印样式表？

2. 在 AutoCAD 2010 中，如何使用布局向导创建布局？

三、上机操作题

1. 打印挂轮架零件图。

打开"挂轮架.dwg"文件(位于"素材\第九章素材\"目录中)，如图 9-46 所示。

切换到模型空间后，重新创建布局，打印到 A4 纸上。

操作指导如下。

(1) 在菜单栏中选择【文件】|【打印】命令。

(2) 在【打印】对话框中的【打印机/绘图仪】选项组中选择打印机，在【图纸尺寸】选项组中选择图纸尺寸。

(3) 设置打印区域，在【打印范围】下拉列表框中选择【窗口】选项，由两对角点确定打印范围。

(4)　单击【预览】按钮，查看打印内容。若无问题，单击【确定】按钮进行打印。

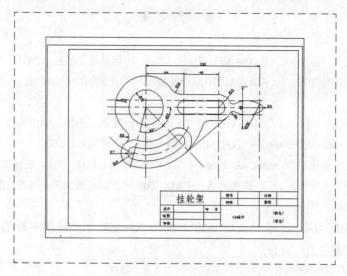

图 9-46　打印挂轮架

2.　创建视口。

打开"轴承座.dwg"文件(位于"素材\第九章素材\"目录中)，创建如图 9-47 所示的视口。

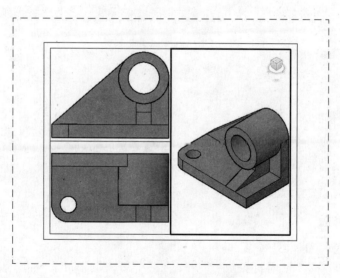

图 9-47　创建轴承座视口

操作指导如下。

(1)　切换到模型空间。

(2)　在菜单栏中选择【视图】|【视口】|【新建视口】命令。

(3)　在【视口】对话框的【新建视口】选项卡中设置相关参数。

(4)　在绘图区拾取视口位置。

参 考 文 献

[1]　何光明，周远军. 学 AutoCAD 2004 快易通[M]. 北京：中国铁道出版社，2004.

[2]　李志国，王磊，孙江宏，等. AutoCAD 2009 中文版机械设计案例教程[M]. 北京：清华大学出版社，2009.

[3]　王琳，崔洪斌. 中文版 AutoCAD 2006 机械图形设计[M]. 北京：清华大学出版社，2005.

[4]　薛焱. 中文版 AutoCAD 2009 基础教程[M]. 北京：清华大学出版社，2008.

[5]　李瑞，董伟，王渊峰，等. AutoCAD 2006 中文版实例指导教程[M]. 北京：机械工业出版社，2006.

[6]　黄才广，赵国民，王迤冉，等. 新世纪 AutoCAD 2008 中文版机械制图应用教程[M]. 北京：电子工业出版社，2008.

[7]　胡仁喜，刘昌丽，康士廷，等. AutoCAD 2010 中文版机械制图快速入门实例教程[M]. 北京：机械工业出版社，2009.

[8]　刘苏. AutoCAD 2002 应用教程[M]. 北京：科学出版社，2003.

读者回执卡

欢迎您立即填妥回函

您好！感谢您购买本书，请您抽出宝贵的时间填写这份回执卡，并将此页剪下寄回我公司读者服务部。我们会在以后的工作中充分考虑您的意见和建议，并将您的信息加入公司的客户档案中，以便向您提供全程的一体化服务。您享有的权益：

★ 免费获得我公司的新书资料；

★ 寻求解答阅读中遇到的问题；

★ 免费参加我公司组织的技术交流会及讲座；

★ 可参加不定期的促销活动，免费获取赠品；

读者基本资料

姓　名 ＿＿＿＿＿＿＿＿　性　别 □男　　□女　年　龄 ＿＿＿＿＿＿＿＿

电　话 ＿＿＿＿＿＿＿＿　职　业 ＿＿＿＿＿＿＿　文化程度 ＿＿＿＿＿＿

E-mail ＿＿＿＿＿＿＿＿　邮　编 ＿＿＿＿＿＿＿

通讯地址 ＿＿＿＿＿＿＿＿＿＿＿＿＿＿＿＿＿＿＿＿＿

请在您认可处打√（6至10题可多选）

1、您购买的图书名称是什么：＿＿＿＿＿＿＿＿＿＿＿＿＿＿＿＿＿＿＿＿＿＿＿＿＿＿

2、您在何处购买的此书：＿＿＿＿＿＿＿＿＿＿＿＿＿＿＿＿＿＿＿＿＿＿＿＿＿＿＿

3、您对电脑的掌握程度：　□不懂　　　　□基本掌握　　□熟练应用　　□精通某一领域

4、您学习此书的主要目的是：□工作需要　　□个人爱好　　□获得证书

5、您希望通过学习达到何种程度：□基本掌握　　□熟练应用　　□专业水平

6、您想学习的其他电脑知识有：□电脑入门　　□操作系统　　□办公软件　　□多媒体设计

　　　　　　　　　　　　　　□编程知识　　□图像设计　　□网页设计　　□互联网知识

7、影响您购买图书的因素：　□书名　　　　□作者　　　　□出版机构　　□印刷、装帧质量

　　　　　　　　　　　　　　□内容简介　　□网络宣传　　□图书定价　　□书店宣传

　　　　　　　　　　　　　　□封面，插图及版式　　□知名作家（学者）的推荐或书评　　□其他

8、您比较喜欢哪些形式的学习方式：□看图书　　□上网学习　　□用教学光盘　　□参加培训班

9、您可以接受的图书的价格是：□20元以内　□30元以内　□50元以内　□100元以内

10、您从何处获知本公司产品信息：□报纸、杂志　□广播、电视　□同事或朋友推荐　□网站

11、您对本书的满意度：　□很满意　　　□较满意　　　□一般　　　　□不满意

12、您对我们的建议：＿＿＿＿＿＿＿＿＿＿＿＿＿＿＿＿＿＿＿＿＿＿＿＿＿＿＿＿

请剪下本页填写清楚，放入信封寄回，谢谢！

1	0	0	0	8	4

北京100084—157信箱

读者服务部　　　　　收

贴邮票处

邮政编码：□□□□□□

技术支持与资源下载：http://www.tup.com.cn   http://www.wenyuan.com.cn

读 者 服 务 邮 箱：service@wenyuan.com.cn

邮 　购 　电 　话：(010)62791865 　(010)62791863 　(010)62792097-220

组 　稿 　编 　辑：章忆文

投 　稿 　电 　话：(010)62770604

投 　稿 　邮 　箱：bjyiwen@263.net